LA VIE SECRÈTE DE L'ÂME

Titre original : *Das geheime Leben der Seele.*
Publié pour la première fois en Allemagne par Mosaik,
une maison du groupe Random House.

Traduit de l'allemand par Didier Debord.

ISBN : 978-2-8132-1809-4

www.editions-tredaniel.com
info@guytredaniel.fr
www.facebook.com/editions.tredaniel

SABINE WERY VON LIMONT

LA VIE SECRÈTE DE L'ÂME

Guy Trédaniel éditeur
19, rue Saint-Séverin
75005 Paris

Je dédie ce livre à tous ceux qui cherchent une voie nouvelle et saine pour leur vie, ainsi qu'à Kurt Knuth-Siebenlist dont je porte les gènes en moi.

Sommaire

Préface

À tout juste 20 ans, je n'aurais pas pu imaginer étudier la psychologie. J'avais, au contraire, opté pour quelque chose de concret : la gestion d'entreprise. C'était logique et simple. Comme j'aimais que ce soit dans ma vie. À l'université, les étudiants en gestion d'entreprise étaient au deuxième étage, les psychologues au quatrième. « En bas, les bêcheurs avec leurs formules, et en haut, les givrés et leurs pseudosciences ! » Nous entretenions nos préjugés. Mais parfois, je me demandais – très, très doucement – si ceux d'en haut n'apprenaient pas parfois des choses qui demeuraient obscures pour moi. Je me demandais s'ils pouvaient savoir des choses sur moi que j'ignorais moi-même. S'ils pouvaient me percer à jour, moi et les autres. Le simple fait d'y penser me faisait énormément douter. Je ne savais en effet que peu de choses de moi-même, même pas ce que je voulais étudier. En tout cas, pas la gestion d'entreprise, les études étaient barbantes, et je les abandonnai peu avant la fin.

Je fis quelques petits boulots, épousai mon ami, mis au monde deux enfants. Mais avant même qu'ils n'aillent à l'école, le divorce avait été prononcé, ma vie basculait et, par-dessus le marché, j'attrapai le cancer. La vie était moins logique et moins simple que je ne le pensais. Ça, au moins, je le savais.

À l'hôpital, je passais beaucoup de temps avec des gens qui avaient la même maladie que moi. Je n'avais jamais été aussi proche d'autres personnes, de leurs angoisses, de leurs abîmes et de leurs stratégies de survie. Je remarquai alors une chose qui me fascina : nous combattions tous le même problème, mais de façons totalement différentes.

Certains patients étaient optimistes, d'autres complètement abattus. Un certain nombre d'entre eux étaient méfiants envers toutes les thérapies, alors que d'autres les acceptaient sans sourciller. Il y avait des couples que cette maladie séparait, et d'autres qu'elle rendait plus unis que jamais. Je remarquai également que l'on pouvait changer dans tous ses comportements. Parfois uniquement après une intense discussion avec quelqu'un qui pensait autrement. Il y avait les pessimistes qui retrouvaient soudain un nouvel aplomb et commençaient à se battre. Des gens qui étaient de nouveau plus accessibles pour leur partenaire, et une situation que l'on croyait figée pouvait changer du tout au tout.

Ces pensées ne me lâchaient plus. La question de savoir pourquoi les gens sont comme ils sont me préoccupait presque davantage que ma maladie. Pourquoi réagissent-ils de façons si différentes à un même événement ? Que doit-il se passer dans la vie d'un être humain pour qu'il développe davantage de confiance qu'un autre ? Qu'est-ce qui fait que nous sommes courageux, empathiques, confiants ? Pourquoi certaines personnes sont-elles excentriques et d'autres anxieuses ? Pourquoi y a-t-il des coléreux, des altruistes, des égotistes ? Comment sont-ils devenus ainsi ? Et reste-t-on toujours celui que l'on est ?

J'avais maintenant trouvé ma voie. Je voulais apprendre le plus possible de choses sur ce sujet ! Et je savais pertinemment où. Je n'étais pas sortie de l'hôpital que j'avais déjà rempli mon dossier d'inscription, et, quelques mois plus tard, au foyer de l'université, je riais de ma propre arrogance et me disais : « Félicitations, Sabine. Tu es maintenant une givrée du quatrième. »

C'était tellement bon d'être une givrée. Mes secondes études se passèrent en conséquence : j'avalais tout, j'apprenais avec élan. Je commençais à comprendre où et comment l'anxiété naît en nous, pourquoi certaines personnes développent des dépressions ou des obsessions, ou pourquoi elles souffrent de dépendances. J'appris ce que sont les sentiments, comment ils nous dirigent dans notre vie, mais aussi, au contraire, comment nous pouvons les contrôler pour être plus satisfaits. J'appris comment les expériences forment notre personnalité et influencent notre perception des choses.

Cette connaissance me changea. Je m'intéressais davantage aux gens, à ce qui les motive réellement. C'était comme si un rideau tombait et qu'un peu plus de lumière éclairait maintenant les coins obscurs. Je ne voyais plus uniquement *comment* les gens se comportaient, je pouvais de plus en plus souvent comprendre *pourquoi* ils agissaient ainsi. Je cessai de m'énerver contre la bibliothécaire renfrognée et me demandai ce qui avait bien pu se passer dans sa vie pour qu'elle soit devenue ainsi. Cela m'aida à réagir aimablement à son impolitesse, et elle se montra à son tour moins souvent impolie. Une petite chose peut parfois enclencher une spirale positive.

J'appris à voir derrière le perfectionnisme et la morgue la quête maladroite de reconnaissance. Derrière la haine, la vexation ; derrière l'amertume, la blessure ; ou derrière les préjugés, les propres peurs. Je compris que mieux connaître les mécanismes de notre âme était la clé qui pouvait nous permettre de changer radicalement notre vie. Nous pouvons apprendre à affronter, plus détendus, les situations difficiles, de manière à être moins vulnérables aux vexations et plus indulgents envers nous-mêmes et les autres.

Pendant des siècles, nous avons considéré l'âme comme quelque chose de théorique. Peut-on seulement prendre au sérieux quelque chose qui n'est que théorique ? Ce n'est que maintenant que notre vision de l'âme change fondamentalement. La recherche se penche toujours davantage sur ce qu'elle est réellement – et sur la vision totalement erronée que nous en avions. L'âme est quelque chose de nettement plus concret que nous ne le croyons. C'est un système d'organes avec un nombre étonnamment élevé de fonctions. Nous pouvons l'observer. Comprendre comment elle se forme, comment elle travaille et ce qui la rend malade. Nous pouvons localiser les causes et constater les résultats des thérapies.

Nous pouvons traiter un grand nombre de problèmes. Il nous faut toutefois pour cela avoir un autre regard sur l'âme, une vision en profondeur dans le mode de fonctionnement de cet organe particulier et invisible qui nous contrôle globalement. J'aimerais faire passer tout cela ici – avec toute mon expérience, avec les toutes dernières connaissances issues de la recherche sur le cerveau – et avec une dose d'humour. Tout thérapeute se doit d'avoir dans sa panoplie de base sur la table un paquet de mouchoirs en papier. Mais croire que rien ne prête à rire est juste un préjugé.

Introduction : la découverte de l'âme

Une mystérieuse épidémie se répandit dans toute l'Europe, il y a un peu plus d'un siècle de cela. Le malade s'affaiblissait, devenait blême et maigrissait. On l'appela la « phtisie ». Elle touchait principalement les habitants des grandes villes et, bien qu'elle eût souvent une issue fatale, on la considérait comme *romantique*. Dans la littérature et la société, elle était vue comme une maladie à la mode des personnes tendres et sensibles. Il n'y avait aucun médicament pour la soigner puisque son origine demeurait mystérieuse. On supputait des origines héréditaires, des émanations défavorables du sol et l'influence de la dégradation générale des mœurs.

En 1882, le microscope de Robert Koch dénicha les véritables coupables : *Mycobacterium tuberculosis*, des bactéries en forme de bâtonnets, de deux à cinq microns – l'agent pathogène de la tuberculose. Tout fut clair d'un seul coup : la maladie n'était pas mystérieuse, mais infectieuse. On parvint bientôt à la maîtriser grâce à quelques simples règles d'hygiène. La connaissance de ses véritables causes changea radicalement la vision que l'on avait de cette maladie qui perdit toute connotation romantique.

On ne croit bien souvent les choses que lorsqu'elles sont visibles. Comme ces bactéries détectées au microscope ou un bébé que l'on découvre par échographie dans le ventre de sa mère. Elles deviennent réelles dès lors que leur existence est avérée. Et ce n'est bien souvent qu'ensuite que nous les prenons réellement au sérieux.

Quelques années seulement après la découverte de l'agent pathogène de la tuberculose, un jeune médecin viennois tenta de faire une découverte similaire. Il voulait rendre *visible* ce qui lui semblait être à l'origine d'une autre vague de maladies : l'âme. Elle était considérée comme une chose mystique et transcendante, dans le meilleur des cas immortelle. Tant que l'on n'aurait pas fait la lumière sur ce sujet, le champ des possibilités serait vaste. L'âme semblait habiter dans notre corps, mais ne pas en être une véritable partie, plutôt quelque chose comme un être farouche, sans forme ni morphologie. Mais le jeune Viennois avait une vision plus terre à terre de la chose. Il était persuadé que notre manière de nous comporter, de penser et de ressentir n'était pas une émanation détachée de nous, mais qu'elle faisait partie de nous, en tant que partie réelle de notre cerveau. Pour lui, c'était évident : l'âme est un organe. Si elle était invisible, cela tenait uniquement au fait que personne ne l'avait encore identifiée. C'est ce qu'il entendait faire.

Il disséqua des cerveaux et dessina des fibres nerveuses. Il s'aperçut que les cellules du cerveau étaient visiblement reliées entre elles en réseaux. Il supposa que les émotions et les processus psychiques avaient lieu dans ces réseaux. Et il voulut en chercher le lien avec l'âme. Pourquoi ressentons-nous de la tristesse, de la joie, de la colère ou des douleurs psychiques ? Que se passe-t-il lorsque nous nous sentons inspirés ou heureux ? Pourquoi développons-nous des obsessions, des troubles de la personnalité ou des phobies – et comment peut-on en guérir ?

Le Viennois était sur la piste d'une épidémie qui, aujourd'hui encore, n'est pas circonscrite. Il en était persuadé : si le cerveau est à l'origine de certains troubles psychiques, alors, il faut traiter médicalement le cerveau afin de les atténuer. Il fit des recherches et enquêta pendant des années, mais sans pouvoir prouver quoi que ce soit. L'âme demeurait une construction théorique, rien de réel. Elle demeurait un être mystérieux et invisible.

L'homme emprunta alors une tout autre voie dans sa quête de l'âme. Il développa une science qui était simultanément une forme de thérapie, et il devint célèbre dans le monde entier. Son nom : Sigmund Freud, le fondateur de la psychanalyse. Nous avons aujourd'hui pratiquement oublié que Freud avait autrefois commencé comme neurobiologiste. Il avait lui-même renoncé à attendre l'instant où sa théorie originale pourrait être confirmée.

Cet instant n'est arrivé qu'aujourd'hui. Jamais les scientifiques n'ont eu une telle connaissance du cerveau, et plus ils en découvrent, plus il devient évident que Freud était très près de la vérité, bien qu'il n'ait fait que gratter en surface.

L'âme se dissimule dans des structures qu'aucun microscope ne pouvait autrefois rendre visibles. Ce n'est qu'aujourd'hui, avec des microscopes électroniques à balayage qui grossissent cent mille fois, que l'on peut zoomer dans les tissus et rendre visible la mécanique de précision de notre âme. Depuis quelques années seulement, avec l'imagerie à résonance magnétique fonctionnelle, on peut rechercher ce dont Freud avait seulement pu rêver : on peut voir la tête travailler. Percevoir, penser et ressentir. Et ce que l'on voit dépasse tout ce que l'on aurait pu imaginer.

Jamais nous n'avons disposé, auparavant, de telles connaissances sur le cerveau

Ce que les scientifiques considéraient encore dans les années 1980 comme une machine à excitations-réactions, nous le regardons avec étonnement comme l'organisme vivant le plus complexe de l'univers connu. Il naît d'un amas de cellules dans le ventre maternel. Lors de la cinquième semaine de grossesse, alors que nous n'avons même pas encore de véritables bras, nous avons déjà un cerveau dans lequel se passent des choses incroyables : il s'y forme environ 250 000 nouvelles cellules par minute. De minuscules centrales énergétiques qui consommeront plus tard seize fois plus d'énergie qu'une cellule musculaire. 1,8 million de nouvelles connexions s'établissent entre elles chaque seconde. Et il n'est point besoin de leur faire écouter du Mozart pour cela. Cela se fait tout seul.

Lorsque nous venons au monde, cent milliards de neurones environ attendent un *input* de l'extérieur. Chaque son, chaque contact, chaque expérience les éveillent à la vie. Ils se relient entre eux pour former un circuit. Un réseau gigantesque de possibilités qui attend de former une personnalité unique. Si l'on formait une chaîne avec toutes les cellules du cerveau, elle ferait quinze fois le tour de la Terre. Être long à la détente n'est donc pas une insulte. C'est une réalité assez impressionnante.

Au total, c'est bien davantage que nos pensées et notre motricité qui sortent de ce gigantesque réseau. Il s'y forme nos sentiments, nos buts, nos désirs et espérances – c'est ici que se développe ce que Freud cherchait : notre âme. Peu importe que l'on ait peur des araignées ou que l'on fonde devant un hamster, que l'on mange même si on n'a pas faim, ou que l'on soit incapable de lâcher son Smartphone – c'est dans notre cerveau que sont déposées les bases de tout ce qui fait ce que nous sommes.

Parfois, les choses perdent leur aspect effrayant lorsqu'on les connaît mieux. Elles perdent aussi parfois leur magie. Nous pourrions être déçus que notre âme ne réside visiblement que dans les circonvolutions grises de notre cerveau et qu'elle puisse être désormais techniquement cernable avec des tests médicaux. D'aucuns disent que l'âme a perdu son aspect divin depuis que nous, les psychologues, l'arpentons avec nos tests et nos échelles scientifiques pour tester son intelligence, ses capacités cognitives et ses réactions. Depuis, elle n'est plus que la « psyché », une unité fonctionnelle du système nerveux central. Elle n'en est toutefois pas moins mystique pour autant. Au contraire. L'âme ne devient pas plus prosaïque parce qu'on en sait davantage sur elle. Elle devient même plus passionnante, car elle est une substance matérielle qui produit des pensées et des sentiments immatériels. Nous pouvons, certes, observer le cerveau, des fonctions duquel l'âme dépend, mais nous ne serons, malgré tout, jamais à même de savoir ce que pense ou ressent réellement la personne que l'on ausculte.

Nous pouvons en explorer la neurochimie, mais nous n'en saurons tout de même pas davantage sur un sentiment aussi puissant que l'amour ou sur ce que nous ressentons exactement en écoutant la *Grande Symphonie en ut majeur de Schubert.*

L'âme est davantage que l'*output* de processus du cerveau et elle est davantage que la construction scientifique de la psyché. Elle est couplée au cerveau, mais fait ce qu'elle veut. On peut l'explorer logiquement, mais elle reste malgré tout un grand mystère. Elle est organique – mais n'en est pas moins simultanément encore mystique. Nous en savons aujourd'hui tellement plus sur elle et ne pouvons malgré tout pas tout expliquer. Elle a des secrets et est emplie d'une vie inexplorée, d'une vie d'âme. Elle est attentive et nous sauve constamment la vie, elle nous console et nous défend. Elle est pratiquement derrière chacune de nos décisions, car elle réagit plus vite que nous ne pouvons penser. Elle produit les drogues les plus efficaces au monde, elle organise notre mémoire et gère nos souvenirs. Elle est magnifique et changeante. Elle est une partie de nous-mêmes, un véritable organe. Telle que Freud se l'était imaginée.

Aujourd'hui, nous ne voyons pas uniquement comment fonctionne l'âme. Nous voyons également ce qui la préoccupe. Un foie devient malade lorsque nous lui imposons trop de poisons. Notre âme devient malade à travers les mauvaises expériences : les échecs, les déceptions et les rejets sont du poison pour elle. Chaque nouvelle expérience modifie notre cerveau, parce qu'elle provoque la dégénérescence ou la création de cellules. Une succession de mauvaises expériences peut littéralement *refaçonner* un cerveau.

Mais pas uniquement le cerveau, car l'âme est reliée également à d'autres parties de notre organisme. Par un axe direct avec le système immunitaire ou le cœur. D'amples études ont, entre-temps, mis en évidence que la colère, les tracas, la tristesse et le désespoir agissent directement sur notre cœur par le biais de cette liaison. La dépression et l'angoisse augmentent le risque de maladies cardiaques au même titre qu'une consommation excessive de tabac ou une alimentation malsaine. De même, selon certaines études, on a davantage de chances de mourir des suites d'une maladie cardiaque déjà existante si l'on est socialement isolé et manque de soutien de la part de personnes de confiance. On tente depuis longtemps de guérir cœur à cœur, très souvent sans succès. On tend de nos jours à y intégrer l'âme – avec des résultats surprenants.

Nous avons appris à protéger notre corps par des mesures prophylactiques et préventives, ainsi qu'en en prenant soin. Nous ne devrions pas en exclure plus longtemps l'âme. Des souffrances psychiques, comme les troubles anxieux, les dépressions et les dépendances, ne surgissent pas spontanément. Elles sont souvent précédées par une longue histoire de souffrances que l'on peut souvent remonter, étape par étape, jusqu'à la naissance – voire au-delà.

Nombre de mes patients ne viennent me voir que lorsque leur souffrance devient insupportable. Nous nous sommes habitués à supporter longtemps les douleurs psychiques, car nous les prenons moins au sérieux que les douleurs physiques. On peut toutefois entreprendre énormément de choses de bonne heure pour éviter qu'elles ne deviennent chroniques. On peut interrompre les idées noires et les pensées négatives avant qu'elles ne nous mènent à la dépression. On peut restaurer une estime de soi écornée avant qu'elle ne devienne une voix intérieure geignarde. On peut stopper ses peurs avant qu'elles ne surexcitent le centre de la peur et ne déséquilibrent l'organisme. On devrait entreprendre quelque chose contre la solitude avant qu'elle n'use notre cœur. Nous devrions éviter le stress, avant qu'il n'attaque notre système immunitaire.

On ne croit parfois les choses que lorsqu'elles sont devenues visibles. Ce livre veut contribuer à davantage considérer l'âme pour ce qu'elle est réellement. C'est peut-être un peu moins romantique qu'auparavant, mais plus fascinant que jamais.

Guide pour ce livre

Vous apprendrez dans le **chapitre I** pourquoi nous avons un cerveau. Le chemin de l'énorme amas désordonné de cellules nerveuses vers une personnalité unique en son genre est long : quand ont lieu les étapes décisives ; et quels ingrédients sont nécessaires pour cela, nous le verrons dans le chapitre I.

Notre corps a des besoins, notre âme aussi. Elle assure aussi bien notre survie que notre santé psychique. Vous apprendrez dans le **chapitre II** quels sont ses quatre besoins de base.

Ce sont nos convictions profondes intérieures – lesdits schémas – qui déterminent notre manière de penser, de ressentir, de nous comporter. Elles peuvent avoir une telle influence sur notre personnalité que les psychologues parlent alors de « troubles de la personnalité ». Comment la personnalité se développe et quels en sont les différents types, vous le saurez en lisant le chapitre II.

Il est parfois plus simple de refouler un problème que de l'affronter, et nous le faisons tous constamment. Mais le refoulement associé à des stratégies inappropriées est souvent le premier pas vers les troubles psychiques. Pourquoi les êtres humains tombent si facilement dans ce piège est décrit dans le **chapitre III**.

Du chapitre III, il ressort clairement que les troubles psychiques, comme les anxiétés, les dépressions et les obsessions, ne tombent pas du ciel. Ils sont le résultat de notre mode de pensée et de nos stratégies pour maîtriser les situations. Et si nous ne sommes pas à l'écoute de notre âme, celle-ci se fraye parfois une voie à travers notre corps. La science découvre que l'âme est souvent la véritable cause d'un grand nombre de maladies chroniques. Dans le **chapitre IV**, nous verrons pourquoi cela vaut particulièrement la peine d'y regarder avec précision dans le cas de maladies cardiaques, immunitaires et douloureuses.

Vous apprendrez dans le **chapitre V** pourquoi il n'y a pas de meilleur moyen que la psychothérapie pour lutter contre les troubles psychiques.

CHAPITRE I

Le système limbique
Où habite l'âme

Cela ne peut pas faire de mal de s'immobiliser parfois un instant, de prendre un peu de recul et de se demander : où en suis-je exactement dans la vie ? Et je ne parle pas là de la hiérarchie professionnelle ou de la queue la plus courte au supermarché, mais sous un aspect fondamental : dans la diversité des espèces. Des informations quelque peu erronées et à la vie dure circulent à ce sujet. On dit par exemple que nous descendons du singe. La version corrigée des biologistes ne parvient pas à s'imposer : nous ne descendons pas du singe. Nous *sommes* des singes.

Nous possédons certes des cuiseurs à œufs électriques et allons au travail en voiture, mais dans nos têtes se trouve malgré tout un méprisable cerveau de primate. Et plus précisément : un cerveau d'Haplorhinien. Nous sommes en outre des mammifères vertébrés, ce qui fait que les myxines et les Scandentiens sont nos plus proches parents, car ils ont exactement le même cerveau que nous, du moins en ce qui concerne sa structure et sa fonction.

Le fait que nous payions des impôts sur le revenu et que nous construisions des maisons à faible consommation d'énergie tient à notre cortex cérébral. Il est le bosseur et le petit futé dans notre cerveau. Certains vertébrés ont de très puissants muscles de la marche et peuvent courir particulièrement vite, d'autres ont un long cou, et les tendres feuilles de la couronne des arbres sont pour eux. L'homme a un cortex cérébral, il crée des chorégraphies sur *Gangnam Style* et convertit les livres en euros. Pour savoir à quel point nous sommes intelligents, nous devons examiner notre cortex cérébral.

Pour comprendre pourquoi on s'énerve pendant trois heures parce que quelqu'un nous a pris sous le nez une place de parking, il nous faut par contre regarder un étage plus bas. Au plus profond de notre cerveau, tout autour du tronc cérébral, se trouve une unité fonctionnelle particulière : le système limbique.

Les êtres humains ont cherché pendant des siècles le siège de l'âme, et c'est là que l'on a fini par le trouver. Du moins, les scientifiques le supposent-ils parce que c'est dans le système limbique qu'a lieu pratiquement tout ce que nous considérons comme psychique[1]. D'un point de vue biologique, notre âme fait quelques centimètres, elle a des voisins futés et est très très vieille. Elle n'a quasiment pas changé au cours de l'évolution. Donc depuis 543 millions d'années. Et ça, il faut déjà le supporter.

Pendant ce même temps, tout a bien changé sur cette Terre. Les descendants des dinosaures sont devenus des oiseaux, la visite de certains volcans est payante, et les trains Intercités sont équipés du wifi. Seul le système limbique est inchangé. Alors que le cortex cérébral suit volontiers son temps, fait de temps à autre des aménagements, l'âme fait tout comme d'habitude. L'évolution est comme un entraîneur de football. Si ça ne marche pas, on fait un changement, mais si tout va bien, elle se comporte comme Alf Ramsey et se dit : "On ne change pas une équipe qui gagne."

La quête de l'âme

Ce qui est bon lorsque l'on sait de quelle sorte de cerveau on dispose : on sait également immédiatement à quoi il peut nous être utile. La plupart des gens diront pour penser, mais le biologiste lâche alors un soupir torturé et prétend : pour sortir. Il y a près de trois cents ans, le philosophe français Blaise Pascal écrivait très justement : « Tout le malheur des hommes vient d'une seule chose, qui est de ne pas savoir demeurer, au repos, dans une chambre. »

Pascal ne se doutait visiblement pas combien cette phrase est universelle. Elle ne vaut pas uniquement pour les dames et les messieurs avec lesquels il frayait pendant la Nouvelle Époque, mais pour tous les vertébrés alors qu'ils n'étaient eux-mêmes pas encore des vertébrés, mais juste leurs précurseurs multicellulaires. Un Saccorhytus, par exemple, dont on ne découvrit que récemment l'existence.

Cet être multicellulaire semble être notre plus vieil ancêtre. Il existait déjà il y a environ 540 millions d'années, et, selon toutes les spéculations, il menait une existence paradisiaque. Assis sur le sol, il attendait que la nourriture lui tombe du ciel. Pour une raison quelconque, ce mode de vie ne s'est pas imposé et le Saccorhytus dut migrer. Vraisemblablement pour les mêmes raisons pour lesquelles nous le faisons encore aujourd'hui : parce qu'il ne nous tombe pas suffisamment de nourriture dans la bouche, ou parce qu'une personne intéressante est venue sonner à notre porte.

Que ceux qui ont pitié d'Adam et Ève parce qu'ils ont dû quitter le paradis n'oublient pas le Saccorhytus qui n'eut également pas la vie facile, mais aussi tous les vertébrés ultérieurs qui connurent le même problème : ils marchent péniblement de par un monde qui est certes joli, mais également hostile, parce qu'ils doivent le partager avec d'autres habitants qui sont également en quête de nourriture ou n'apprécient pas que l'on fasse de l'œil à une certaine personne.

Afin que cette sortie ne s'achève pas au prochain embranchement, nous avons un cerveau avec des petites mains qui nous disent constamment ce qu'il se passe dehors et comment nous comporter. Par « petites mains », on entend les parties voisines du cerveau et celles qui s'étirent dans le reste du corps, comme le système nerveux périphérique. Le cerveau ne se situe pas uniquement là-haut, dans la tête, où ne se trouve en fait que le nœud de communication. En réalité, le cerveau est partout en nous, par ses antennes : les nerfs. La moelle épinière et le système nerveux périphérique ne sont pas là uniquement pour combler un vide, mais pour que les informations viennent réellement de partout, également du gros orteil qui vient de marcher sur un oursin.

Récolter les informations ne représente toutefois que la moitié du travail, ce que ne sait pas uniquement le Service fédéral de renseignement allemand. L'autre moitié du travail consiste à les évaluer. Notre cerveau délègue ce travail au système limbique : au ressenti. Et c'est mieux comme cela, car si le cortex cérébral devait le faire, il enverrait des messages comme : « fraise », « homme », « fauteuil à oreilles », « ours brun ». À propos de ces mêmes choses, le ressenti dit : « bon », « chic », « confortable », « danger de mort » ! Il ne nous dit pas uniquement ce qu'il voit, mais aussi simultanément ce que l'on doit en penser.

Pour la survie, le ressenti est nettement plus important que la pensée. Se mouvoir dans un environnement plein d'objets insignifiants ne serait pas uniquement désespérant, ce serait également plutôt dangereux. Nous pensons que les sentiments existent surtout afin que nous nous sentions, d'une certaine manière, romantiques. Mais ils constituent, en fait, le système de défense le plus dur au monde et mettent en œuvre les trucs les plus raffinés pour s'imposer.

Ils récompensent ce qui sert à la survie – le sexe, la nourriture et la cohésion avec le clan – et ce, avec les sentiments les plus insistants qui soient. Il en va de même pour tout ce qui est, d'une manière quelconque, désagréable : la faim, le rejet, le deuil ou le dégoût. L'âme peut produire une incroyable palette de sentiments : la jalousie, l'envie, la haine et la colère. Mais derrière ces sentiments se trouvent, en fait, différentes réactions qui ne répondent qu'à deux questions, toujours les mêmes :

Est-ce bon ? Ou est-ce mauvais ?

Nous faisons la fine bouche devant une nourriture à l'odeur étrange parce qu'elle pourrait être avariée. Nous ressentons de l'amour pour ne pas nous priver d'un bon réservoir de gènes. De la colère pour nous défendre. De l'humiliation pour rester sur le qui-vive, parce que nous sommes menacés d'exclusion de la communauté et que nous ne pouvons pas vivre sans elle. La jalousie et l'envie nous signalent que nous sommes peut-être sur le point d'être coupés de ressources importantes. Nous sommes curieux, parce que tout ce que nous apprenons peut être important pour notre survie.

Nous remarquons les choses importantes – et économisons ainsi à l'âme beaucoup de travail. Elle ne doit en effet pas chaque fois faire une évaluation de la situation, mais comparer pour voir si elle a déjà connu quelque chose de similaire. Nous ne nous demandons pas avec étonnement à chaque feu rouge ce que cela peut bien vouloir dire, mais nous attendons sans nous poser de questions qu'il passe au vert parce que notre système limbique se réfère à des expériences antérieures et qu'il connaît très bien les feux de signalisation. C'est plus efficace et plus rapide, mais cela fait aussi que nous avons des perceptions très différentes du monde, à travers les lunettes des expériences que nous avons déjà faites, et jamais objectivement.

Nous sommes, certes, tous dans le même cinéma, mais chacun de nous regarde un film différent

Nous réagissons, par exemple, différemment face à un chien en fonction des expériences que nous avons faites avec eux. Nous ne trouvons plus que le tiramisu est bon s'il nous a, un jour, valu une intoxication à la salmonelle. Tout ce que nous percevons est imprégné des préjugés de notre âme. Et le jugement de notre âme dépend de ce qui nous est arrivé dans notre vie. Nous enregistrons nos expériences dans notre mémoire autobiographique. Ces informations sont importantes pour le développement de notre âme.

Nous nous disputons parfois avec notre partenaire à propos du nouveau carrelage de la salle de bains – ce qui est plutôt absurde, dans la mesure où nous ne voyons pas tous le même vert.

Pendant des siècles, le ressenti a été considéré comme quelque chose de secondaire par rapport à la pensée. Il y eut une ère de la raison et une ère de l'*homo œconomicus*. Les sentiments sont quelque part étranges, et on nous intime en tant qu'enfants de les refouler. Mais la représentation d'un homme qui ne prendrait ses décisions que d'un point de vue purement rationnel s'est révélée erronée. Nos émotions se manifestent dans chaque décision que nous prenons. Elles nous orientent et nous dirigent à travers notre vie avec leur pouvoir vieux de plus de 500 millions d'années. Elles sont une sorte de compas qui nous montre dans quelle direction nous devons orienter nos actions.

Nous ferions souvent mieux de les écouter au lieu de les refouler. Ce sont des détecteurs très fiables qui nous indiquent notre position instantanée dans la vie. Les sentiments sont puissants, et c'est cela leur arme.

Un message pour toi

Il y a très très longtemps de cela, alors qu'il n'y avait pas encore de vertébrés, il se passa sur cette Terre une chose plutôt insolite. Une bactérie qui avait faim mangea une autre bactérie plus petite. Mais, au lieu de se laisser digérer, cette dernière continua à mener sa vie comme si de rien n'était dans la première bactérie. Elle allait d'ailleurs même plutôt mieux qu'avant, c'était vraiment confortable dans la grosse bactérie. Et celle-ci n'allait pas mal non plus, elle se nourrissait de l'hydrogène que la petite produisait.

Lorsque deux êtres vivants se complètent ainsi, on parle de « symbiose ». Mais on parle d'« endosymbiose » lorsqu'ils vivent dans des conditions aussi extravagantes de sous-location. Les adeptes de la *théorie de l'endosymbiose* partent du principe que la multiplication des espèces sur la Terre n'a pu commencer que parce que les êtres vivants étaient désormais dans une enveloppe qui les protégeait de leur environnement hostile à la vie.

Si ces recherches disent vrai, ce fut le début d'un dilemme. Nous avons besoin d'une enveloppe protectrice pour vivre.

Cette enveloppe ne nous sépare toutefois pas uniquement de notre environnement, mais également des autres, et nous ignorons ainsi toujours ce qu'il se passe en eux. Quelques millions d'années après cette digestion ratée d'une bactérie, on entend ainsi de temps à autre dans la chambre des humains la question : « Es-tu seulement heureux ? »

Du fait que nous vivons dans une enveloppe, nous sommes tributaires de la réponse qui passera dans la tête de l'autre, derrière son enveloppe. Les chercheurs s'intéressent aussi obstinément à tout ce qu'il peut bien y avoir derrière l'enveloppe qui nous entoure. Également au bonheur, à l'origine et au fonctionnement de tous les mécanismes. Ils ne peuvent, par contre, pas aider le questionneur intimidé dans sa chambre, mais sont entre-temps à même d'assez bien expliquer ce qu'il en est fondamentalement de son ressenti. Mais attention : ce n'est guère romantique. Si l'on demande à un neurobiologiste ce qu'il en est de l'amour, sa réponse sera plutôt sèche : c'est une question de transmission synaptique de signaux des neurotransmetteurs.

Lorsqu'on est parvenu à surmonter sa désillusion, on devrait donner une chance à la transmission synaptique de signaux. Elle est, en fait, extrêmement intéressante et, de par ses caractéristiques fondamentales, pas si différente de notre communication entre humains de ce XXIe siècle.

Celle-ci fonctionne souvent comme suit : nous sommes dans un café et notre téléphone fait *pling !* Nous lisons le message suivant sur l'écran de notre téléphone : « Il s'est manifesté ! Je pète un câble ! Kathrin. » C'est notre amie qui nous a écrit ça. Nous sommes à Wanne-Eickel, la copine, à Hambourg. Un gros bout d'Allemagne entre les deux. Trois jours à pied, trois heures et demie en train. Un SMS arrive pratiquement en temps réel. C'est ainsi que nous communiquons depuis pratiquement vingt ans et nous nous trouvons modernes. Notre âme ne peut ici qu'esquisser un sourire las, car elle le fait depuis toujours. Elle nous envoie un message lorsqu'il y a quelque chose à ressentir. C'est dans ce but qu'elle possède une infinité de circuits de neurones, les cellules nerveuses. Ces dernières ne sont toutefois pas reliées entre elles fermement comme le sont des câbles souterrains de communication. Elles sont très flexibles et peuvent, à tout instant, se mettre facilement en relation avec de tout autres réseaux, ce qui rend possible un nombre infini de modèles de communication. Le nombre de connexions dans notre tête s'exprime en trillions, un nombre avec dix-huit zéros.

Il y a toujours un petit intervalle entre deux cellules nerveuses : l'espace intersynaptique. Ce n'est certes pas un espace aussi grand qu'entre Wanne-Eickel et Hambourg, mais il doit tout de même être franchi. Le cerveau le fait parfois à l'aide d'impulsions électriques, mais le plus souvent grâce à la chimie. Pour franchir une distance, les fournisseurs d'accès transmettent les messages de serveur à serveur par signaux, notre cerveau le fait à l'aide de substances chimiques qui transmettent un message entre deux cellules nerveuses. On les appelle également les « neurotransmetteurs ».

Une fois par an, le *Guide Michelin* honore les meilleurs cuisiniers. Par contre, ceux qui servent les repas et débarrassent en souriant les assiettes sales sont rarement sous les feux de la rampe. On devrait, d'une manière générale, plus souvent honorer le petit personnel, et le cerveau est maintenant prié de se mettre brièvement en retrait. C'est à ses prestataires de services qu'est réservé l'instant de gloire suivant. Que le rideau se lève sur les neurotransmetteurs, dont les plus connus de ces transmetteurs de sentiments sont la dopamine, la noradrénaline, la sérotonine, le cortisol et l'ocytocine.

La dopamine : le désir prometteur de nouveautés

Le cerveau la produit lui-même. Il fait, pour ainsi dire, sa propre tambouille de neurotransmetteurs, une sorte de laboratoire de chimie privé. Une grande partie des choses qu'il concocte sont les substances les plus fortes et les plus efficaces au monde. Lorsque nous sommes sur notre canapé et qu'il ne se passe rien, ça gargouille paisiblement dans le laboratoire. Mais que l'on sonne de manière impromptue à la porte, et il s'active soudain. On parle volontiers d'« émettre » à propos des neurotransmetteurs, le terme « fuser » serait plus approprié ici. Les choses vont extrêmement vite. Nous sommes déjà chargés en dopamine avant même de nous être levés pour courir, pleins d'espoir, à la porte. Si elle ne fusait pas à travers nos synapses, nous resterions tout simplement assis. La dopamine a acquis la réputation d'être « l'hormone du bonheur ». Ce n'est pas tout à fait exact. On sait aujourd'hui que la dopamine ne récompense pas lorsqu'il nous arrive quelque chose de bien. Elle éveille d'abord l'espoir d'une récompense. Nous courons à la porte dans l'attente d'un visiteur agréable porteur d'un gâteau ou du livreur de DHL avec les nouvelles chaussures commandées sur Internet. Sans dopamine, rien au monde ne pourrait engendrer une promesse.

La dopamine nous aiguillonne, nous motive. Que ce soit pour ouvrir la porte, manger le gâteau, se saisir de son portable, rencontrer de nouveau le gentil monsieur ou ouvrir Facebook. Si nous sortons de la maison, cela tient à la dopamine, parce qu'elle nous promet qu'il peut nous arriver quelque chose de bien à l'extérieur malgré tous les problèmes. Un neuroscientifique ne le formulerait jamais comme cela, mais on peut affirmer que la dopamine est la « messagère du désir ». Mais aussi parfois de la pure bêtise.

Il est des « unes » que l'on ne lit que rarement. Par exemple : « Une bande de seniors prise en flagrant délit de *train-surfing* ». Et d'autres informations que l'on entend plus souvent : « Une fête entre ados dégénère : 150 invités dévastent une maison ». On considère que cela tient au flegme et à l'inconscience de la jeunesse si les jeunes prennent davantage de risques que les seniors. En vérité, c'est la dopamine qui fait la différence. Dans la puberté, les jeunes en sécrètent particulièrement beaucoup lorsqu'ils surmontent une épreuve risquée. Et cela les motive pour recréer de telles situations. Les unités fonctionnelles responsables de la dopamine changent au cours de la vie. Le neurotransmetteur devient moins efficace avec l'âge. Si l'envie d'aventure nous passe, cela tient au fait que nos récepteurs répondent de plus en plus mal à la dopamine.

L'opioïde endogène : l'âme a besoin des meilleures drogues du monde

Et maintenant, la récompense ! Si ce sont réellement les nouvelles chaussures qu'apporte le livreur et qu'en plus, elles sont belles et nous vont bien, exactement comme nous le souhaitions, des endorphines – également appelées opioïdes» – fusent dans notre corps. Nous ressentons aussitôt une sensation de bonheur – de l'euphorie à l'état pur. Le cerveau nous les envoie également pendant l'amour, la méditation, les massages, ou nous allons nous en procurer dans le quartier de la gare. On les appelle alors des « drogues ». L'héroïne, par exemple, n'est en fait que la version synthétique d'un opioïde. La morphine, que le médecin prescrit en cas de fortes douleurs, a aussi des effets similaires. Tout comme le médecin, le cerveau ne la sort qu'en cas de nécessité absolue. Mais, en cas d'urgence, il ne lésine pas sur la dose.

Les services de secours sont parfois confrontés à de bien curieuses situations. Des hommes avec des barres métalliques dans la poitrine, des doigts tranchés à la scie circulaire. Des personnes parfois très grièvement blessées et qui ne ressentent pas la moindre douleur. Cela tient au fait que le corps leur a administré provisoirement une belle quantité d'opioïde de la pharmacie interne.

Il l'administre en cas de douleurs physiques, mais également psychiques. Il ne fait pas la différence. Il n'y a que nous qui la faisons. Le cerveau se fiche que ce soit la jambe ou le cœur qui soit brisé. Il aide partout où il peut. Certaines personnes souffrant de très graves troubles psychiques ont inconsciemment recours à ce mécanisme à leur manière. Ils s'infligent des douleurs physiques pour atténuer les douleurs psychiques, par exemple en s'infligeant des scarifications ou des entailles sur les bras et les jambes. L'émission d'opioïde les atténue brièvement. Ces sentiments de soulagement ne durent toutefois pas longtemps, et la personne doit bientôt de nouveau les provoquer.

Mais les endorphines peuvent également faire tout autre chose. On est parfois assis sur le canapé et pense : « Je devrais appeler Claudia et aller boire un café avec elle. » Ce que nous pensons, c'est que nous pensons de nouveau à notre amie Claudia. Ce que nous ne savons pas : le cerveau vient de nous envoyer un message important. Lorsque les émissions d'opioïde sont trop faibles, notre besoin de proximité augmente. Les endorphines nous motivent pour chercher le contact avec l'autre. Et elles nous récompensent lorsque nous le faisons[2]. Cela nous fait du bien d'être en compagnie de quelqu'un. Et afin que nous ne l'oubliions pas, le cerveau nous récompense avec ses meilleures drogues. Les endorphines font en sorte que nous recherchions des liens sociaux et les entretenions. Si, pour une raison quelconque, cela n'est pas possible, c'est précisément ce mécanisme qui rend un être humain dépendant de cette substance qui lui simule la relation et la proximité.

La sérotonine : davantage qu'une hormone du bonheur

Du point de vue de l'évolution, on peut se rendre la vie heureuse de deux manières : la première consiste à se tourner vers les bonnes choses, la seconde, à éviter les mauvaises choses. Alors que la dopamine dit : « Fais davantage de bonnes choses ! », un autre neurotransmetteur nous envoie le message suivant : « Laisse tomber toutes les mauvaises choses ! » Cela, c'est le rôle de la sérotonine[3].

La sérotonine est principalement produite par le cerveau, mais elle peut l'être également dans d'autres parties du corps, par exemple dans l'intestin. Elle transmet des messages sur l'humeur, le sommeil, les émotions, la mémoire, l'appétit et la régulation de la température. Et elle joue également un rôle sur notre manière de gérer le stress.

Dans des situations menaçantes, la sérotonine envoie le signal de ne pas intervenir et de rester passif. En suffisamment grande quantité, elle inhibe l'impulsivité. En trop faible quantité, elle laisse le champ libre à un comportement fougueux. Les personnes ayant un taux trop faible de sérotonine tendent à avoir des réactions vives et irréfléchies. On a également constaté un trop faible niveau de sérotonine chez les personnes impulsives, violentes et agressives. En cas de manque de sérotonine, une personne n'est éventuellement pas réellement en mesure de marquer un temps d'arrêt et de se calmer, et, dans sa colère, elle frappera autour d'elle.

On lit souvent dans les magazines des astuces du style « Mangez davantage de bananes ! » car elles regorgent de sérotonine qui rend heureux. C'est certes vrai, mais sans effet. Car le cerveau ne reçoit que peu de la sérotonine de la banane. Notre cerveau est protégé par la barrière hématoméningée de toutes les substances possibles que lui apporte le sang, car certaines d'entre elles pourraient entraver le fonctionnement précis de la transmission des signaux. Une épaisse paroi capillaire interdit ainsi l'entrée à certaines de ces substances.

Ce videur nous réserve toutefois quelques petites surprises. Il laisse par exemple entrer l'alcool, la nicotine et un grand nombre de drogues, mais pas la sérotonine des bananes. Il existe toutefois une astuce pour faire augmenter le taux de sérotonine, et un grand nombre d'entre nous l'utilise constamment sans le savoir. Pour fabriquer sa propre sérotonine dans son petit laboratoire de chimie, le cerveau a besoin d'un élément précis : un acide aminé – le tryptophane. Nous ne devons donc pas manger davantage de sérotonine lorsque notre cerveau en réclame, mais davantage de tryptophane. On en trouve par exemple dans les pépins de courge, les noix et la spiruline (appelée autrefois « algue bleue »). Mais malheureusement aussi dans un grand nombre d'aliments riches en glucides. Donc dans tout ce qui est sucré et bon. C'est la raison pour laquelle nous nous goinfrons volontiers de gâteaux et de chocolat lorsque nous sommes stressés. Notre cerveau les transforme en sérotonine – l'ennemie du stress.

Le cortisol : un sauveteur zélé dans l'urgence

Nous nous promenons, le soir, dans un parc. Une silhouette surgit soudain de derrière un arbre. Notre corps réagit, en quelques millièmes de seconde, nous sommes un autre : nos pupilles se dilatent, notre cœur bat la chamade, la digestion s'arrête, nous cessons de réfléchir. Quelques instants auparavant, nous étions un promeneur du dimanche en train de rêvasser, nous sommes maintenant un *warrior* – un guerrier prêt à combattre ou à s'enfuir. Le *flight-or-fight-response* qui fait, entre autres, appel au cortisol, est l'une de nos stratégies de survie les plus centrales.

Nous qui sommes plutôt d'un caractère équilibré, nous nous transformons dans les situations menaçantes en un MacGyver – du moins physiologiquement. La réponse physique au stress ne doit pas systématiquement être « combattre ou fuir ». Au *flight-or-fight-response* appartient également le *freeze* – se figer. Ne rien faire peut parfois s'avérer plus sensé que l'attaque ou la fuite.

Lorsque le système limbique a mis au point pour nous ce programme d'urgence, il est parti de situations menaçantes comme la rencontre avec un tigre aux dents de sabre. De nos jours, il se met en fonction également au bruit d'une route à quatre voies, pour un travail à rendre dans les temps, en cas de nouvelles terrifiantes à la télévision ou pour une prochaine rencontre de famille. Notre organisme considère en effet également comme un stress les contraintes psychiques. Lorsque nous nous sentons abandonnés, surmenés ou rejetés, lorsque nous sommes en conflit avec d'autres, lorsque nous devons surmonter une maladie physique ou une perte – notre corps est, également dans ces cas, mis dans un état qui doit nous aider à gérer la situation.

Pour être exact, le cortisol n'est pas un neurotransmetteur, mais une hormone sécrétée par le cortex surrénal lorsque certains neurotransmetteurs lui en donnent le signal. Le cortisol stimule notre métabolisme énergétique, afin que nous ayons suffisamment de force. Il régule le système immunitaire afin de libérer nos ressources pour la bonne maîtrise de la situation, et il modifie notre capacité de réaction psychique. Le cortisol est donc notre ami dans les situations aiguës.

Mais, si de telles situations se multiplient ou perdurent, donc si le stress devient chronique, le cortisol devient notre ennemi. Lorsqu'il circule en énormes quantités dans notre corps, il attaque notre système immunitaire, nous met en état d'alarme permanent et peut, dans le pire des cas, empêcher la formation de nouvelles cellules dans certaines parties du cerveau, voire les détruire[4]. De nos jours, on le considère comme une cause de dépression et de troubles anxieux.

Noradrénaline : « Bien noté ! »

Lorsque quelqu'un surgit de derrière un arbre, on ne se dit généralement pas : « Un moment, s'il vous plaît, j'aimerais bien mener ma pensée jusqu'au bout. » La pensée s'évanouit tout à coup, et c'est à la noradrénaline qu'on le doit. Ce neurotransmetteur nous empêche de nous occuper avec des missions cognitives exigeantes lorsque le danger menace. Une certaine dose de stress peut stimuler la réflexion, une dose trop importante a l'effet inverse. C'est la raison pour laquelle nous ne pouvons pas correctement réfléchir lorsque nous sommes stressés, parce que la noradrénaline veut précisément l'éviter. Elle estime que réfléchir n'est pas important en cas de stress.

Nous devons libérer toutes nos capacités pour d'autres actions qui nous aideront à maîtriser la crise aiguë – et la noradrénaline nous prépare simultanément à affronter des situations futures du même genre. Elle fait en sorte que nous remarquions particulièrement bien un événement menaçant. Nous n'oublierons jamais l'arbre de derrière lequel quelqu'un a surgi pour nous attaquer.

Plus l'événement est grave, plus son souvenir sera profondément gravé en nous. Il est certes gentil de la part de notre cerveau de vouloir ainsi nous préparer pour l'avenir, mais un souvenir trop intense peut devenir problématique. Lorsqu'une quantité trop importante de noradrénaline agit sur le centre de la peur dans le système limbique, cela peut se traduire par une si forte imprégnation du souvenir que celui-ci nous poursuit. De tels flashs récurrents de souvenirs – ou flash-back – se produisent même sans causes extérieures et sont typiques pour les personnes souffrant d'un trouble post-traumatique.

Ocytocine : pas juste une hormone de l'amour

Il y a quelques années de cela, Google avait introduit une fonction pour accélérer les recherches sur Internet : Google Instant. Lorsque l'on tapait un mot dans la barre de recherche, un algorithme déterminait ce que l'internaute était susceptible de chercher et il lui faisait des propositions en complétant le texte. Il est parfois amusant de voir ce que Google imagine pour nous. Lorsque, par exemple, on tape le mot « pourquoi », le moteur de recherche complète avec « je t'aime » ou « les bananes sont courbes ». Ce que l'on peut attendre du mot « ocytocine », Google nous le montre clairement. Le moteur de recherche propose instantanément « spray », « action », « homme », « acheter » – et ce, dans cet ordre. Notre perception de l'ocytocine a connu une évolution étonnante. Elle a longtemps été décriée comme l'« hormone de la femme » qui agit pendant l'accouchement, fait couler le premier lait pour le bébé et surtout, s'épanouir l'amour. On pourrait également dire qu'elle déclenche le comportement maternel. En effet, sans ocytocine, nous voudrions certainement nous débarrasser au plus vite d'un être qui braille la moitié de la journée, vomit à tout bout de champ, nous réveille toutes les heures pendant la nuit et n'apporte aucune contribution digne de ce nom au ménage. Mais, parce que notre cerveau est imbibé d'ocytocine, nous aimons plus que nous-mêmes ce petit tyran.

Nous connaissons cette action depuis le début du XXe siècle et pensions tout connaître de l'ocytocine d'un point de vue médical. Grave erreur, car l'ocytocine se manifeste vraisemblablement dans d'autres situations. Elle pourrait, par exemple, être derrière le mystère de la monogamie, c'est-à-dire de la relation avec un unique partenaire. Si l'on donne à un homme de l'ocytocine puis qu'on lui montre des photographies de sa partenaire, l'hormone de la liaison stimule le centre de la récompense dans le cerveau et augmente la perception de l'attractivité de la femme. Cela renforce le lien avec elle et favorise la monogamie. La drogue joue de nouveau un rôle ici, puisque l'amour et la consommation de drogue stimulent le même système de récompense dans le cerveau. Cela pourrait expliquer pourquoi les êtres humains ressentent une profonde tristesse ou sombrent dans la dépression après une séparation ou la perte de leur partenaire : le déficit d'émission d'ocytocine fait que le système de récompense n'est pas suffisamment stimulé, et cela crée quasiment un état de manque.

Depuis que l'on connaît cette action règne autour de l'ocytocine une atmosphère de chercheurs d'or : et si c'était le produit miracle que nous cherchons tous ? Qui retient un humain lorsqu'il est attiré ailleurs ? Qui fait que nous nous sentons cajolés et cocoonés même lorsque nous n'avons pas de partenaire ? L'amour et le cocooning à l'aide de quelques pulvérisations nasales ? Qui ne se le souhaiterait pas ? Un produit miracle contre les relations brisées sans que l'on ait à se confronter aux causes ?

L'ocytocine n'est pas l'hormone du câlin en soi, et elle peut aussi stimuler la jalousie et l'esprit revanchard. Elle n'a, en outre, vraiment pas le même effet chez tout le monde[5].

Ce qu'elle fait toutefois bien dans la plupart des cas, c'est aider à se poser. C'est l'ocytocine qui nous apaise lorsque le stress nous a fait grimper au cocotier. C'est l'adversaire de l'hormone du stress. L'ocytocine fait baisser la tension et la concentration de cortisol. C'est elle qui fait que nous nous apaisons de nouveau et nous sentons mieux. Et si nous n'y parvenons pas de nous-mêmes, elle nous souffle à l'oreille de nous faire aider. Les enfants le font constamment lorsqu'ils appellent maman quand ils ont peur ou mal. Si maman est là, le taux d'ocytocine augmente, le stress et la douleur baissent. Les adultes ne se comportent pas autrement : après une dure journée, nous téléphonons à des amis ou nous nous abandonnons dans les bras de quelqu'un. Et nous ressentons rapidement le bien que cela fait. L'ocytocine ne coule malheureusement pas comme ça, chacun de nous en libère des quantités différentes et réagit différemment en fonction de ses propres conditions.

Il existe encore quelques autres transmetteurs, comme l'acétylcholine, la vasopressine ou le GABA. Un neurotransmetteur n'intervient que rarement seul, ils irriguent davantage notre cerveau en parallèle. Les hormones sont rarement des solistes, elles jouent en orchestre, et cela est également valable pour les diverses structures du cerveau. Elles se renforcent l'une l'autre ou atténuent l'action d'un autre transmetteur. Ce n'est qu'avec l'action connexe d'un grand nombre de transmetteurs que, par exemple, émerge un profond sentiment d'amour. Nous dessinons un cœur en symbole de l'amour. Un cerveau serait plus approprié.

Cette action et cette interaction des neurotransmetteurs ne se passent pas systématiquement sans problème. Ils ont besoin de structures optimales au sein desquelles ils déploient leurs effets. Le nombre de neurotransmetteurs qui se forment et la bonne distribution de leur message dépendent beaucoup de la façon dont notre cerveau est formé. Et ceci est une très épineuse question.

Un organe très particulier

Dès l'instant où nous venons au monde, nous sommes subitement préparés pour mener une vie autonome à travers une réaction en chaîne de notre corps. Le poumon se déploie avec la première inspiration, et cette modification des rapports de pression obture un trou entre les oreillettes gauche et droite du cœur. D'un seul coup, la circulation sanguine n'emprunte plus la déviation habituelle par le placenta, mais poursuit son propre cheminement, et tous les organes se mettent à travailler par réflexe. Juste avant, nous étions encore dépendants du corps de notre mère, mais, grâce à ce que l'on appelle « l'adaptation postnatale », nous sommes à même, d'un instant à l'autre, de tout faire par nous-mêmes. Nous sommes peut-être minuscules, mais complets. Nous avons des reins qui filtrent notre sang, un foie qui produit les sucs digestifs et détoxifie l'organisme, et un intestin qui transforme le lait maternel en énergie. Tous nos organes sont complets. Sauf un : le cerveau. C'est l'unique partie de notre corps qui est *à moitié* achevée.

Lors de la construction d'une maison, ce serait scandaleux, mais lors de celle du corps humain, c'est un trait de génie. La nature a, bien sûr, tout prévu. Il importe peu au foie de produire de la bile en Afrique ou en Asie, pour une fratrie de six enfants au Népal ou pour un troupeau de rennes en Mongolie. Il regarde ce qui lui vient d'en haut et se met au travail. Pour le cerveau, les choses se présentent un peu différemment. C'est à lui que revient la responsabilité du bon fonctionnement du foie et du reste du corps. Son job consiste à veiller sur le corps. Et c'est un avantage de connaître le mieux possible l'endroit où l'on vit. On a besoin de connaissances et de capacités différentes dans le désert et dans la forêt vierge. Notre cerveau attend de s'être achevé à travers les expériences qu'il fait dans son environnement afin de se préparer au mieux aux conditions de vie.

Si l'éducation d'un jeune enfant est relativement difficile pendant quelques années, c'est parce qu'un enfant doit apprendre beaucoup de choses avant que l'on puisse le laisser seul. Comprendre les bases d'une langue, du comportement social, de la morale, de la sécurité routière, etc., tout cela demande du temps. Dans le meilleur des cas, les enfants sont ensuite idéalement adaptés à leur environnement. Ils comprennent le fonctionnement d'une route à quatre voies s'ils vivent dans une grande ville et se déplacent aisément dans la forêt tropicale si tel est leur environnement. Dans le meilleur des cas, ils peuvent s'en tenir à des règles et ont une aptitude sociale suffisante pour s'entendre avec les autres êtres humains, et au minimum avec un, ou une, autre plus intimement pour que l'histoire puisse reprendre du début.

L'âme nous garantit la survie

Si la nature nous laisse précisément au niveau du cerveau une telle lacune, ce n'est en aucun cas un déficit, mais un énorme avantage pour notre survie. Si l'on zoome sur un tel mini-cerveau, on s'aperçoit que ce n'est d'ailleurs pas vraiment une lacune. On s'étonne d'y trouver bien plus de choses qu'on ne le pensait. Le plus grand exploit d'un enfant de cinq mois consiste à porter son gros orteil à sa bouche. Mais sous cette mignonne tête chauve, il est, malgré tout, presque mieux doté qu'un adulte. Les milliards de cellules nerveuses dont dispose un être humain sont déjà toutes là, et même en plus grand nombre que chez nous, les grands. Si le nourrisson ne parvient pas à participer à la discussion après le « Journal du soir », cela tient uniquement au fait que, chez lui, les liaisons entre les réseaux nerveux ne sont pas encore établies de manière spécifique.

Le plan pour la fabrication d'un cerveau humain prévoit, dans un premier temps, de nous doter très généreusement de toutes les cellules nerveuses et de toutes les synapses possibles. La structure fine ne se forme ensuite qu'à travers ce qu'il se passe autour de nous. Tout ce qui nous pénètre à partir de l'extérieur génère une activité électrique, et c'est elle qui relie les cellules nerveuses entre elles. Des faisceaux se trouvent et se consolident, des synapses se meuvent l'une vers l'autre et forment des contacts. Les contacts existants sont stabilisés, et les contacts inutilisés sont perdus, des circuits se créent, s'affinent, une matrice synaptique efficace voit le jour – dans un premier temps, surtout celle du système limbique[6].

Pendant l'enfance, le câblage des faisceaux nerveux se fait particulièrement vite et durablement. C'est là que sont posés les aiguillages pour notre personnalité. Mais il n'est pas vrai que ce processus s'arrête à un moment quelconque. Et le pauvre Hans fait souvent les frais de cette erreur. « Ce que Petit-Jean n'apprend pas, Jean ne l'apprendra plus jamais », nous dit-on depuis des décennies. On le sait désormais : on a été très injuste avec Jean. Notre réseau de neurones ne cesse de se modifier. En fait, notre cerveau n'est jamais vraiment terminé jusqu'à la fin de notre vie. Les experts parlent de « plasticité neuronale », ce qui signifie que notre cerveau se forme tout le temps. Il a déjà établi de nouvelles connexions le temps de lire ce paragraphe, car toute nouvelle expérience nous change. Cela peut donc valoir le coup de prendre des cours de letton à soixante-dix ans ou de tenter de devenir aimable si on est grincheux. Nous sommes faits pour cela.

C'est le bon côté de la médaille : nous sommes très réceptifs et dépendants des expériences. Le revers de la médaille : si nous faisons de mauvaises expériences, elles auront une mauvaise incidence sur notre cerveau. Si tout ce qui nous parvient de l'extérieur n'affecte pour ainsi dire pas les autres organes, le cerveau, lui, est véritablement une petite nature. On peut traiter son foie de « vieille bique », il n'en continuera pas moins à faire assez imperturbablement son travail, à produire de la bile et à détoxifier l'organisme. Notre tête voit les choses différemment : elle saisit tout ce que les autres font avec nous. Un foie sera malade d'un excès d'alcool. Une âme peut se rendre malade parce que quelqu'un nous dit des méchancetés ou nous maltraite. Les mauvaises expériences ne se dissolvent pas comme ça dans la nature. Elles sont aussi toxiques pour l'âme que l'alcool l'est pour le foie. Des nerfs peuvent se perdre dans un foie et affecter le métabolisme. Dans notre cerveau également. Le fait de se considérer constamment comme raté, laid ou inutile modifie notre réseau de nerfs. Des circuits peuvent être perturbés, des synapses peuvent se perdre. Par exemple, ceux sur lesquels agissent les neurotransmetteurs. C'est-à-dire que l'on peut avoir autant que l'on veut de neurotransmetteurs pour la récompense et la motivation, si leur message ne peut pas arriver dans la bonne boîte aux lettres, il ne sera tout simplement pas distribué. C'est cette transmission qui décide si nous sommes patients, peureux ou empathiques. Si elle n'est pas effectuée, il nous manque alors peut-être l'impulsion, rien ne nous plaît plus vraiment, le monde perd tout attrait. Si les neurotransmetteurs qui nous aident à atténuer le stress nous font défaut, nous serons alors peut-être constamment énervés.

Lors de notre naissance, notre cerveau est encore un gros œuvre, qui ne sera crépi et achevé qu'avec l'aide de nos congénères. Dans chacun de nous est, par exemple, déjà intégrée la capacité à apprendre une langue. Mais nous sommes tributaires d'un tiers qui nous l'enseignera. C'est exactement la même chose avec les sentiments. Nous avons besoin de professeurs qui nous montrent comment ça fonctionne.

Le fil auquel tient notre vie

Une graine de tournesol peut rester très longtemps dans le sol sans qu'il ne se passe rien. Que le sol se réchauffe de sept à neuf degrés, et tout se met soudain en branle. Sa coque s'ouvre, les racines se cramponnent au sol, et une tige s'étire vers le haut à l'air libre. Juste avant, la graine était encore bien protégée derrière une solide coque, mais dès lors que la partie supérieure de la plante transperce le sol, son destin dépend de ce qui l'attend là-haut : elle est désormais tributaire de son environnement et du temps.

Ceci est encore un livre sur l'âme et non sur les plantes, mais, au début de leur vie, un germe et un cerveau ne sont pas si différents que ça l'un de l'autre. Le cerveau pousse, lui aussi, sur une sorte de tige, la moelle épinière. À partir de là, la croissance se fait pas à pas, du bas vers le haut. Après la moelle, se forme le tronc cérébral qui gère le cœur, la respiration et la température du corps.

C'est la base, ce qui est nécessaire à la survie. Les premières structures du système limbique – le centre des émotions –

se développent ensuite. C'est une preuve de l'importance du ressenti. Pour le corps, le ressenti vient tout de suite après la respiration et les battements du cœur. Toute la partie logique, par contre, a tout son temps devant elle. Et c'est bien comme cela. Pour un petit enfant encore tributaire de la protection des grandes personnes, il est plus important de pouvoir appeler ses parents que de connaître le théorème de Pythagore. Pour cela, il doit pouvoir ressentir, par exemple, la peur d'être seul, des animaux étranges ou des visages hostiles. Pour le reste, il est tributaire de son environnement, exactement comme la fleur de tournesol. Elle a besoin d'eau, de soleil, de nutriments et d'un climat qui lui convient. Le petit homme obtient tout ce dont il a besoin d'une unique source : maman. Elle le protège, le nourrit et s'occupe de lui afin qu'il grandisse et puisse s'épanouir.

Lorsque le soleil brille, celui-ci n'a vraisemblablement aucune idée des processus qu'il met en branle dans la plante. La plupart des mères ignorent vraisemblablement tout ce qu'elles provoquent dans l'organisme de leur enfant par leur seule présence. Un enfant tombe et pleure. Maman accourt pour le consoler, instinctivement. En réalité, elle en fait énormément plus qu'elle ne le pense : elle active d'importants processus neuronaux. On ne peut pas davantage les voir que la photosynthèse dans les feuilles, mais ils ont bien lieu.

Le cerveau – et notamment, au début, la partie psychique – se forme au contact de la mère ou d'autres personnes de référence importantes. Même lorsque la mère ne fait que consoler son enfant, elle apporte en réalité au cerveau de l'enfant une information incroyablement importante : il était stressé, énervé, mais le stress peut se calmer. Chaque fois que l'enfant fait l'objet de sollicitude ou d'assistance, cela renforce les structures de son cerveau inachevé. Un peu davantage avec chaque nouvelle interaction. Un regard affectueux peut déjà déclencher toute une réaction en chaîne des circuits de connexion neuronaux : cela libère, outre de l'ocytocine, des opioïdes endogènes et de la sérotonine. Nous ne nous sentons alors pas uniquement bien, nous sommes apaisés.

Chez l'enfant, un contact affectueux avec une personne de référence fait grimper l'ocytocine et régule le stress. Cela renforce le réseau des canaux et les points de fixation. Et ce, d'autant plus qu'ils sont souvent sollicités. Le cerveau s'entraîne jusqu'à ce qu'il maîtrise lui-même le mécanisme et puisse le déclencher spontanément. La façon dont un enfant gère ses excitations et ses apaisements est déterminante pour sa vie ultérieure, et également pour sa santé physique. Les fondements en sont posés déjà de très bonne heure.

Sous l'influence du soleil, une plante développe des réseaux de canaux toujours plus forts qui l'approvisionnent en eau et en nutriments. Une interaction avec une personne de référence affectueuse a un effet similaire chez l'enfant. Les liaisons neuronales ne tracent leur cheminement qu'à travers l'attention que l'on porte à la personne. Des réseaux neuronaux de connexion optimaux se créent dans un bon environnement. Plus ils sont stimulés, plus ils sont stables. Les expériences précoces influent sur la qualité de l'implantation de leurs prolongements dans le système limbique et déterminent s'ils y modulent durablement l'activité cérébrale et gèrent ainsi nos sentiments, nos perceptions et nos expériences. La structure du cerveau humain en création est donc un reflet de l'expérience vécue.

Chez les enfants qui ont grandi entourés d'affection, le niveau d'ocytocine s'élève rapidement, également plus tard dans leur vie, lorsqu'on leur témoigne de la tendresse et une attention affectueuse. Toutefois, si les structures cérébrales qui en sont responsables ne sont pas activées dans les premières années décisives, celles-ci dépérissent, et l'homme ne pourra plus en bénéficier dans sa vie ultérieure, même si on fait preuve d'attention et de tendresse à son égard. Son organisme ne démarre pas, dans le sens littéral du terme, de telle manière qu'il puisse en ressentir les effets bienfaisants.

Notre environnement détermine notre évolution

Bien que, comme chez l'homme, il est dès le début déterminé chez la plante ce qu'elle deviendra au stade adulte, elle peut, malgré tout, donner tout à fait autre chose – en fonction de son environnement. Plus son environnement est optimal, mieux elle s'épanouit. C'est exactement la même chose chez l'homme. La sollicitude que l'on nous témoigne est le modulateur décisif pour notre évolution. Ce n'est toutefois pas une fatalité. Les traits de personnalité qui vont finalement s'imposer dépendent en grande partie de l'influence de nos personnes de référence.

On peut s'imaginer nos gènes comme une palette de possibilités qui sont à notre disposition, mais in fine, ce sont surtout les expériences que nous accumulons qui déterminent ce qu'il adviendra de ces possibilités et si certains gènes seront activés ou non.

L'enfant contribue lui-même davantage qu'on ne le dit communément aux expériences qu'il fait avec ses personnes de référence. « Des parents sereins auront des enfants sereins. » Ce grand classique parmi les dictons que l'on assène parfois aux parents n'est pas seulement faux, il est également dangereux. Cela donne mauvaise conscience aux parents dont l'enfant n'est pas serein, provoque chez eux un sentiment d'échec et les fait stresser. Chaque enfant apporte son propre tempérament avec lui – et ce, dès le début. Le nourrisson influe déjà inconsciemment sur les réactions de ses parents à son égard. Et c'est également son caractère qui décide comment il gère à son tour les réactions de ses parents. Les psychologues parlent d'une « adaptation parents-enfant » – et celle-ci peut être plus ou moins réussie. Dans ce dernier cas, l'enfant présentera davantage de risques de développer un trouble du comportement. En effet, une famille calme et introvertie aura tendance à refréner un enfant expressif et casse-cou, alors qu'une mère extravertie voudra stimuler un enfant paisible[7].

Mais ce n'est pas de sa faute !

Un grand nombre des difficultés que les parents rencontrent avec leurs enfants n'est la faute ni des uns ni des autres, cela tient davantage à une constellation défavorable de tempéraments. Un authentique défi pour les familles.

Un enfant peut, par exemple, avoir une prédisposition génétique aux émotions négatives ou une prédisposition à un caractère impulsif : cet enfant est plus rapidement frustré que les autres et a davantage tendance à les éviter qu'à entreprendre ouvertement quelque chose avec eux. Toutefois, s'il grandit dans un milieu qui se montre patient envers lui, il a de grandes chances d'apprendre à mieux contrôler ses impulsions et de s'ouvrir aux autres. Si, par contre, les parents se montrent, comme lui, impulsifs et impatients, cela peut générer un cercle vicieux, et l'enfant sera finalement estampillé comme étant « problématique » et, dès lors, traité en tant que tel.

Un grand nombre d'enfants ont grandi au rythme des histoires aventureuses d'Erich Kästner. Dans *Deux pour une*, ce dernier décrit comment deux enfants avec les mêmes prédispositions peuvent développer deux caractères complètement différents, en fonction du comportement de leurs personnes de référence envers eux. Si la mère ne réagit pas avec tact aux résistances de son enfant, celui-ci tendra éventuellement à devenir de plus en plus agressif. Si, au contraire, elle témoigne de la sollicitude envers lui, il pourra, malgré ses prédispositions, devenir un être très paisible. La création de la personnalité est le fruit d'une interaction complexe des gènes et des expériences, la sollicitude des parents étant toutefois un important régulateur qui peut énormément influer dans une direction ou une autre[8].

L'influence des expériences sur leur personnalité peut être plus ou moins importante selon les individus – dans un sens aussi bien positif que négatif. Il y a des enfants qui profitent davantage que d'autres d'un environnement amical et empathique. Mais ils souffrent également davantage des expériences négatives auxquelles ils sont confrontés. Les chercheurs s'en sont rendu compte à l'issue de plusieurs études, et cela leur a rappelé quelque chose : les fleurs. Depuis, ils rangent les enfants en deux catégories : les enfants orchidées et les enfants pissenlits[9].

Les enfants pissenlits prennent racine partout et s'épanouissent également dans de mauvaises conditions. Les enfants orchidées, en revanche, sont comme les plantes dont on leur a donné le nom : très délicats. S'ils sont mal traités, ils se développent mal et peuvent avoir des problèmes toute leur vie. Dans une serre, par contre, et dans de bonnes conditions, ils s'épanouissent magnifiquement. Des enfants orchidées qui grandissent sans stress peuvent même mieux se développer que des enfants plus robustes du même âge. Ces derniers sont, à leur tour, toute leur vie moins sensibles aux influences, également positives, de l'extérieur.

Naissance : tout commence beaucoup plus tôt que nous ne le pensons

La sensibilité des réactions d'un être humain à son environnement n'est pas uniquement dans nos gènes, elle est déjà déterminée dans le ventre de la mère. Pour nous, le stress est une chose qui affecte surtout les adultes, alors qu'il peut déjà concerner un être qui vient juste d'être conçu.

Le système avec lequel l'adulte gérera le stress se développe chez l'embryon cinq semaines après la formation du cerveau. Le stress ressenti par la mère agit très fortement sur le cerveau de l'enfant et sur son tempérament. Son corps se prépare en effet à affronter un monde éventuellement stressant et hostile, dans lequel il pourrait être utile de se montrer anxieux et retenu. Un tel comportement ne cesse pas tout simplement après l'enfance, il peut accompagner l'homme toute sa vie, l'isoler socialement et avoir de tragiques conséquences.

Les choses peuvent encore favorablement évoluer si cet enfant est accueilli à sa naissance dans un milieu délicat. Un lien fiable et empreint de sollicitude peut atténuer les conséquences du stress prénatal. L'ocytocine, qui a un effet inhibant sur l'hormone du stress à travers l'interaction avec les parents, y participe également. Il est donc encore possible de compenser les mauvaises expériences vécues par l'enfant avant la naissance en lui témoignant ultérieurement de l'affection. Dans le cas contraire, ce peut être dramatique. Si l'enfant est constamment stressé après la naissance, parce que sa mère n'est pas disponible ou ne satisfait pas ses besoins, les influences négatives peuvent avoir un effet exponentiel.

À lui seul, le stress postnatal peut suffire pour endommager l'âme en formation. Si la mère et son affection viennent à manquer, cela peut avoir des conséquences négatives durables sur les circuits de connexion psychiques et, en outre, fortement influencer le développement émotionnel et cognitif de l'enfant. Assez fatalement, le lien ne s'établit bien souvent pas, précisément dans cette phase sensible – alors que l'âme est particulièrement tributaire de la sollicitude de la mère. Dans une situation d'urgence, cette mission peut être assumée par une autre personne. Il est difficile de remplacer une mère, mais une personne fiable peut toutefois proposer, elle aussi, suffisamment de sécurité, de sérénité et d'affection à l'enfant.

L'éducation : le guide pratique avec les plus importantes conséquences au monde

Traiter les enfants avec amour est, en fait, une forme d'éducation très nouvelle. Un grand nombre d'adultes d'aujourd'hui ont été élevés selon des méthodes toutes différentes. On peut le résumer ainsi : plus on remonte dans le temps, plus les enfants ont été maltraités.

On se moque souvent des parents actuels, parce que leurs rayonnages débordent de vingt mètres de guides pratiques consacrés à l'éducation. Il fut un temps en Allemagne où il n'y en avait qu'un. Mais ces époques étaient pires. Bien pires, un continuel cauchemar pour certains enfants. Ce livre s'appelait *La Mère allemande et son premier enfant.*

Ce fut le plus grand best-seller d'Allemagne parmi les guides pratiques, avec une édition totale d'1,2 million d'exemplaires. Il avait été écrit par Johanna Haarer, docteure en médecine et membre du NSDAP. Sa première édition, en 1934, bénéficia d'un grand soutien et se vendit par centaines de milliers d'exemplaires. Haarer y conseillait d'exclure les enfants de la communauté, jusqu'à ce qu'ils maîtrisent leurs fonctions corporelles. On devait les soustraire à tout sentiment de sécurité afin de ne pas en faire des petites natures. On devait bien davantage en faire des enfants tenaces et résistants. L'affection était dangereuse.

Il serait trop simple de réduire le guide de Haarer à de la propagande nazie. La moitié des exemplaires parut avant la Seconde Guerre mondiale ; l'autre moitié, après. On en avait un peu édulcoré le vocabulaire nazi, mais, sous le titre raccourci de *La Mère et son premier enfant*, le message était le même, et on le trouvait encore en rayon en 1987. On disposa ainsi pendant plus de cinquante ans des meilleurs conseils pour détruire efficacement l'âme d'un enfant. Et, de nos jours encore, plane dans certaines familles la peur d'élever un « tyran domestique », une peur entretenue pendant des décennies par Johanna Haarer.

Des idées obsolètes

Les raisons ne manquent pas pour lesquelles un attachement fiable avec l'enfant peut échouer : les fausses idées, le surmenage, les mauvaises conditions sociales ou des parents souffrant de troubles psychiques. Très souvent, les adultes eux-mêmes n'ont jamais connu de relations affectueuses ni pu apprendre à s'occuper de l'autre avec amour. Les pleurs ne provoquent pas automatiquement chez la mère le réflexe de s'occuper avec amour de son enfant. En fonction de ses conditions neuronales propres, qu'elle apporte de sa propre enfance, un programme d'autoconservation peut se substituer à celui d'assistance : lutter, fuir ou ne rien faire.

Au lieu de réguler les émotions négatives de son enfant, la mère sort de sa chambre ou en ferme la porte lorsque celui-ci crie ou pleure. Elle s'enfuit. Ou elle attaque : l'enfant en pleurs est perçu chez elle comme une telle menace qu'elle lui crie dessus, le secoue, le bat, voire le tue.

Quelles qu'en soient les raisons, leurs conséquences se font ressentir pratiquement toute la vie. Le manque de soins et le mauvais traitement d'un enfant modifient massivement son jeune cerveau. Un enfant ne peut en effet pas s'en détacher de lui-même et il reste exposé au flot des hormones du stress. Un niveau constamment élevé de cortisol est un poison pour les très sensibles cellules nerveuses. Certaines zones du cerveau peuvent littéralement s'étioler, ce qui s'exprime, par exemple, par un comportement problématique, et par la gestion du stress. Les mécanismes neurobiologiques du stress peuvent être étalonnés de manière à répondre plus vite et plus souvent au stress. L'individu se sent plus rapidement ou plus intensément menacé, et il a le plus souvent des réactions plus impulsives et agressives face au danger.

Les enfants qui ont manqué de soins ressentent souvent toute leur vie une grande détresse, de l'impuissance et de la vulnérabilité. Ils ont appris et intégré de bonne heure qu'ils ne peuvent rien changer à leur situation. Un mauvais lien au départ se pérennise le plus souvent et se traduit par d'autres mauvais liens. Divers problèmes relationnels sont typiques pour un enfant qui a manqué de sollicitude. Il a souvent peur de laisser l'autre s'approcher de lui ou, au contraire, attend de l'autre qu'il le sauve et s'occupe totalement de lui. On sait aujourd'hui que les enfants qui ont été exposés à de mauvaises expériences en souffrent toute leur vie, pas uniquement psychiquement, mais aussi sous la forme de faiblesse immunitaire, de troubles cardiovasculaires, de douleurs chroniques et de tendances à des addictions.

Un mauvais départ peut avoir des conséquences sur toute une vie. Pas uniquement sur notre propre vie. Également sur la vie de tous ceux qui nous sont proches.

Une quête de traces dans le passé

Les fêtes de famille peuvent être fantastiques. Bien souvent uniquement dans les autres familles, pas obligatoirement dans la sienne. Le cliché veut que cela se termine comme dans un film italien, lorsque toute la famille est assise à une longue table sous un vieil arbre, rit, boit du vin et déguste un bon repas dans le flamboiement du couchant. Et puis, il y a les vraies fêtes, qui ne sont pas mises en scène, celles de la vie réelle : l'oncle Manfred fait, comme toujours, de mauvaises blagues, tante Gisela est perpétuellement vexée parce qu'elle se sent insuffisamment prise en considération, la cousine Katharina est une fois de plus avec un nouvel amant, et, en fait, tout le monde sait que le couple du neveu Marc bat sérieusement de l'aile depuis longtemps. Mais de tout cela, on n'en fera des messes basses qu'après minuit et une bonne dose de schnaps, sachant qu'il est évident pour tout le monde que l'oncle Harry n'a pas uniquement ce soir-là un grand penchant pour le schnaps.

Nous sommes assis au milieu de la famille, de ses drames et marottes, et pensons : « Par bonheur, je suis totalement différent. » Et quelque part, très profondément en nous, nous sentons que ce n'est peut-être pas forcément vrai.

Aucun de nous n'est un être isolé. Nous sommes tous des éléments de systèmes, de réseaux et d'arbres généalogiques. Nous avons des tantes et des oncles, des frères et des sœurs et des grands-parents. Nos mères sont les enfants d'autres mères. Nos pères ont également été un jour des fils. Comme nous, ils ont été autrefois dépendants de la sollicitude des autres et ils en ont été imprégnés. Ils ont profité de leurs forces, ont réagi à leurs faiblesses, ils ont vécu des tragédies et subi des pertes. Ils ont surmonté ces épreuves, ou pas. Ils ont développé des stratégies et des principes qui les ont aidés à traverser la vie et ils les transmettent. Nous sommes liés à ces hommes, nous portons leur histoire en nous. Nous *sommes* leurs gènes et leurs expériences. Cela nous prépare peut-être des problèmes dont les causes ne sont pas dans notre vie, mais dans la vie d'un ancêtre. Les rechercher est un travail de détective. Les détectives cumulent les indices, les psychologues établissent un génogramme.

Le génogramme est une variante un peu différente de l'arbre généalogique, mais du genre que l'on n'encadre pas pour le pendre au mur. Un génogramme n'a ni armoiries ni fioritures. Il fait l'inventaire des séparations, des infidélités, des maladies et des décès. Un génogramme révèle les souffrances et les problèmes qui s'étirent comme un fil rouge parfois à travers plusieurs générations, les modèles qui se répètent : addictions, abus, dépressions et secrets de famille. L'origine de certains problèmes est bien antérieure à notre naissance.

Cas d'étude : génogramme

Situation

Le patient se présente pour un premier entretien sur les conseils insistants de son employeur. Il a alors 48 ans, vit seul et est chef de service d'une entreprise de solutions en ingénierie informatique. Il dit être sans cesse en conflit quelconque pendant toute sa vie. Il ne peut pas comprendre pourquoi les autres ont constamment un problème avec lui. Il considère que ce n'est pas lui qui devrait suivre un traitement, mais les autres membres de son équipe. Il trouve extrêmement vexant que son patron rejette sur lui la responsabilité de l'échec de l'équipe. Il vient consulter parce que c'est l'unique solution pour éviter le licenciement. Il n'est ici que parce qu'il a peur de perdre son travail.

Il trouve gênant dans son quotidien d'être si rapidement pressé par le temps, nerveux et tendu, d'avoir alors des maux de ventre et la diarrhée. Il se sent acculé intérieurement, souvent injustement traité, et il est alors incapable de maîtriser sa colère. Son environnement réagit toujours par l'incompréhension et le rejet, ce qui ne lui fait rien, parce qu'il vit cela depuis son enfance. Il se décrit comme tenace, direct, comme poursuivant un but, pas une petite nature, mais un *lonesome rider*. Il ne sait actuellement pas ce qu'il peut attendre du traitement, mais veut écarter la menace de la perte d'emploi, et parvenir peut-être à devenir un peu plus serein.

Constatations

Lors du premier contact, le patient se montre tendu, superficiellement sûr de lui, superficiellement aimable, méfiant et sur le qui-vive. Au contact, il montre un visage arrogant et agressif, avec des éléments sarcastiques et cyniques. Agité et nerveux au niveau moteur. La vexation imposée par son employeur ressort sans cesse clairement lors de la première consultation, et il s'en défend en la dénigrant. Lors des consultations suivantes, la méfiance et le rejet cèdent la place à la curiosité. Le patient donne l'impression de s'ouvrir de plus en plus et d'être activement intéressé par sa biographie. Il s'avère que l'exploration des données biographiques est très difficile pour lui, car il ne possède que peu d'informations et de souvenirs de son enfance et de sa famille.

Avec le temps, il lui est également plus facile de se confronter à des thèmes difficiles. La réflexion sur sa propre contribution à la création des situations montre clairement au patient que sa perception des choses est extrêmement orientée sur l'extérieur et non sur le vécu intérieur. Sa propre détresse lui devient, avec le temps, clairement perceptible derrière la façade qu'il montra au début. Il ne put pas, dans un premier temps, mettre de mots sur les sentiments du vécu intérieur. Il suppose que son comportement agressif pouvait lui être utile pour refouler son propre sentiment d'infériorité dans le contexte d'une problématique prononcée d'estime de soi.

Évolution biographique du patient après la réalisation du génogramme

Le patient est né, en 1955, en tant que fils cadet (un frère de trois ans son aîné) dans une petite ville. Sa mère était femme au foyer, son père directeur d'une entreprise de transports. Le contact avec le père (décédé) était distant et caractérisé par une grande rigueur. Ce dernier avait énormément misé sur les vertus allemandes et n'était jamais détendu. La mère a dit au patient que son père avait extrêmement souffert pendant les dernières années de la guerre, raison pour laquelle il était plutôt « renfrogné et strict ». Il avait toujours voulu que ses enfants deviennent « quelqu'un de bien ».

Le contact avec sa mère était certes, par certains côtés, affectueux, mais il pouvait d'un instant à l'autre devenir froid et hostile. Il n'est jamais parvenu à s'expliquer ce qu'il avait fait de mal pour qu'elle soit ainsi avec lui. Le contact avec le frère était bon, bien qu'ils soient fondamentalement différents. Il passait beaucoup de temps avec lui, mais les choses ont totalement changé vers les 12 ans du patient. Le frère s'est alors détourné de lui. Sa mère lui avait dit que c'était comme cela quand on entrait dans la puberté, et il n'y avait rien vu de mal.

A posteriori, le contact avec le reste de la famille (grands-parents, une tante et un oncle) avait été quelque peu étrange. Il avait été souvent « coupé », s'était senti exclu, d'une certaine façon « regardé de travers », comme un marginal.

Il avait bien travaillé à l'école, apprendre lui était chose aisée, et il avait eu son bac sans problème. Les études n'avaient pas été difficiles non plus, il n'avait jamais réussi à comprendre pourquoi les autres devaient se donner tant de peine. Son frère avait également peiné à l'école et pendant sa formation.

Il a eu plusieurs petites amies, mais s'était rapidement senti corseté à l'intérieur de la relation, et il avait préféré des relations plus libres. Il n'a pas d'enfants.

Le génogramme met clairement en évidence d'importantes lacunes dans les informations. Après avoir demandé à sa mère, sa tante et son oncle, mais également grâce à des lettres de la grand-mère (paternelle), il s'avéra que son grand-père n'était pas son grand-père biologique et qu'il avait lui-même un grand nombre de traits du grand-oncle (décédé à 49 ans), connu au sein de la famille pour être un homme très intelligent ayant réussi professionnellement, comme son père ; la tante et l'oncle étant, par contre, moins doués que la moyenne. Presque tout le monde dans la famille savait que la grand-mère avait eu une liaison brève mais fertile avec le frère de son mari, ce dont on ne parlait qu'en messes basses, voire pas du tout. Tel le petit du coucou, le père du patient fut élevé par ses parents supposés. Il était lui-même un marginal, c'est-à-dire qu'on fit de lui un marginal, un enfant de la honte.

Le patient ressemblait à son grand-oncle comme deux gouttes d'eau, ce qui ne lui avait lui-même jamais mis la puce à l'oreille. Dans la famille, cette ressemblance éveillait le souvenir de ce fumeux secret de famille et on l'associait à la « honte ». La famille se montrait hostile envers lui, le punissait et l'excluait volontairement. On lui avait fait endosser une faute qu'il ne pouvait ni comprendre ni combattre.

Cette mortification et cette injustice, sans avoir la possibilité de mettre à nu et expliquer le déchirement et la colère qu'il ressentait intérieurement, firent qu'il se trouva constamment et inconsciemment en situation de devoir se battre pour sa survie et pour justifier sa présence sur cette Terre. Les tiers n'étaient pas pour lui des partenaires relationnels fiables. Il tenta de prendre une forme de contrôle sur sa vie en tant que *lonesome rider*.

Explication possible

En raison des traumatismes subis par les grands-parents et le grand-oncle, suite à leurs vécus pendant la Première et la Seconde Guerres mondiales, ainsi qu'en raison du traumatisme subi par ses parents, le patient développa la stratégie de survie « combat ». Son comportement agressif résultait en fait d'une stratégie qui devait le plus possible l'empêcher d'être confronté à une situation à laquelle il aurait dû réagir. Pour sa survie psychique et une plus grande maîtrise de soi et de sa vie. Son image négative de soi (« Je ne suis pas bien, je suis seul ») fut confortée par diverses formes de rejet et de culpabilisation de la part de la famille. Au fur et à mesure de sa croissance, le patient tenta d'acquérir un sentiment d'efficacité et de contrôle à travers une attitude forte et, plus tard, une position professionnelle forte. Cela lui permettait de compenser l'impuissance, l'insignifiance, l'infériorité et la détresse.

Faute de modèles d'apprentissage adéquats, le patient ne put développer aucune compétence émotionnelle suffisante, aucune sollicitude envers lui-même, aucune empathie pour lui -même, ainsi qu'aucune capacité à résoudre les problèmes.

Il vivait dans une famille au sein de laquelle chacun se doutait, et la plupart savaient : son père est le fils du grand-oncle. Et, au fur et à mesure qu'il prenait de l'âge, il fut traité par la famille par le même rejet que son père avant lui : il était le coucou dans un nid étranger. Comme quelque chose qui n'appartient pas vraiment à la famille. Et, comme son père avant lui, le patient adopta le rôle de marginal qu'on lui avait attribué. Pas uniquement au sein de la famille, partout : à l'école, à l'université, au travail, dans les relations amoureuses. Il était entré dans le rôle que d'autres avaient prévu pour lui.

Fatalement, son père le conforta encore dans cette position. Il avait malgré tout lui-même amplement réussi dans cette voie, à se construire une vie et à faire carrière. Que son père démontrait seulement ainsi à l'extérieur sa solitude intérieure, cela, il ne le voyait pas encore, mais il le sentait « quelque part » déjà. Le père avait appris à refouler tout besoin d'appartenance, de sécurité et de bien-être, car le seul risque d'être rejeté lui était insupportable. Il ne pouvait pas assumer ce risque. Il se fit inaccessible et dur, et son fils (le patient) mettait déjà ses pas dans les traces de son père. Il avait transmis à la génération suivante le « bâton témoin du comportement et de la vision des choses ».

Les secrets de famille étaient une sorte de sables mouvants sur lesquels le patient tentait de construire un moi solide. Il a eu la chance de pouvoir interroger des membres encore en vie de la famille, et ceux-ci l'avaient enfin mis au courant. Il put ainsi se confronter à son passé et aux stratégies apprises.

Déclencheurs

Les effets croisés de ses données biographiques, ses déficits en stratégies d'action saines et les vexations subies pendant des décennies se manifestaient également dans un cadre de relations similaire à la famille : l'équipe de travail. En l'absence de capacité d'empathie, également envers soi-même, ainsi que de mécanismes appropriés d'action et de maîtrise du stress, le patient tenta de stabiliser sa propre valeur par une extrême volonté pour faire de son mieux.

À cela s'ajoute la tentative de conquérir une place sûre dans le système de relation et de développer ainsi une forme d'appartenance. Par son cynisme et son comportement agressif pour progresser dans la vie, il développa une forme d'atténuation des tensions et de capacité d'abstraction des sensations qui lui sont désagréables. Les relations amoureuses libres lui permettaient de satisfaire sous une certaine forme ses extrêmes besoins de liaison, sans avoir à s'investir entièrement.

Son plan

Grâce à cette confrontation avec son passé, avec ses propres contributions à la situation, il fut en mesure de remonter le fil rouge qui s'étirait à travers les générations successives et décida de le couper maintenant.

La génération précédente : la ressemblance avec nos parents

Certaines personnes ne se rendent compte, à aucun moment de leur existence, qu'elles ne vivent pas leur propre vie, mais perpétuent celle de leurs parents. D'autres, par contre, le savent dès l'âge de 15 ans : « Je ne veux en aucun cas devenir comme mes parents ! » Elles se rebellent, ont une réaction de défi, et, un jour ou un autre, elles s'entendent dire à leurs enfants : « Aussi longtemps que tu mettras les pieds sous ma table, c'est moi qui déciderai ! »

S'il est une situation qui se répète sans cesse dans mon cabinet, c'est bien celle où un patient évoque sa vie, s'arrête soudain, sa moue change, et il s'exclame avec effroi : « Mon Dieu, on dirait que c'est mon père qui parle, là ! » Cette constatation est lourde de conséquences.

Ces personnes ont alors l'impression d'être tombées dans un piège. Mais ce n'est pas un piège, c'est un processus auquel personne ne peut réellement échapper, parce qu'il est ancré au plus profond de nous. Les psychologues appellent cela l'« apprentissage vicariant », l'apprentissage par l'observation. Il influe très fortement sur l'évolution de notre cerveau.

On peut très bien illustrer ce processus par l'exemple de deux poulpes, car, comme l'ont constaté des chercheurs lors d'une expérience[10], ces animaux ont la capacité d'apprendre relativement bien par l'observation.

L'expérience se déroule comme suit : on présente à un poulpe dans un réservoir d'eau des balles de couleurs différentes. S'il attaque la balle d'une couleur donnée, on le récompense avec un morceau de poisson. Si, par contre, il attaque une autre couleur, on lui inflige une excitation électrique désagréable. Dans le réservoir voisin se trouve le poulpe numéro 2 qui observe avec acuité ce qu'il se passe à côté et en tire ses propres conclusions. Lorsque les chercheurs intervertissent les réservoirs, le poulpe numéro 2 ne tergiverse pas longtemps et attaque quasi exclusivement les balles de la couleur qui valut des récompenses à son prédécesseur. Le poulpe numéro 2 a appris par la seule observation – sans les vingt minutes d'entraînement en moyenne nécessaires pour cet apprentissage, et sans la mise en place de récompenses et de punitions.

Nous apprenons par l'observation

Il y a énormément de choses à apprendre et à expérimenter sur cette Terre. L'apprentissage par l'observation nous donne la chance de faire ce qu'il convient pour notre âme. Que ce processus ne soit pas totalement fiable tient au fait soit que les conséquences négatives observées n'étaient pas évidentes, soit qu'elles ont été massivement refoulées, minimisées, parfois aussi mal interprétées. Si nous tentions de tout découvrir par nous-mêmes, cela prendrait un certain temps. Et cela pose un problème. Autre problème : cela pourrait être souvent très douloureux. C'est la raison pour laquelle notre cerveau connaît une méthode qui, comparée à celle consistant à tout essayer, économise du temps et des ressources : il apprend la plupart des choses par l'observation. Nous ne devons pas nous-mêmes inventer le tire-bouchon pour ouvrir une bouteille de vin. Nous nous en saisissons automatiquement parce que nous l'avons vu faire par d'autres avant nous. Nous ne devons pas nous-mêmes toucher une flamme pour savoir combien elle est chaude. Cela nous suffit si d'autres nous le disent. L'apprentissage par l'observation est une très bonne chose de la part de notre cerveau : nous pouvons élargir le champ de nos capacités et de nos connaissances tout simplement en observant comment les autres maîtrisent les choses. Et l'exemple dont nous disposons le plus souvent est celui de nos parents.

Si un enfant nous regarde fixement, ce n'est pas uniquement parce qu'il nous adore. Il nous observe avec plus d'acuité qu'un agent secret parce qu'il veut apprendre quelque chose. Si maman fait la grimace lorsqu'elle mord dans un citron, l'enfant se montrera au premier abord méfiant vis-à-vis de ces trucs jaunes. Si elle râle constamment sur les voisins, il n'en pensera bientôt lui-même rien de bien. Cela nous amuse de voir un enfant parler dans une banane parce qu'il nous imite au téléphone. Mais nous cessons de rire s'il crie : « Merde ! » parce que la banane est tombée. Nous nous rendons compte au plus tard à cet instant que les enfants ne prennent pas que nos bons côtés.

Et là est précisément le problème: nous ne regardons pas uniquement si maman utilise un adoucissant ou relève ses boulettes de viande avec du muscat. Nous observons également le comportement de nos parents dans leurs disputes, leurs convictions politiques, leurs réactions avec les gens, leur gestion des frustrations et leur manière de conduire la voiture. Comment ils gèrent la puissance, la détresse et les autres sentiments. Nous observons les valeurs, les normes et la morale à l'intérieur de la maison et assimilons des démarches entières. Sans le remarquer, nous sommes sur la meilleure voie pour satisfaire leurs plans de vie.

Au cours des premières années de notre vie, cela se passe encore de manière totalement irréfléchie. Les modèles que nous avons devant les yeux sont grands, et nous pensons donc qu'ils doivent savoir ce qui est bon et ce qui ne l'est pas. Ce n'est qu'aux environs de la puberté que nous commençons à considérer les choses d'un œil critique. Nous ne croyons plus tout depuis belle lurette et remettons en question les modèles, les décisions et les comportements, et nous ne voulons pas devenir ballerines juste parce que maman aurait souhaité l'être.

Mais, que nous le voulions ou non, on ne peut pas effacer d'un revers de main quinze ans de grande école dans la maison familiale. On peut combattre des attitudes que l'on a reprises, édulcorer çà et là notre comportement, mais de vastes parties du programme restent gravées en nous et se manifestent soudain dans un grand nombre de situations.

On peut parvenir pendant des années à se comporter face à ses enfants tout autrement que ce que l'on a soi-même connu à la maison, mais un déclencheur inattendu peut, malgré tout, nous catapulter dans l'ancien système. Cela survient le plus souvent dans les situations émotionnelles, lorsqu'on est pris par le temps ou le stress, ou parce que quelque chose nous a rappelé autrefois et que nous reproduisons automatiquement les anciennes réactions routinières. Nous crions sur nos enfants bien que nous ne l'ayons jamais voulu, nous nous montrons extrêmement critiques, démontrons à grands cris notre pouvoir ou ergotons sur notre partenaire. Pas obligatoirement parce qu'il y a lieu de le faire, mais parce que notre mère l'a toujours fait.

Pour éviter ces comportements classiques, il convient, tout d'abord, de remarquer que l'on ne mène absolument pas sa propre vie, mais uniquement le prolongement de la vie de nos parents. J'accompagne dans mon cabinet des patients qui mènent des guerres de couple sans merci, avec des armes qui n'ont rien à voir avec le conflit actuel, mais beaucoup avec un autre, plus ancien. Des personnes traversent souvent des situations que leurs parents ont déjà subies. Mais, faute de stratégie propre, ils se rabattent sur ce qu'ils ont déjà vécu. Quelqu'un qui a vécu comme un drame le divorce de ses parents tendra peut-être à mener un combat tout aussi dramatique pour son propre divorce – même si les raisons et les conditions sont fondamentalement différentes que lors du divorce de ses parents.

Un très grand nombre de mes patients remarquent qu'ils sont en train de répéter un ancien schéma de vie, et ils se battent contre avec virulence. Et j'entends alors souvent le désespoir à travers leurs tentatives de faire autrement : « Je veux divorcer proprement, je veux le faire autrement que mon père autrefois. S'il vous plaît, aidez-moi. » Il faut pour cela une bonne perception, vigilance, prise de conscience. C'est pénible, mais possible.

Dommages de guerre : les victimes tardives

Nous n'en avons pratiquement pas conscience, mais la Seconde Guerre mondiale nous menace aujourd'hui encore. Dans le parc, sur le chemin de la maison, dans le métro ou les hôpitaux. Au cours de la dernière année de la Seconde Guerre mondiale, on a déversé sur l'Allemagne 500 000 tonnes de bombes, dont 270 000 n'ont pas explosé. Cela signifie qu'elles peuvent encore le faire à n'importe quel moment. Environ 100 000 tonnes de ces munitions n'ont, à ce jour, pas encore été découvertes. Nous avons construit des maisons dessus, des écoles, aménagé des jardins et des chemins. Nous vivons, nous promenons et jouons sur ces bombes sans nous douter de leur existence. Il nous arrive parfois de rester pris dans un embouteillage parce qu'on a découvert un tel engin et qu'il doit être désamorcé. Nous nous mettons peut-être un peu en colère, mais nous passons rapidement à autre chose.

Depuis peu, on ne confie plus les bombes non explosées à la providence. On cherche activement ces vieux héritages de guerre qui ne deviennent pas moins dangereux avec le temps, au contraire. Leurs détonateurs rouillent et en deviennent excessivement dangereux. Soixante-dix ans après la fin de la guerre, la vie est parfois encore en danger.

Et l'âme, aussi. Il y a des causes individuelles de souffrances psychiques, et parfois des causes collectives. Certains événements touchent toutes les générations, et celles qui leur succèdent.

On s'étonne souvent qu'il y ait davantage de maladies psychiques de nos jours qu'autrefois. Dans nombre de cas, les causes ne sont pas à chercher à notre époque, car elles remontent encore à la Seconde Guerre mondiale. Je traite énormément de gens très âgés qui en subissent encore les séquelles. Je traite leurs enfants et leurs petits-enfants. Ils sont des dégâts collatéraux d'une guerre qu'ils n'ont, eux-mêmes, pas connue, mais dont ils ressentent clairement les conséquences. Ce n'est qu'aujourd'hui, des décennies après la guerre, que nombre de traumatismes remontent à la surface, comme les bombes non explosées et leurs détonateurs rouillés.

On a mené trop peu d'études sur ce sujet, mais les rares qui furent réalisées à ce jour sont effrayantes : 40 à 50 % des gens nés avant la fin de la Seconde Guerre mondiale ont vécu des événements traumatisants, et ils en souffrent encore des décennies plus tard, que ce soit psychiquement ou physiquement. C'était bien souvent un bombardement, une expulsion, la faim ou l'emprisonnement. Ils eurent lieu pendant l'enfance ou la jeunesse, dans une phase où l'organisme n'est pas encore développé et donc encore particulièrement vulnérable. Une phase pendant laquelle l'homme ne dispose pas de stratégies susceptibles de l'aider à surmonter ces expériences.

Il manquait malheureusement, en outre, à l'enfant traumatisé ceux dont il aurait eu particulièrement besoin : le père était absent, et la mère n'était pas constamment disponible, parce qu'elle devait assumer une vaste palette de missions ou souffrait, elle-même, énormément d'un traumatisme[11].

L'histoire de nos ancêtres

Alors que les recherches politiques et historiques se consacrèrent bientôt aux survivants de l'Holocauste et à leurs enfants, les conséquences psychosociales de la guerre furent longtemps taboues en Allemagne. Culpabilité, honte et responsabilité empêchèrent la confrontation avec ces thèmes brisants et contribuèrent à la manifestation de troubles psychiques. On sait désormais, d'un grand nombre d'études, que ce n'est pas uniquement l'âme qui souffre, mais, avec elle, tout le corps. Les expériences traumatisantes pendant l'enfance et la jeunesse vont de pair avec une augmentation de la fréquence des maladies cardiovasculaires, de l'asthme, des troubles douloureux, ainsi que des cancers et des maladies auto-immunes. Et, bien que toutes les personnes concernées souffrent surtout de troubles psychiques, pratiquement aucune d'elles ne suit un traitement psychothérapeutique. Cela tient vraisemblablement au fait que cette génération a assimilé que l'on accorde davantage d'importance aux souffrances physiques que psychiques. C'est une génération qui fut quasiment contrainte de supporter une normalité anormale, car on n'avait alors pas le loisir de travailler les expériences accablantes, ni la conscience de devoir le faire[12].

Cet état néfaste ne se limite pas uniquement à ces personnes – c'est l'héritage fatal de la guerre. Il est également transmis aux générations suivantes. Les petits-enfants de la guerre se consacrent maintenant à son traitement. Ils s'organisent en ligne et hors ligne en groupes d'entraide et discutent des nombreux ouvrages et films sur ce thème. Il semblerait qu'il soit seulement aujourd'hui possible de se consacrer à ces vécus traumatisants sans minimiser pour autant les dimensions absolument inimaginables de l'Holocauste. Bien qu'ils n'aient pas été directement confrontés à la guerre, un grand nombre de jeunes gens souffrent d'un effet collatéral, et il est nécessaire de leur faire suivre un traitement.

Toute une génération a grandi avec des parents qui souffraient des conséquences de la guerre. Des enfants de la guerre qui eurent eux-mêmes des enfants. Et même s'ils ne l'ont pas vécue eux-mêmes, ils ont connu des parents et des grands-parents démunis et traumatisés, souvent émotionnellement muets, avec des accès de violence, une froideur des sentiments, des dépendances à l'alcool et aux médicaments. Selon des estimations, des milliers de petits-enfants de la guerre suivent une thérapie en Allemagne[13]. Cela confirme ce que l'écrivain William Faulkner avait déjà reconnu lorsqu'il écrivit que le passé n'était jamais mort, qu'il n'était pas même oublié.

Lorsqu'un patient souffre aujourd'hui, parce que sa mère ne lui a autrefois pas suffisamment prêté d'attention, il y a une cause à cette attitude de la mère. Il convient de rechercher ce qui lui est arrivé, qui l'empêcha plus tard de s'occuper correctement de son enfant. Les fils rouges décrivent parfois d'étranges circonvolutions, ils se perpétuent différemment d'une génération à l'autre, d'un individu à l'autre.

L'une de mes patientes dut fuir avec sa famille pendant la Seconde Guerre mondiale. Elle était encore une petite fille, il faisait nuit et on lui mit la main devant la bouche afin qu'elle ne crie pas. « Chut, tais-toi ! », telle est l'exhortation qui se grava dans son âme. Il lui fallait être silencieuse et se taire dans une situation où elle aurait volontiers crié. Cette situation qui perdura quelques semaines influe aujourd'hui encore sur le comportement de la femme qui est excessivement adaptée et anxieuse. *Si je fais du bruit, ce sera de ma faute si tous meurent,* pensait-elle. Qu'elle soit désormais en sécurité et que les temps aient changé ne joue absolument aucun rôle. L'effet d'apprentissage de la phrase et le « Chut ! » sont profondément ancrés en elle. Le « Chut » a une signification, car elle réagit depuis par un bref accès de stress aux sonorités courtes et chuintantes – quelle que soit la situation. Elle adopta cette attitude qu'elle répercute également dans l'éducation de ses enfants.

L'un d'eux eut, d'ailleurs, quarante ans plus tard, de bonnes raisons de se rebeller. Il régnait en effet chez son employeur des conditions de travail déplorables. Le jeune homme savait qu'il devait y faire quelque chose. Il décida toutefois de se taire, parce qu'il redoutait des représailles contre tout le service. Sans le savoir, il reproduisait les peurs de sa mère. Il se tut et se résigna à accepter la situation. Un autre de ses enfants évolua tout autrement : il se rebella et donna de la voix. Il faisait avec exagération ce que son père ne pouvait pas faire. Les problèmes se transforment parfois et basculent vers un extrême ou un autre. Le père avait posé les bases de l'héritage familial du mutisme, son fils opta pour la résistance polarisée.

Les impacts des expériences traumatisantes se perpétuent si on ne traite pas ces dernières. Elles sommeillent dans l'âme comme les bombes non explosées sous la terre. Les sociétés d'armement recherchent ces bombes de la Seconde Guerre mondiale afin de les neutraliser. C'est même obligatoire maintenant avant de construire une nouvelle maison. Nous devrions en faire de même avec les causes des problèmes afin qu'elles ne fassent plus de dégâts. Pas uniquement en nous, mais également chez les autres. Nous ne portons pas uniquement les histoires d'autres êtres humains, nous en écrivons également pour ceux qui viendront après nous. Nous sommes en interdépendance avec les autres, nous leur procurons du plaisir et les blessons. Nous vivons des choses agréables et des choses horribles, et nous transmettons la manière que nous avons de les gérer. Contrairement aux générations avant nous, nous avons maintenant la possibilité de remonter les fils rouges et de les couper s'ils nous gênent. Un individu seul peut parfois modifier tout un système. Notre influence est beaucoup plus importante que nous ne le pensons. Dans le positif et le négatif. La recherche met toujours plus clairement en évidence : nous n'héritons pas uniquement de notre nez, mais éventuellement aussi de nos anxiétés.

L'épigénétique, la peur dans les gènes

Les fleurs de cerisier sentent bon, leur odeur est agréable et sucrée. Rares sont les êtres qui ne l'aiment pas – à part quelques souris d'Atlanta, aux États-Unis. Lorsqu'elles sentent l'odeur de la fleur de cerisier, elles paniquent. Et pourtant, cette odeur ne leur a rien fait à elles-mêmes – mais à leurs parents. Chaque fois que les chercheurs inondaient ces derniers avec cette odeur dans le cadre de leurs travaux, ils leur envoyaient simultanément une légère décharge électrique[14]. Au bout de quelque temps, les souris prirent peur lorsqu'elles sentaient l'odeur de la fleur de cerisier. Leur descendance, qui ne fut pas soumise au même processus, eut également peur lorsqu'elle sentit cette odeur.

Les souris américaines sont la preuve vivante de ce que les chercheurs étudient actuellement très intensément :

on considérait autrefois les gènes comme une disposition passive plutôt aléatoire de liaisons génétiques pour la constitution d'un organisme que l'on tenait pour figée. On observe aujourd'hui que les gènes réagissent visiblement de manière très sensible pendant toute leur vie aux influences extérieures. Chaque rencontre, chaque conversation, chaque expérience ne modifie pas uniquement notre cerveau. Elles peuvent s'imposer jusque sur les fonctions de notre hérédité.

Les gènes influent, certes, sur la manière qu'ont les expériences d'agir sur nous, mais cela peut tout aussi bien fonctionner en sens inverse : les expériences peuvent modifier notre patrimoine génétique et déterminer lesquels de nos gènes nous transmettons à la génération suivante. Si notre mère subit quelque chose de néfaste, par exemple des violences ou un viol, cela peut modifier son capital génétique et celui de ses enfants. Nos cellules anticipent alors éventuellement un mécanisme : notre cerveau n'attend pas d'être parachevé par les conditions extérieures, il prépare en amont l'organisme aux dangers potentiels. Dans les gènes est déjà inscrit : « Attention, tu vas naître dans un monde hostile et plein de dangers. » Les circuits du stress sont alors réglés dès le début pour une intense activité.

Cela est possible parce que nos gènes sont plus flexibles que nous le croyions jusqu'ici. L'ADN, lui-même, ne se modifie pas lors de tels processus. Mais des molécules peuvent se fixer sur sa structure sous l'effet de certaines influences. Elles agissent alors comme des interrupteurs marche/arrêt et peuvent contrôler l'activité des gènes.

Les circuits de régulation dans le cerveau et les gènes de la vie en devenir sont pour ainsi dire « calibrés » pendant les premières semaines de la grossesse. Pratiquement toutes les cellules nerveuses se mettent en place dans le cerveau pendant la première moitié de la grossesse. Le système limbique, l'axe du stress et divers systèmes de neurotransmetteurs dans le cerveau du bébé sont calibrés en fonction du niveau de stress et d'anxiété de la mère. La manière dont une femme supporte sa grossesse, son niveau vécu de stress et son anxiété, tout cela imprègne les gènes de l'enfant – et l'influence toute sa vie. Les scientifiques appellent également ce processus la « programmation fœtale ».

Le stress, le cortisol libéré à ces occasions, peut jouer un rôle décisif. Environ 10 % de l'hormone que la mère secrète alors peuvent franchir la barrière du placenta et atteindre le cervelet de l'enfant. Si, pendant la grossesse, le niveau de cortisol est constamment trop élevé, celui-ci sera pour ainsi dire considéré comme le niveau normal. Les systèmes de stress propres au corps sont ajustés de manière à ce que l'enfant soit plus rapidement et plus souvent stressé. Le corps ne lui veut en fait que du bien, il veut mettre l'enfant dans un état qui lui permettra d'être au mieux de sa forme lorsque surgiront les dangers auxquels il sera plus tard exposé, mesurés à l'aune du stress de la mère. La nature ne veut, en fait, que doter l'enfant d'un avantage évolutionnaire[15].

Une femme enceinte ne doit toutefois pas redouter de mettre au monde un enfant hyperactif parce qu'elle se dispute avec son partenaire ou qu'elle traverse une phase de travail plus intense. Sa descendance viendra aisément à bout de situations isolées, et même de plusieurs. Cela lui est plus difficile lorsque la mère est constamment sous tension.

L'imprégnation des gènes et sa signification

On a étudié ce mécanisme entre autres sur une génération sur laquelle il a agi en masse : une génération de la guerre. Pendant l'hiver 1944-1945, les Pays-Bas étaient occupés par les nazis. Le peuple souffrait de la famine. Les femmes qui se trouvèrent plus tard enceintes accouchèrent certes d'enfants particulièrement petits et chétifs, mais qui s'avérèrent par la suite être très résistants. Plus tard dans leur vie, ils souffrirent souvent du diabète, de maladies pulmonaires et cardiovasculaires, ainsi que d'artériosclérose, et, par la suite, furent sujets à des infarctus. Leur corps était visiblement imprégné génétiquement pour tirer le maximum de substances nutritives d'un minimum de nourriture. Pendant les pénuries de la guerre, c'était un avantage pour survivre, mais il s'avéra être plus tard une menace.

Les chercheurs suivent encore la trace du mécanisme exact de l'imprégnation des gènes, mais, pour un grand nombre d'entre eux, il semble y avoir une explication : on observe depuis longtemps que le risque d'en devenir malade est plus élevé chez les hommes dont les ancêtres souffrirent de troubles post-traumatiques. On est également souvent plus sujet à des dépressions et à des maladies chroniques dans ces familles. La cause n'est pas à rechercher exclusivement dans le comportement des parents, mais également dans des processus biomoléculaires. Mais ce ne doit toutefois pas être une fatalité. L'imprégnation fonctionne visiblement aussi dans le bon sens. Celui qui parvient à traiter son traumatisme diminue également le risque de le transmettre aux générations suivantes.

Notre âme est une mosaïque : elle est composée d'un grand nombre de pièces individuelles. Ce n'est qu'une fois assemblées que les différentes petites pièces donnent l'image de notre personnalité individuelle. Nos gènes et nos expériences influent mutuellement l'un sur l'autre et nous façonnent dans le miroir de nos parents. Nous agissons sur le monde tout autour de nous, et il agit sur nous en retour. Cela devient également à son tour un nouveau composant, une nouvelle petite pièce, qui nous complète. Certaines pièces sont chatoyantes et colorées, d'autres, sinistres, d'autres encore, cassantes. Nous en cacherions volontiers certaines, alors que nous en arborons fièrement d'autres. Nous pouvons en changer ou en échanger certaines, alors que d'autres collent irrémédiablement à nous. La plasticité de notre cerveau fonctionne dans les deux directions : il peut rendre malade ou faire du tort, mais il peut également aplanir ou réparer. Rien ne doit rester en l'état. Ne ressort que ce que nous mettons en exergue. Notre cerveau est un chef-d'œuvre à jamais inachevé.

CHAPITRE II

Le principe de consistance

Comment se crée le besoin en équilibre du cerveau

Alors qu'il se passe constamment quelque chose de nouveau dans le monde où nous évoluons, nous restons de manière quasi magique toujours les mêmes à l'intérieur : notre température corporelle se maintient constamment à 37 °C, notre cœur bat 60 à 80 fois par minute, et, sans même y réfléchir, nous inspirons exactement la quantité d'air nécessaire pour avoir le niveau en oxygène requis dans notre sang. Quand nous sommes en bonne santé, notre corps est un système parfaitement calibré qui fonctionne en ronronnant. Il est juste dommage que quelque chose nous perturbe constamment de l'extérieur.

Nous quittons la maison pour un endroit où il fait soudain plus froid ou plus chaud. Le patron nous hurle dessus au travail, et nous sentons notre cœur battre nettement au-dessus de la norme. Nous mangeons un muffin, et notre taux de sucre dans le sang monte bien au-delà des 100 mg habituels par décilitre de sang – et notre appareil si bien réglé s'affole complètement.

Mais brièvement. Au plus petit écart, notre corps met en œuvre tout un arsenal de mesures pour ramener tous les paramètres à des niveaux normaux : il secrète des hormones, rétracte ou dilate nos vaisseaux sanguins, ramène le pH à la normale et redresse l'équilibre eau-électrolyte. Le maintien permanent de l'équilibre à l'intérieur de notre corps, bien qu'il soit à tout instant perturbé de l'extérieur, est le résultat d'un travail constant et laborieux. Les biologistes et les médecins appellent cela l'« homéostasie », ce qui signifie quelque chose comme « équilibre », et c'est bien de cela qu'il s'agit. En effet, chaque écart se traduit par une maladie : la température corporelle s'élève de deux degrés, et nous avons une forte fièvre, vingt battements cardiaques de moins par minute, et nous tombons au sol sans connaissance.

Nous savons depuis longtemps que tous les êtres vivants possèdent un tel mécanisme d'autorégulation. Mais ce n'est que plus tard que les scientifiques se sont aperçus que notre âme travaillait selon un principe rigoureusement similaire. Et ce n'est pas sur un homme qu'ils l'ont constaté, mais sur un berger allemand complètement désorienté.

Ce chien appartenait à Ivan Pavlov, très connu pour ses travaux sur les bergers allemands, parce qu'il avait constaté chez eux, en 1905, un phénomène appelé le « réflexe de Pavlov » ou encore le « conditionnement classique ». De toutes les expériences psychologiques, c'est celle qui est la plus souvent et la plus volontiers citée.

Il remarqua que ses chiens ne commençaient pas à saliver à la vue de leur nourriture, mais dès qu'ils entendaient les employés du laboratoire qui la leur apportaient. Pavlov voulut étudier la chose de plus près et fit tinter une cloche lorsqu'on leur donnait à manger. Et bientôt, les chiens commencèrent à saliver au seul son de la cloche. Ils avaient fait le lien entre le signal de la cloche et leur attente de nourriture[16].

On fait parfois preuve de scepticisme lorsqu'on tente de reporter simplement sur l'homme des expériences faites sur des animaux. Le conditionnement classique ne laisse que peu de place au doute. Chacun de nous en a déjà fait l'expérience. Nous associons une chanson donnée à un moment précis. Dès que la musique retentit quelque part, le souvenir de cet instant nous revient à l'esprit. D'aucuns connaissent de leur travail l'effet de l'horloge qui indique midi. Les travailleurs ne se mettent certes pas obligatoirement à saliver, mais il règne soudain une certaine agitation, et tout le monde se met en chemin pour la cantine.

Pavlov avait découvert un système d'apprentissage important du cerveau : la capacité de faire le lien avec des excitations et de déclencher un réflexe. Le conditionnement classique est si connu que l'on serait tenté de croire qu'il n'a fait que cette unique expérience. Pavlov était, en fait, un infatigable chercheur qui réalisa jusqu'à un âge avancé une quantité inimaginable de recherches et de travaux scientifiques, dont un grand nombre est aujourd'hui encore important – et dont certains ne devinrent importants que bien longtemps après leur réalisation[17]. Comme celui qui amena les chercheurs à penser que l'âme devait également avoir un système d'équilibre.

Le chien de Pavlov

En 1927, Pavlov réalisa une nouvelle expérience. Il ne fit pas le moindre mal à son chien de laboratoire, mais, à la fin, la pauvre bête était complètement désorientée et montrait de graves troubles du comportement. Et pourtant, tout avait si bien commencé : lorsque Pavlov lui montrait une projection lumineuse représentant un cercle, on lui donnait à manger. Lorsqu'elle représentait une ellipse, on ne lui donnait rien. En un rien de temps, le chien sut faire la différence, et, à peine le cercle apparaissait-il que le chien se réjouissait énormément par anticipation. Mais Pavlov se fit vicieux : il montra au chien des cercles et des ellipses dont les formes devenaient de plus en plus identiques. Le chien ne parvenait pratiquement plus à les distinguer l'une de l'autre : pouvait-il se réjouir ? ou non ? était-ce un cercle, là ? ou une ellipse ? pourquoi ne lui donnait-on pas de nourriture ? À la fin, le chien était complètement désorienté.

Pavlov était de nouveau le témoin d'un mécanisme psychique très fondamental, mais il l'ignorait alors. Il appela « névrose expérimentale » cet état du chien. « Névrose » était, à l'époque, un terme générique regroupant tous les troubles possibles du comportement, pour ainsi dire tout ce qui, d'un point de vue psychique et comportemental, sortait de la norme, mais dont on ne savait ni ce que c'était ni d'où cela venait. Bien que ce terme ne veuille pas dire grand-chose, on ne parvient toujours pas à l'éliminer du langage populaire – et même du monde des psychologues. Je vois aujourd'hui encore arriver dans mon cabinet des patients que des tiers estampillent « névrotiques ». C'était autrefois pratique courante : quelqu'un était soit fou, soit névrotique – classeur ouvert, classeur fermé, fini. Par bonheur, on finit par s'intéresser de plus près à la chose.

Et c'est ce qui réhabilita *a posteriori* le chien de Pavlov lui-même. Qu'est-ce qui l'avait à ce point désorienté, se demandèrent des années plus tard des scientifiques qui étudièrent plus en détail le phénomène. On le sait aujourd'hui : son cerveau était dans un état de totale confusion[18]. Si Pavlov avait pu faire une IRM, il aurait vu que dans la tête du chien se déroulaient deux processus incompatibles. On peut de nos jours étudier beaucoup plus précisément l'état dans lequel se trouvait le chien. Il a un nom et une signification, et d'aucuns le considèrent même comme la fonction la plus importante de la vie de l'âme : lorsque ce qu'il se passe à l'extérieur dévie par trop de ce que nous attendons, souhaitons, voire avons extrêmement besoin, l'âme se met dans un état que l'on désigne par l'« inconsistance ».

Deux processus opposés sont alors actifs au niveau neuronal. Imaginons-nous l'inconsistance comme un élastique : ce que nous voulons, ou ce dont nous avons besoin, tire dans une direction, alors que ce que nous obtenons réellement tire dans l'autre direction. Nous ressentons alors clairement une tension. En fonction de la situation, cette tension peut se manifester sous la forme d'anxiété, de nostalgie, de colère ou de tristesse. Plus la tension est importante, plus cet état nous tourmente.

Exactement comme notre corps qui met tout en œuvre pour rétablir un équilibre en permanence remis en question par des manifestations extérieures, notre âme œuvre constamment pour équilibrer les tensions. Elle recherche la « consistance », comme les psychologues appellent l'équilibre de l'âme. L'ordre intérieur est tout aussi important pour le corps que pour l'âme, il est impératif pour le système[19]. Nous ne nous sentons bien et sommes satisfaits et en bonne santé que lorsque l'équilibre règne. Raison pour laquelle certains neurobiologistes et psychologues désignent cette recherche de la consistance comme l'une des plus importantes missions de l'âme, comme la plus puissante force qui nous fait avancer.

Nous connaissons très bien les paramètres standards que le corps tente en permanence de rétablir. Mais quel est, en fait, l'état désiré de l'âme ?

Les besoins de base de l'âme

Il y a des circonstances que l'on parvient à surmonter. Quelqu'un souhaite pour Noël avoir de belles boucles d'oreilles en argent, et on lui offre une poêle en téflon. Cette personne trouve vraisemblablement cela idiot, elle sera un peu renfrognée, mais l'inconsistance ressentie est supportable. L'élastique de son âme est entre « détendu » et « moyennement tendu », et il se détendra de nouveau avec le temps.

Dans d'autres circonstances, la tension peut être insupportable. Lorsque, par exemple, on souhaite de la reconnaissance et que l'on est rejeté. C'est, pour l'âme, de l'inconsistance pure, un état qui la tourmente. Il y a les choses que l'on souhaite avoir et celles dont on a absolument besoin – et qui ne sont pas négociables.

Notre corps est tout aussi impitoyable. Il y a des choses que nous devons faire pour ne pas mourir. Nous devons manger, boire, respirer, dormir. On peut dire que les besoins de base du corps doivent être satisfaits pour qu'il fonctionne normalement. Ce ne sont pas des choses que l'on peut se souhaiter et dont on sera seulement déçu si on ne les obtient pas. C'est la raison pour laquelle la nature en a confié le contrôle à de puissantes impulsions. Nous pouvons rester connectés pendant des heures sur Netflix et en oublier complètement le monde extérieur. Mais, à un moment quelconque, nous serons fatigués ou notre estomac va commencer à gronder et nous aurons faim. Le corps a des détecteurs qui perçoivent les états de manque. Qu'un besoin vital vire au rouge, et la motivation pour le satisfaire est automatiquement déclenchée. Nous pouvons supporter de ne pas avoir de chocolat. Mais il nous est impossible de nous passer complètement de manger. C'est la différence entre un désir et un besoin fondamental.

Il y a, pour l'âme, des besoins de base tout aussi importants que le sont manger, boire et dormir pour le corps. Et, comme le corps, elle sera malade s'ils ne sont pas satisfaits. Les besoins de base pour l'âme sont là, au même titre que les besoins physiques, pour assurer notre survie. Les mécanismes de l'âme qui réclament leur satisfaction ne sont toutefois pas aussi faciles à comprendre. La faim est quelque chose de très concret, nous la ressentons plutôt bien, ainsi que ses conséquences. Les besoins de base psychiques sont dissimulés dans l'inconscient. On peut imaginer le subconscient comme une rue à sens unique : alors qu'un grand nombre d'informations et de signaux sont envoyés de cette zone vers notre conscient, la voie contraire est souvent fermée. Le conscient ne peut pas tout simplement y jeter un œil pour voir tout ce qu'il s'y trouve. Ce serait à bien des égards très pratique, mais cette zone étant aussi hermétique que l'est Fort Knox, il nous faut faire moult tentatives et erreurs pour découvrir ce qui nous motive dans notre inconscient.

C'est Sigmund Freud, plus tard suivi par un grand nombre de collègues, qui fit les premières propositions sur les besoins de l'âme saine. Sur sa liste se trouvaient, par exemple, les besoins de force, de performance et de compétence. Un certain nombre de psychologues y ont ajouté les besoins de prestige, de statut, de célébrité et de puissance. Les études psychologiques révélèrent pendant longtemps de grandes divergences dans la définition des réels besoins de base. Klaus Grawe, professeur de psychologie à Berne, se confronta précisément à cette liste au vu des connaissances de la neurologie. D'après lui, ne sont des besoins de base que ceux qui sont ancrés dans le système nerveux humain, au même titre que la faim ou la soif, donc si on parvient à les mettre en évidence par le raisonnement inverse : l'âme sera-t-elle malade si ses besoins de base ne sont pas satisfaits ? Tous les autres ne sont que des désirs. Les désirs ressemblent à s'y méprendre à des besoins réels. Il suffit pour s'en convaincre d'imaginer un enfant se battre pour avoir une sucette à la caisse du supermarché comme si sa vie en dépendait. Ses parents savent visiblement mieux que lui si la limite convenue en sucrerie est dépassée, et, si c'est le cas, ils ne cèdent pas. Mais il y a des choses qui entraîneraient éventuellement des séquelles à vie chez l'enfant si ses parents ne les lui accordaient pas.

Pourquoi la puissance et la performance seraient-elles des besoins de base, alors qu'un grand nombre de personnes n'y accordent guère d'importance. De même, énormément de personnes peuvent très bien vivre sans connaître la célébrité.

Si l'on s'en tient aux chiffres des ventes de chocolat et de vin rouge, on pourrait également les considérer comme des besoins de base. Mais la privation de chocolat ou de vin rouge entraînerait-elle réellement des séquelles durables ? Nous semblons avoir un grand nombre de besoins, mais tout besoin non satisfait ne provoque pas des troubles psychiques.

C'est exactement ce qui préoccupait Grawe : selon lui, un homme malade psychiquement est un homme blessé dans les besoins de base de son âme[20]. Je peux le confirmer de par mon expérience au cabinet. Il n'en resta finalement que quatre sur la liste de Grawe :

- Besoin d'accroître sa propre valeur,
- Besoin de liaison,
- Besoin de contrôle et d'autonomie,
- Besoin de prendre du plaisir et d'éviter les déplaisirs.

Les expériences que nous faisons avec la satisfaction de ces besoins de base nous guident à travers la vie. C'est un moteur secret, mais puissant, derrière tout ce que nous percevons, pensons, sentons – et surtout : derrière notre comportement. Et pourtant, personne ne connaît vraiment ses propres besoins de base. Il serait temps de les étudier de plus près.

L'estime de soi : les fondations de la vie

Tout d'abord, les mauvaises nouvelles : vous n'êtes pas aussi gentil que vous le croyez. Vous n'avez pas si belle allure que vous le pensez. Et vous êtes moins compétent que vous ne l'imaginez.

C'est dit.

La bonne nouvelle : se surestimer un peu est un signe de bonne santé. La plupart des gens le font, et c'est bien ainsi – même si ce n'est pas particulièrement apprécié. Frimer n'attire pas vraiment une grande reconnaissance sociale. Mais l'âme se fiche de ce qui lui vaut la reconnaissance sociale. Elle se sent au mieux lorsque nous avons une bonne tendance à nous surévaluer, quand nous pensons à nous et parlons de nous.

Soyons sincères envers nous-mêmes, nous le faisons souvent et volontiers. Par exemple, lorsque nous parlons de nous-mêmes : d'une manière générale, les gens se présentent sous un meilleur jour que ce qu'ils sont réellement. Ils édulcorent ou escamotent carrément les aspects négatifs. De même, nous mettons davantage en exergue nos prouesses que nos échecs, et nous nous estimons volontiers supérieurs à la moyenne sous bien des aspects. Beaucoup de gens sont, par exemple, persuadés d'être de bons conducteurs, ce que contredisent les statistiques. Pour certaines choses, nous nous racontons visiblement très volontiers des bobards. Photoshop, *make-up* et teinture des cheveux sont des outils destinés à doper l'âme.

Et ce n'est pas seulement bien comme cela, cela sert un but très important : les illusions positives que nous nous faisons sur nous-mêmes transposent notre âme dans un état d'optimisme. Nous en avons bien besoin dans ce monde. Ne nous voilons pas la face, résumée à grands traits, la situation est la suivante (attention, ça va être terrible) : nous allons tous mourir. Tous ceux que nous aimons vont mourir. Mais d'ici là, nous allons être vieux et ridés. Peut-être même aurons-nous un cancer, deviendrons-nous déments ou attraperons-nous une terrible maladie. Et les choses ne se présentent pas beaucoup mieux autour de nous. Le monde est au bord de l'abîme : les écosystèmes sont au plus mal, les mers regorgent de déchets plastiques, et depuis peu, on dévoile à nouveau son nombril. Et nous ? Nous nous levons chaque matin, préparons un casse-croûte et partons au travail. Nous tirons des plans sur la comète pour la fin de semaine, voire pour notre retraite. Au vu de la situation, c'est déjà plutôt remarquable, et ce n'est même possible que parce que, grâce à un sentiment de notre propre valeur quelque peu surestimée, notre âme croit réellement en nous. Elle nous met en tête des phrases comme : « Ça finira bien par aller ! » ou « Je passerai entre les gouttes ! » Non seulement cela nous permet de continuer à vivre, mais aussi de rester en bonne santé.

Un sentiment exacerbé de sa propre valeur est en corrélation avec une bonne santé psychique. Pas juste comme cela, mais parce que cette perception légèrement irréaliste génère une sorte de prophétie autoréalisatrice. Les gens dotés d'un sentiment positif de leur propre valeur croient en eux et en leurs capacités, ils osent, de ce fait, entreprendre des choses qui génèrent à leur tour chez eux de nouveaux sentiments positifs et de la confiance en soi. Ils sont alors transposés dans un état de bonheur et, l'un dans l'autre, tout cela crée un processus qui s'entretient de lui-même et fait vraiment du bien à l'âme.

Chacun de nous ressent le profond besoin d'avoir une bonne estime de soi, mais aussi le besoin de se sentir aimé, précieux et unique. L'estime de soi constitue les fondations sur lesquelles repose notre vie. C'est précisément ce besoin fondamental qui est très souvent détérioré, et un très grand nombre de personnes sont contraintes de construire leur vie sur un support très instable. On peut aisément s'imaginer que cela les expose à des troubles psychiques. Un sentiment fragile et blessé de sa propre valeur peut être à l'origine de dépressions, d'angoisses et de troubles de l'alimentation. Pour certains auteurs, l'estime de soi est même globalement à la base de tous les troubles psychiques, alors que d'autres sont d'avis que notre société serait meilleure si l'estime de soi était plus développée chez l'homme[21].

Simultanément, certains secteurs de l'industrie vivent plutôt bien du fait qu'un grand nombre de gens ont un aussi piètre sentiment de leur propre valeur. Elles proposent toutes sortes de produits qui promettent de le renforcer. Ce peut être une crème qui nous promet de paraître jeune, un bolide qui nous fait croire, à nous et aux autres, que nous sommes dynamiques et avons du succès, ou l'appartenance à un club de voile élitaire qui nous démontre, à nous et aux autres, que nous ne pouvons qu'être quelqu'un de particulier. L'auteure Laurie Penny a dit à juste titre que l'économie mondiale s'effondrerait du jour au lendemain si toutes les femmes de la terre se levaient un jour en se trouvant réellement bien dans leur corps.

L'importance de l'estime de soi

Alors que l'estime de soi est un point central pour les psychologues, il règne en dehors des cercles spécialisés une certaine confusion autour de sa définition exacte. En effet, nous sommes, quotidiennement et sans discernement, bombardés par des termes similaires, des mots-clés, comme « conscience de sa propre valeur », « confiance en soi »,

« acceptation de soi ». Ce ne sont toutefois, dans leur sens psychologique, que des aspects partiels de l'estime de soi[22].

Celui qui est encore désorienté quant à ce que peut être réellement l'estime de soi peut se contenter de s'écouter soi-même et d'écouter les autres pour le comprendre : une personne dotée d'une bonne estime de soi se décrit d'une manière générale en termes positifs. On remarque et on sent à son comportement une sorte de « Je suis très bien comme cela. » Quelqu'un avec une mauvaise estime de soi a de lui-même une vision très critique et négative.

L'estime de soi peut également être décrite comme le comportement que nous avons envers nous-mêmes. Mais comment en sommes-nous arrivés à nous comporter ainsi ?

L'estime de soi se compose de divers éléments. Notre environnement social joue ici un rôle important. Elle se construit à travers ce que l'on dit et pense de nous, ou à travers la manière dont on nous traite. Le plus important se passe dans notre famille. On peut globalement dire qu'une maison familiale appliquant des sanctions primaires affaiblit l'estime de soi d'une personne, alors qu'avec des personnes de référence qui nous soutiennent et nous accordent de l'attention, notre estime de nous-mêmes sera plus forte et plus solide.

L'estime de soi d'une personne dépend, plus tard, beaucoup de combien elle est aimée, si elle est bien intégrée socialement, si elle a du succès dans son travail, ou si elle est dans une relation amoureuse solide et satisfaisante. On peut très aisément imaginer que le contraire de tout cela affaiblit considérablement l'estime de soi, comme les échecs, la perte de son emploi ou une séparation. Ce sont des attaques sur notre personne. L'affront constitue une assise particulière pour d'autres dégradations psychiques. C'est un thème sur lequel il convient de travailler constamment et en profondeur avec le patient au cours d'une thérapie.

La liaison, les autres dans notre vie

Les êtres humains ont besoin d'autres êtres humains. Il y a, profondément ancré en nous, un besoin biologique de relations affectueuses et stables. Au début de notre vie, ce besoin garantit surtout purement et simplement notre survie. Nous sommes des enfants vulnérables et dépendants de la sollicitude des autres. Mais le besoin d'attachement ne s'arrête pas comme ça après l'enfance, il se manifeste toute notre vie. Des recherches menées à l'aide de scanners du cerveau nous confirment désormais ce que chaque personne qui a traversé des chagrins d'amour, le rejet ou le deuil, sait de toute façon déjà : le sentiment généré par la fin d'une liaison avec une personne aimée ou l'exclusion d'une communauté est aussi horrible qu'une douleur physique. Cela tient au fait que ces deux sentiments sont traités au sein des mêmes centres du cerveau.

À 6 mois déjà, le bébé ne trouve absolument pas amusant que sa mère s'occupe avec tendresse de quelqu'un d'autre – ne serait-ce que d'une poupée. Le nourrisson se met souvent à geindre et tente à grand renfort de gestes et de cris d'attirer rapidement de nouveau sur lui l'attention de la mère. Un enfant plus âgé peut être tellement en colère qu'il va vers la poupée pour la battre. Cela gêne nettement moins l'enfant si la mère s'occupe avec un livre ou un puzzle. On en déduit que chacun de nous a besoin d'une place dans le groupe et que l'on tente de se la préserver grâce à des mécanismes puissants tels que la jalousie ou l'envie.

Ce qui nous semble aujourd'hui être une évidence ne l'était absolument pas il y a seulement une génération de cela. La recherche psychologique n'a elle-même étudié que très tard le profond besoin de liaison. On fut très longtemps d'avis, notamment dans la relation mère-enfant, que les soins étaient plus importants que la bienveillance. Lorsque, à la fin des années 1950, le psychologue américain Harry Harlow commença ses expérimentations, il s'attendait précisément à le confirmer. Mais les résultats furent tout autres.

Harlow répartit des singes rhésus en trois groupes : un groupe fut séparé des mères et régulièrement nourri par une assistante. Les animaux n'avaient autrement aucun contact avec qui que ce soit. Le deuxième groupe fut doté d'une « simili mère » – fabriquée avec du fil de fer – à laquelle pendait un biberon que les petits pouvaient téter. Le troisième groupe de singes avait, en plus de la « mère en fil de fer », une « mère en mouchoirs ». Celle-ci n'avait certes pas de biberon, mais une tête qui ressemblait à un visage et un corps en étoffe chaud et moelleux.

Les petits singes buvaient certes souvent au sein de la mère en fil de fer, mais ils recherchaient autrement la proximité de la mère en mouchoirs. Elle était, il est vrai, plus moelleuse. Mais Harlow eut une autre idée : il leur fit, de temps à autre, peur à l'aide de méchants monstres mécaniques. Les petits singes apeurés ne se réfugiaient pas auprès de la mère qui les nourrissait et les alimentait, mais auprès de celle qui leur avait donné un peu de bien-être et de chaleur. Il devint évident que l'amour maternel leur était plus important que la fourniture régulière de nourriture.

Harlow observa l'évolution des trois groupes pendant un certain temps – avec des résultats réellement sinistres. Devenus adultes, les singes des trois groupes présentaient d'évidents troubles du comportement. Lorsqu'on les mettait avec d'autres singes, les singes qui avaient grandi avec l'assistante ou la mère en fil de fer, notamment, soit se montraient agressifs, soit se retiraient. Ils étaient également désorientés dans leur comportement de reproduction. C'était particulièrement dramatique lorsque l'une des femelles devenait mère : aucune d'elles ne fut capable de s'occuper correctement de son petit qu'elle traitait souvent avec agressivité et violence. Globalement, les singes qui allaient le plus mal étaient ceux qui n'avaient eu ni mère en fil de fer ni mère en mouchoirs. Ils développèrent déjà en tant que bébés d'importants troubles du comportement. Ils ne réagissaient pratiquement pas aux excitations extérieures et *mourraient de faim sur le plan émotionnel.* Ils se figeaient dans des mouvements monotones et raides, ou restaient assis, apathiques, dans un coin.

Les psychologues appellent cela le « comportement de déprivation », une appellation on ne peut plus sinistrement imagée. L'étymologie de ce terme vient du mot latin pour « dépouiller », et c'est précisément ce qui arrive aux êtres privés dès le début de véritable sollicitude. Eux – et leur descendance – ont été dépouillés de la chaleur du nid et de l'amour dont ils auraient eu tant besoin. Et, d'une manière générale, d'un futur dans lequel ils auraient pu avoir une vie émotionnelle satisfaisante.

L'enfance et le comportement de liaison

Les enfants avec des expériences de liaison pénibles en supportent souvent les désavantages toute leur vie. Si on les compare à différentes périodes de leur vie à des enfants issus de couples stables, ces derniers ont indéniablement des avantages dans pratiquement tous les domaines étudiés : ils ont davantage confiance en eux, réussissent mieux par eux-mêmes, sont plus tenaces et plus à même d'avoir des relations avec d'autres personnes. Ils sont considérés par leurs professeurs et les gens de leur âge comme plus sociaux, plus aptes à avoir des relations, plus empathiques et plus aimés que les enfants aux liaisons instables. Ils maîtrisent davantage leurs impulsions et peuvent mieux exprimer leurs désirs ou leurs sentiments[23].

Les expériences de liaison relationnelle que nous faisons au début de notre vie ont une très grande influence sur toutes nos liaisons ultérieures. Je ne parle pas ici uniquement de l'amour pour son partenaire ou son enfant, mais de toutes les liaisons avec des amis, des collègues et d'autres personnes. Un célibataire peut fort bien vivre très heureux s'il entretient suffisamment de relations positives. Pour cela, il lui faut toutefois posséder une bonne représentation interne – dans l'idéal, issue de sa propre expérience – de ce qu'est une liaison fiable.

Ce modèle ne doit pas impérativement venir du père ou de la mère. Il peut arriver, pour diverses raisons, que les parents ne puissent tout simplement pas assumer ce rôle. Il est alors important que quelqu'un d'autre le fasse – un professeur, une grand-mère, un éducateur – qui nous témoigne de la sollicitude et sauve notre besoin de liaison.

Notre corps ingère volontiers un excès de nourriture, mais si ce n'est pas possible, il se met en mode « économie d'énergie » et se maintient en mouvement avec un minimum de calories. L'âme le peut aussi, de temps à autre.

Plusieurs hôpitaux aux États-Unis mènent, depuis un certain temps, un programme appelé « Cuddling Care program » pour les nouveau-nés issus de couples dépendants à la drogue. Les pères et les mères faisant souvent défaut, et le personnel soignant n'ayant lui-même pas le temps de procurer à l'enfant l'énorme besoin en proximité, contact et apaisement nécessaires, ce sont des volontaires qui le font. Il ne s'agit là pas uniquement de mignons petits câlins : les enfants qui ont bénéficié d'un accompagnement régulier et empathique s'épanouissent mieux et ont moins besoin de soins médicaux et de médicaments.

Lorsqu'un être humain n'a pas fait l'expérience d'une liaison belle et chaleureuse, il peut en conserver un sentiment chronique d'angoisse, de douleur, d'abandon, de tristesse et de détresse. De mauvaises liaisons sont aujourd'hui considérées comme le facteur de risque le plus important pour l'apparition de troubles psychiques et de dépendance.

Mais même si les besoins en liaison ont été correctement satisfaits pendant l'enfance, une brève période d'isolement peut déjà avoir des effets dévastateurs sur un être vivant. Des études ont démontré que des souris et des rats ont d'importantes réactions de stress après quelques jours seulement sans contact. Des études sur des détenus à l'isolement sont arrivées à des conclusions similaires. La plupart d'entre elles mettaient en évidence chez eux, après quelques jours seulement, les symptômes d'un état de stress post-traumatique.

Ils souffraient de cauchemars, avaient des accès de panique ou s'infligeaient à eux-mêmes des blessures.

Contrôle et autonomie : c'est nous le patron

Les gens qui viennent consulter à mon cabinet ont souvent vécu des choses effroyables : ils ont été battus, violés, ont vécu des catastrophes naturelles ou des accidents de voiture... Et j'entends souvent la même chose : « J'arrive à gérer les douleurs physiques que j'ai subies. Mais pas ce sentiment d'impuissance. » Ce sentiment d'impuissance et de détresse est apparu parce qu'ils ont été blessés dans leurs besoins de base de contrôle et de sécurité.

Notre âme est un as du contrôle. Elle doit avoir à tout instant la certitude que nous pouvons maîtriser la situation dans laquelle nous nous trouvons. Toutes les situations. Se sentir impuissant est la pire des expériences que puisse faire un homme. Pas étonnant ! Perdre le contrôle ne signifie rien moins que sentir très directement sa vie en danger. L'expérience de ce sentiment peut désorienter l'âme plus durablement et plus durement que les douleurs subies elles-mêmes. On ressent, par ailleurs, plus violemment les douleurs lorsqu'elles sont liées à une perte de contrôle. Depuis quelques années, les hôpitaux réagissent à cette constatation en proposant aux patients ayant subi une grave opération quelque chose qui aurait autrefois paru impossible : on leur confie la gestion de la prise de leurs médicaments. On appelle cela la « thérapie de la douleur gérée par le patient », lorsqu'il peut lui-même s'administrer un antalgique à l'aide d'une pompe.

La consommation de médicaments n'a de ce fait pas augmenté, mais au contraire baissé. Cela tient d'une part au fait que le patient peut réagir rapidement, avant que la douleur ne devienne insupportable, mais aussi parce que, lors de situations de douleur ou d'angoisse, le besoin de contrôle est immédiatement activé. La situation nous semble moins accablante dès lors que l'on peut soi-même entreprendre quelque chose contre la douleur et qu'on ne lui est pas livré.

Tout le monde a besoin du sentiment de pouvoir maîtriser les situations. Pas uniquement les situations extrêmes ou potentiellement mortelles, c'est tout aussi important pour les situations du quotidien. La conscience d'avoir réagi efficacement se développe de bonne heure dans la vie. Nous aspirons constamment à quelque chose et pouvons voir si nous réussissons ou non à le réaliser. En fonction du déroulement de ces expériences, nous acquérons la conviction fondamentale du bien-fondé ou non d'une action pour une situation donnée. Si nous faisons souvent dans notre vie l'expérience d'avoir agi sur quelque chose par notre propre comportement, nous croirons très vraisemblablement en nous-mêmes et développerons une attitude de « je peux le faire ». Les psychologues parlent d'une « attente d'efficacité propre » élevée.

Les gens avec une attente d'efficacité propre élevée sont davantage satisfaits de leur vie. Ils se sentent mieux, ont une plus grande confiance en eux-mêmes et sont plus résistants contre le stress. Dans certaines situations, ils ne ressentent même pas le stress comme tel, mais comme un défi qu'ils peuvent relever. Ils estiment que la situation est gérable. Les personnes dotées d'une telle efficacité ont, en outre, une grande capacité à provoquer des changements lorsqu'ils ne sont pas satisfaits d'une situation. Ils ont la conviction de pouvoir atteindre leur but grâce à leur propre comportement. Ils font alors preuve de « persistance », c'est-à-dire d'une ténacité et d'une endurance particulières[24].

Le contraire de l'homme efficace par lui-même est ce que l'on appelle « un éviteur ». Ces gens ont une tout autre approche des obstacles : ils ne les considèrent pas comme des défis, mais comme des menaces. Ils redoutent davantage d'échouer devant un obstacle plutôt qu'imaginer le franchir.

Lorsque le besoin fondamental de contrôle est constamment frustré, il peut alors se produire un phénomène que les psychologues appellent « l'impuissance apprise ». C'est le psychologue américain Martin Seligman qui la dépista dans les années 1960. Seligman élargit, à cette époque, les expériences sur le conditionnement classique d'Ivan Pavlov : un groupe de chiens reçut d'importantes décharges électriques dans les pattes. Ils étaient maintenus par des harnais et ne pouvaient pas échapper à cette excitation désagréable. Un deuxième groupe de chiens pouvait stopper l'excitation douloureuse en actionnant un levier. Il ne se passait rien dans l'enclos du troisième groupe de chiens. Les trois groupes furent ensuite parqués dans un box séparé en deux parties par une barrière peu élevée. Dans une moitié, les chiens recevaient de nouveau des décharges électriques, dans l'autre moitié, ils étaient en sécurité. Les animaux pouvaient donc échapper à la douleur en sautant d'une zone du box dans l'autre. Ceux qui ressentaient pour la première fois la douleur passèrent bientôt dans l'autre moitié du box où ils étaient en sécurité. Ceux qui avaient pu influer sur les décharges électriques le firent également. La réaction des chiens du premier groupe – ceux qui avaient appris qu'ils ne pouvaient rien faire contre la douleur – fut angoissante : ils ne cherchèrent pas à fuir la douleur. Les animaux restèrent couchés et subirent avec résignation les douleurs que l'on continuait à leur infliger. Ils avaient *appris* l'impuissance.

L'impuissance et le besoin de contrôle

Ce n'est pas un problème uniquement animal en soi, le problème est aussi très profondément humain. Un grand nombre d'autres études le confirmèrent, et je reçois tous les jours dans mon cabinet de tels patients. Plus un homme a vécu des expériences incontrôlables, plus il est intimement persuadé qu'il ne peut rien entreprendre contre les mauvaises influences extérieures. Les blessures du besoin de contrôle sont un poison pour l'âme. On ne le ressent pas exclusivement à l'occasion d'événements importants et violents. Il suffit parfois de perdre beaucoup d'argent, d'avoir été trompé ou licencié. Dans de telles situations, l'impuissance peut être toxique – également pour des événements ultérieurs.

Mais une autre exigence très importante compte encore pour le besoin fondamental de contrôle : l'exigence d'autonomie. Chacun de nous a des limites que les autres doivent respecter et ne pas franchir. Un territoire propre que les autres n'ont pas le droit de piétiner. Et chacun de nous souhaiterait se développer, acquérir une personnalité propre et pouvoir lui-même décider pour sa vie.

On peut relativement bien observer chez l'enfant combien cette exigence d'autonomie est profondément gravée dans l'homme. Jusqu'à un certain âge, l'enfant fait un avec sa mère. Mais, petit à petit, il commence à prendre conscience qu'il est une personne autonome, avec ses propres capacités et sa propre volonté. Et c'est précisément en tant que telle qu'il veut être désormais perçu et respecté. « C'est moi qui le fais ! » est une phrase qui peut faire tourner les parents en bourrique. Avoir la patience de rester une demi-heure à côté de l'enfant jusqu'à ce que ses mini-mains réussissent à fermer la fermeture Éclair, c'est prendre le risque d'arriver en retard au bureau, mais c'est aussi satisfaire un besoin fondamental extrêmement important pour son enfant.

Au même titre qu'une liaison détruite nous blesse, on peut être blessé par le fait que l'on ne nous accorde pas notre autonomie. Si les parents réagissent par des sanctions aux décisions toujours plus autonomes de leur enfant, la peur de perdre la liaison peut, par exemple, atteindre un tel niveau chez celui-ci qu'il décide d'abandonner une grande partie de ses besoins en autonomie et de rester dans la dépendance. Ces besoins sont, en fait, constamment en conflit : d'un côté, nous recherchons toute notre vie la proximité et la liaison, mais nous avons, d'un autre côté, un grand besoin de distance et d'autonomie.

Un partenaire, une religion ou une politique monopolisateurs peuvent nous priver de notre autonomie. Lorsqu'un tiers met son nez dans notre sphère privée ou nous espionne, cela revient à ne pas respecter les frontières. Qu'il lise notre journal intime ou contrôle notre téléphone portable, ou que notre partenaire vérifie les mouvements sur notre compte bancaire – une blessure du besoin d'autonomie sème la méfiance qui peut dégénérer en paranoïa dans l'âme.

Prendre du plaisir et éviter les déplaisirs : tout ce qui est beau

Alors que nous n'avons, pour ainsi dire, pas conscience des trois besoins de base précédents, nous ressentons clairement le quatrième et agissons constamment en fonction de lui. Grawe l'appelle « le besoin de prendre du plaisir et d'éviter les déplaisirs ». On pourrait tout simplement dire : nous sommes constamment en quête de belles choses et nous voulons éviter tout ce qui est néfaste et douloureux. Le terme d'« hédonisme » l'exprime très bien, bien qu'il ait été récemment quelque peu déconsidéré parce qu'on l'associait souvent avec un égoïsme excessif. Du point de vue de l'âme, le besoin de s'occuper de son propre bien-être est nécessaire et extrêmement utile.

Le quatrième besoin de base veut protéger notre corps en nous imposant de nous nourrir sainement, de contribuer à maintenir une température corporelle donnée et d'éviter tout ce qui peut nous blesser ou nous nuire d'une manière quelconque. Afin que nous ne l'oubliions jamais, nous sommes dotés de délicats systèmes de retour d'informations : nous avons un système de la douleur, un système du dégoût et un système de la panique – et chacun d'eux possède sa propre base neuronale. On se rend ici particulièrement bien compte combien le corps et l'âme travaillent ensemble : l'âme veille sur ce mécanisme afin que le corps reste sain. Elle nous protège et est très importante pour notre survie.

Qu'il nous manque ne serait-ce qu'un de ces systèmes et chaque acte du quotidien peut réellement mettre en danger notre vie. Le chercheur américain spécialiste du cerveau Ralph Adolphs a pu l'observer sur l'un de ses patients ayant eu une encéphalite qui avait détruit les structures du cerveau responsables du dégoût. Il n'avait quasiment plus de sentiments de dégoût. L'homme buvait du lait qui avait tourné et formait des caillots, et il le trouvait très bon. Personne n'aime ressentir du dégoût, et pourtant, le dégoût nous a vraisemblablement plus d'une fois sauvé la vie.

Nous plissons le nez, nous avons froid ou trop chaud, nous faisons un détour pour éviter un danger : c'est notre besoin de base de prendre du plaisir et d'éviter les déplaisirs qui nous retient souvent de nous mettre dans des situations désagréables. Nous recherchons les états agréables et voulons éviter ceux qui nous sont désagréables.

Certains scientifiques assimilent le goût du risque à l'envie de jouir de la vie – ce qui est à l'opposé du besoin de base de contrôle et de sécurité. C'est là que transparaît un trait d'humour de la Création : la sécurité est certes essentielle, mais vivre constamment en sécurité peut s'avérer ennuyeux. C'est la raison pour laquelle nous avons un goût très prononcé pour l'aventure. Cela comprend l'envie de voyager dans des pays lointains, la lecture de romans policiers, l'exploration et l'invention d'objets.

Pour certains scientifiques, l'instinct du jeu en fait également partie. C'est en tout cas ce dont était persuadé le chercheur en émotions Jaak Panksepp, qui s'était fait une certaine réputation en tant que « *rat-tickler* », chatouilleur de rats. On l'a clairement vu ici, il est rare que les animaux de laboratoire se portent bien. Mais il y a aussi des exceptions : dans le laboratoire de Panksepp, les rats avaient quelques bonnes raisons de rire. Panksepp avait remarqué que ses rats jouaient souvent et très longtemps ensemble. Ses collaborateurs et lui-même percevaient, ce faisant, toujours les mêmes bruits. Il fallut toutefois un certain temps avant que l'un d'eux ne demande : « Vous croyez qu'ils rient ? »

Le rire – un signe incontestable de bien-être – est, dit-on, le propre de l'homme. Panksepp démontra le contraire avec ses rats de laboratoire – et ce, de la manière la plus simpliste qui soit, celle qui fonctionne depuis toujours sur les enfants : il les chatouilla. Simultanément, il brancha un appareil qui rendait audibles les sons haute fréquence. Si vous regardez les vidéos sur YouTube, vous en serez convaincu : les rats sont morts de rire. Ils gambadent joyeusement derrière la main de Panksepp, parce qu'ils en redemandent.

Quand les rats sont morts de rire

Il est des choses que les rats ne feraient jamais tant elles semblent être spécifiques au comportement humain : boire de la bière. Ou du café. Ou fumer. Et cela soulève simultanément une question fondamentale : pourquoi nous, les hommes, faisons des choses aussi déraisonnables alors que nous avons une boussole intégrée qui nous montre ce qui est bon et mauvais pour nous ?

La raison en est la suivante : un être humain peut reprogrammer un besoin. Il peut modifier sa perception du bon et du mauvais. On n'imagine pas un enfant venir au monde et s'exclamer : « Du vin rouge, miam, quel régal ! » L'enfant a une telle aversion pour tout ce qui est amer qu'il fait lui-même un grand détour pour éviter la plupart des légumes. En effet, tout ce qui est ne serait-ce qu'un peu amer pourrait être toxique. Le réflexe est installé. Et pourtant, chacun de nous ou presque jettera un jour ses préjugés aux orties et consommera avec plaisir l'une de ces substances envers lesquelles il avait une saine aversion de naissance. Notre système d'alarme rejette le vin, la bière ou le café, qui font pourtant partie des denrées de luxe préférées au monde.

Cela tient au fait que nos besoins de base n'apparaissent pas simplement l'un après l'autre, mais parallèlement. Cela peut parfois devenir chaotique, parce qu'ils veulent tous être satisfaits en même temps. Si, par exemple, nous sommes avec des jeunes de notre âge et que nous devons boire notre première bière, le souhait d'appartenance au groupe, donc de liaison, peut être plus fort que l'opposition du système de dégoût et donc s'imposer. La bière, bien qu'amère, finit par avoir bon goût parce que nous souhaitons faire partie de ceux qui en boivent. Les scientifiques appellent cela « le réapprentissage du goût ». Plus nous associons souvent le fait de boire de la bière avec compagnie et bonheur, plus nous réécrirons quasiment totalement notre impression sensuelle de la bière et lui donnerons une note positive. La bière change alors de catégorie : d'une chose que nous devrions éviter et que nous n'apprécions absolument pas, elle devient quelque chose de voluptueux[25].

Mon modèle, ton modèle

Les expériences que nous faisons avec les besoins de base imprègnent notre esprit plus que pratiquement tout. Ils occupent une position centrale à chaque instant de notre vie. Ils forment nos dogmes intérieurs et nos modèles de pensée selon qu'ils ont été satisfaits et comment ils l'ont été.

Les modèles sont une chose en soi. Notre cerveau les aime plus que tout. Il nous est pratiquement impossible de lever les yeux vers le ciel sans chercher, le jour, des animaux dans les formations de nuages, et, la nuit, des constellations dans les étoiles. Les modèles nous transmettent une impression comprimée du monde, et nous apprenons à le comprendre à travers ces modèles. Les pommes poussent dans les arbres, l'eau est mouillée et les oiseaux peuvent voler. Ce sont trois suppositions de base que nous avons assimilées et que nous gardons toute notre vie. Nous avons même assimilé comme une sorte de modèle de connaissance « Ce que Petit-Jean n'apprend pas, Jean ne l'apprendra plus jamais », bien que cela ne soit absolument pas vrai. Car nous apprenons des modèles physiques, biologiques et sociaux toute notre vie.

Nous sommes également confrontés à des schémas psychiques que les psychologues appellent des « schémas cognitifs ». En fait, les schémas font la même chose que les modèles : ils ordonnent notre réalité. Ce sont des modèles à travers lesquels nous nous observons, nous-mêmes, les autres et le reste du monde. Ils ont moins à voir avec la physique ou la biologie, ils apparaissent à travers nos expériences toutes personnelles. Notamment à travers celles que nous avons faites avec la satisfaction de nos besoins de base et que nous tentons de confirmer au cours de notre vie. On fait la distinction entre les auto-schémas et les schémas relationnels, ils peuvent être négatifs ou positifs.

Leur appellation n'a rien d'original en soi : les auto-schémas sont des suppositions de base que nous avons sur nous-mêmes. Les schémas relationnels sont nos suppositions de base sur les relations. Les schémas ne sont pas les expériences elles-mêmes, mais bien davantage les conclusions de la somme de nos expériences.

Si, par exemple, nous sommes considérés et confirmés dans ce que nous sommes – notre besoin d'estime de soi étant alors satisfait –, nous intériorisons un auto-schéma positif. Il en est de même pour les relations reposant sur de bonnes expériences et desquelles nous pouvons déduire un schéma relationnel positif.

Si, par contre, nous sommes constamment dévalorisés ou punis par les autres, que nous avons le sentiment de déranger ou de ne pas remplir notre rôle, nous arrivons éventuellement à la conclusion : « Je ne suis pas digne d'être aimé. »

Une accumulation de mauvaises expériences se traduit par un schéma comme « Je suis un raté ! » et « Je ne suis pas important ! » Un tel retour ayant le plus souvent lieu au sein de la relation (ou de la famille), il s'y ajoute bien souvent un schéma relationnel négatif. Notre conviction peut alors être la suivante : « Les relations ne sont pas fiables ! » « On me laisse tomber dans les relations ! » ou « Une relation n'est sûre que si l'on s'implique énormément ! »

J'ai souvent été confrontée à ce schéma dans mon cabinet. Avec parfois, en sus, des phrases comme : « Les relations sont dangereuses. » Une personne qui pense ainsi est constamment déchirée intérieurement. D'un côté, elle ressent, comme tout le monde, le besoin d'une relation, mais, d'un autre côté, elle la refuse catégoriquement. Elle en arrive à penser : « Je dois rester seule, il n'y a personne pour moi. »

Les schémas psychologiques se distinguent sur un point très important des autres modèles que nous intériorisons au cours de notre vie. On ne les travaille pas exclusivement d'un point de vue *cognitif* – sur un plan logique – comme les maths ou les formules de biologie. Lorsqu'il s'agit de nous-mêmes et de nos relations, nous travaillons toujours les modèles également d'un point de vue *affectif*, c'est-à-dire très émotionnellement. Nous n'enregistrons pas uniquement le modèle, mais simultanément le sentiment afférent et le souvenir de la manière dont il s'est créé. Tout cela se grave littéralement ensemble dans notre structure nerveuse.

Nous pouvons résoudre sans sourciller une règle de trois, mais dès que quelque chose nous rappelle ne serait-ce que de loin le schéma « Je suis un raté », nous sommes submergés par une vague de sentiments puissants et douloureux. Cela se fait automatiquement et sans que l'on en ait conscience – dans l'émotion. On peut dire : chaque fois qu'une personne réagit particulièrement violemment, c'est qu'un schéma très puissant vient d'être activé chez elle. Certaines personnes montrent davantage d'exaspération que d'autres à des choses bien précises, et très souvent, l'autre ne comprend pas pourquoi. Nous tendons à insulter, à traiter de « cinglée » ou à estampiller comme folle une personne qui réagit très violemment à quelque chose. Il est toutefois très probable qu'elle a réagi avec un mécanisme psychique on ne peut plus profondément automatique : elle est entrée en contact avec une très importante blessure psychique.

Pour le reste, les schémas décident énormément de notre vie. Ils décident de nos performances et de nos relations sociales. Ou, pour l'exprimer autrement : ils décident de la manière dont nous maîtrisons notre vie. Si notre vie est un marathon, les schémas sont des spectateurs qui crient tout le long du trajet. Nous ne les voyons pas dans l'ardeur de la course, mais nous les entendons. Et cela change tout, selon que quelqu'un crie : « Tu vas y arriver ! » ou « Laisse tomber ! »

Les schémas sont faits dans un matériau singulier : bien que nous les formions très tôt dans notre vie, ils ne changent pratiquement pas par la suite. Ils sont très résistants et tenaces[26]. Assez bêtement, nos schémas sont, en effet, sans cesse confirmés. Pas par la réalité, d'ailleurs, mais par le filtre à travers lequel nous observons la réalité. Notre âme fonctionne, en effet, parfois comme un algorithme de la Silicon Valley.

Pourquoi notre âme fonctionne un peu comme un algorithme de la Silicon Valley

Il y a quelques années de cela, l'Américain Eli Pariser se demanda ce que pouvaient bien faire ses amis conservateurs. Pariser se définit certes lui-même comme étant progressiste, mais il n'en a pas moins un grand nombre d'amis conservateurs sur Facebook. Il constata un jour que visiblement aucun de ses amis ne postait plus quoi que ce soit. Il se rendit donc sur son profil, et quelle ne fut pas sa surprise ! Ses amis conservateurs avaient, en fait posté, un grand nombre de contributions, mais Facebook ne les lui avait pas transmises. Au vu des données que Facebook avait récoltées sur Pariser, le réseau pensait que les contributions d'amis avec d'autres tendances que les siennes ne l'intéressaient pas. Intrigué, Pariser décida d'explorer ce phénomène maintenant connu sous le nom de « bulle de filtres ».

Les bulles de filtres fonctionnent ainsi : chaque fois que Facebook, Google, ou n'importe lequel des nombreux sites d'information, nous montrent quelque chose, ils ne nous montrent pas ce qu'il se passe réellement dans le monde, mais ce qu'ils pensent qui nous intéresse le plus. Ils tirent leurs conclusions de notre comportement individuel sur Internet : les pages que nous consultons, les contributions que nous regardons ou celles auxquelles nous attribuons un *like*. Un algorithme en fait une évaluation et se construit une « opinion » sur nous, ou, pour être plus précis, un schéma. Si nous recevons principalement des rapports de bilan ou des recettes de cuisine, nous ne serons alors confrontés qu'avec des choses que nous aimons de toute façon et qui coïncident avec notre vision du monde. L'énorme quantité restante passe tout simplement à la trappe.

On pourrait penser que ces braves gens ont plagié le mécanisme de notre cerveau, car ce dernier nous montre depuis toujours les choses qui nous confortent dans notre vision du monde. Une quantité inimaginable d'informations s'abat constamment sur nous. Raison pour laquelle nous les filtrons. Si nous prenions le tout sans le filtrer, nous serions vite submergés. La plus grande partie est refoulée, nous laissons de préférence passer tout ce qui coïncide avec nos attentes, nos intérêts et nos convictions – le reste est tout simplement éliminé.

Un bref exemple sexuellement discriminatoire : un homme qui considère les femmes comme de mauvaises conductrices se verra confirmer dans son opinion si une femme lui rentre dedans par l'arrière. Il efface aussitôt de sa mémoire les innombrables fois où il a vu des femmes conduire correctement. Il y a cent soixante-dix ans déjà, William James, le fondateur de la psychologie américaine constata : « Mon expérience est l'expression de ce que je me suis décidé à remarquer. » On appelle de nos jours un phénomène similaire *confirmation bias*, le biais de confirmation. Celui-ci se manifeste avec d'autant plus de virulence dès lors qu'il s'agit de nos schémas psychiques.

Si nous avons un auto-schéma négatif comme, par exemple, « Je suis incapable », nous ferons un focus surtout sur les informations qui confirment exactement ce point de vue : nous prenons les critiques comme un dénigrement personnel, bien qu'elles aient été formulées de façon constructive et objective. Ou alors, nous accordons une importance exagérée à une erreur que nous faisons, alors que nous n'accordons pratiquement aucune importance à tout ce que nous faisons correctement.

Cela peut paraître tordu, mais la science le confirme sans ambiguïté : notre cerveau se préoccupe nettement plus volontiers de lui-même que de la réalité. Selon des spécialistes du cerveau, notre monde intérieur n'entretient en fait qu'une relation plutôt lâche avec le monde extérieur. L'input provenant du système sensoriel – c'est-à-dire tout ce que nous voyons, entendons, enregistrons – ne représente même pas la minuscule proportion de 0,1 % de l'activité neuronale globale. Ceci signifie que le cerveau ne se préoccupe que dans une très faible proportion de ce qu'il se passe autour de nous : il construit une image de la réalité qui a davantage affaire avec notre vie intérieure qu'avec la vie à l'extérieur[27]. C'est la raison pour laquelle notre cerveau apprécie tant les schémas et les modèles et qu'il tient à en créer constamment. Il peut travailler incroyablement rapidement et pratiquement avec eux – plus efficacement qu'avec la réalité. Il ne doit pas constamment apprendre de nouvelles choses, les évaluer puis décider comment nous devons réagir. Il compare tout simplement ce qu'il nous arrive avec ce dont il dispose déjà. Pour être plus précis, on dira qu'il n'attend même pas la réalité, mais qu'il la précède toujours d'un bon pas.

Une vie dans la bulle

Alors que depuis peu la tendance est de rester constamment et en tous lieux aux aguets, notre cerveau voit les choses un peu différemment. Il produit sans cesse des scénarios imaginant comment cela pourrait évoluer à partir de la seconde présente. Il n'aime pas les surprises et obtient de préférence exactement ce qu'il espérait. Tout le reste tend à le sortir de son concept. Et c'est parce que le cerveau caracole toujours devant que nous ne pouvons pas, par exemple, nous chatouiller nous-mêmes – ce qui ne manquerait, par ailleurs, pas de charme. Mais le corps mettant lui-même en mouvement le geste de se chatouiller, il sait ce qu'il va se produire, et l'effet de surprise n'ayant pas lieu, cela ne fonctionne pas.

L'humour est une forme particulière de surprise que le cerveau trouve très agréable. Il n'a autrement pas la moindre attirance pour l'inattendu et s'avère sensible lorsque quelque chose ne coïncide pas avec ses attentes – notamment avec ses attentes psychiques. C'est la raison pour laquelle il possède un appareil qui lui est propre et qui assume tout le travail de comparaison et de rapprochement : le « comparateur[28] ».

Ce terme, à la consonance quelque peu martiale, désigne une unité neurologique assez impressionnante. Elle crée constamment des attentes, veut surtout voir si ce à quoi nous sommes à l'instant confrontés pourrait toucher l'un de nos schémas. Si, par exemple, quelque chose rappelle le dogme « Je ne suis pas important ».

Il est intéressant de voir comment fonctionne le comparateur. D'un point de vue neuronal, c'est une sorte d'interface entre le système limbique et le « cortex associatif » et d'autres zones qui, par exemple, ont une grande importance pour l'apprentissage et la reconnaissance des visages. On peut donc dire qu'au sein du comparateur, l'âme travaille main dans la main avec la partie de notre cerveau qui gère nos expériences, nos connaissances de connexité accumulées, nos estimations et nos stratégies de comportement. Ou, exprimé autrement : le comparateur a directement accès à nos schémas et aux comportements qu'ils induisent normalement chez nous.

Lors d'une journée ordinaire, l'output du comparateur peut ressembler à quelque chose comme cela : nous rencontrons un homme, il a belle allure et est aimable avec nous – et nous nous enfuyons. Il est en effet possible qu'un homme aimable et de belle allure active le schéma « Il va me briser le cœur », si nous nous sommes auparavant construit un tel schéma avec un tel homme. La réaction est déclenchée comme par un interrupteur, et beaucoup plus rapidement que nous ne pouvons le penser. Le système limbique travaille, en effet, à une vitesse de 120 m/s et est ainsi quatre fois plus rapide que tout ce que nous pouvons sciemment percevoir.

Les stratégies de maîtrise de notre âme

Nos suppositions de base – pas uniquement psychiques – nous guident à travers la vie. Elles se dissimulent derrière chacune des décisions que nous prenons, et déterminent les réactions à tout ce à quoi nous sommes confrontés. Si je suis conservateur dans l'âme, je vote conservateur. Si j'ai de l'empathie pour les animaux, j'évite le stand des poulets rôtis. De notre attitude découlent nos démarches.

Les psychologues déterminent deux types de démarche en relation avec nos schémas : les gens avec des auto-schémas et des schémas relationnels positifs ont recours aux « stratégies adaptatives ». C'est-à-dire qu'ils aspirent à des expériences grâce auxquelles ils obtiendront encore davantage de ce qu'ils ont de toute façon déjà. Les personnes avec l'auto-schéma et le schéma relationnel positif « Je vaux le coup d'être aimé » se lanceront le cœur ouvert dans une relation. Et parce qu'elles sont capables de prendre l'amour comme quelque chose de bien et d'évident, il est très vraisemblable que leur schéma s'enrichira d'une nouvelle confirmation positive. Les bienheureuses !

Les gens avec un auto-schéma positif ont souvent le loisir d'apprécier un phénomène qui semble en fait un peu injuste : « l'effet Matthieu ». Cette thèse vient de la sociologie et décrit le principe selon lequel les succès actuels d'une personne ne sont pas dus à ses actes présents, mais qu'ils se construisent sur la base de ses succès antérieurs. Logique : celui qui sort du lycée avec un bon baccalauréat a la possibilité d'étudier et, plus tard, d'avoir un travail bien payé. Quelqu'un qui fait un héritage a la possibilité d'investir l'argent dans quelque chose qui lui en rapportera encore davantage. Les avantages peuvent s'additionner dans la vie – également les avantages psychiques. Un petit avantage de départ dans la vie, par exemple une enfance heureuse avec un grand nombre d'expériences positives, peut au fil de la vie s'accroître en une structure *The Winner Takes It all*. Le succès appelle souvent le succès. Ce principe s'appelle « l'effet Matthieu », car il repose sur l'Évangile selon Matthieu : « Car on donnera à celui qui a… » (25:29).

Il se passe malheureusement pour ainsi dire la même chose avec les problèmes : des désavantages de départ en appellent souvent d'autres. Lorsque des gens ont des problèmes psychiques, il faut toujours en chercher l'origine dans les appréciations négatives de soi, des relations et de la réalité. Chaque fois que nos schémas négatifs sont activés, cela engendre en nous un manque d'assurance, de l'anxiété, des évitements ou de mauvaises interprétations. Nous ressentons des émotions difficilement supportables, et tout en nous demande à revenir dans la consistance.

Tout comme le corps n'aimerait pas s'écarter durablement de ses paramètres standards et tente par tous les moyens de l'homéostasie de lutter contre l'influence de l'extérieur, l'âme tente constamment de retourner à ses standards. Elle recherche – en fait, comme toujours – la satisfaction et l'équilibre. Les psychologues appellent parfois cela le « coping », ou peuvent tout aussi bien parler de « stratégie de la maîtrise », la manière avec laquelle l'âme tente d'atteindre son but.

Chacun de nous a recours à diverses stratégies de maîtrise pour équilibrer les émotions négatives. Pour être plus précis, nous avons toujours le choix entre trois possibilités :

1. La soumission
2. L'évitement
3. La compensation

Assez remarquablement, ces stratégies ressemblent beaucoup aux réactions biologiques évolutionnaires que notre corps met en place pour se sortir de situations dangereuses : le saisissement, la fuite ou le combat. Lorsque l'on prend explicitement conscience qu'un danger peut précisément émerger aussi de schémas négatifs parce qu'ils représentent finalement une menace pour l'âme, la similitude de la réaction n'est alors plus aussi remarquable, mais bien davantage totalement logique.

La réaction pour laquelle la personne se décide dépend surtout de son tempérament de base. Quelqu'un d'introverti et de réservé optera assez vraisemblablement pour la soumission. Une personne en soi impulsive tendra à opter pour une surcompensation. Ce n'est toutefois jamais une décision consciente, elle se prend toujours inconsciemment et de manière totalement automatique.

La soumission

Lorsque nous nous conformons à nos schémas, cela signifie que nous les considérons comme vrais. Nous ne tentons ni de combattre nos dogmes ni de les éviter, et ceux-ci sont ainsi sans cesse confortés. Dès qu'une situation nous rappelle le passé, la douleur associée à cette situation revient au galop : raison pour laquelle nous réagissons souvent de manière disproportionnée dès que nous sommes confrontés à un schéma. Il suffit parfois d'un minuscule déclic. Une personne avec une appréciation interne telle que « Je ne suis pas important » remarque la moindre inattention du partenaire et la consultation un peu prolongée d'une application météorologique peut déjà devenir un problème.

Avec les schémas négatifs, c'est un peu comme si le système de fermeture d'un placard ne fonctionnait plus : le contenu peut à tout instant nous sauter au visage. Une situation, que d'autres évalueraient et interpréteraient tout à fait autrement, peut ainsi déclencher une dispute. Les personnes qui se soumettent à leurs schémas et sont trop à leur écoute ont en outre tendance à se chercher des partenaires qui se comportent de la même manière que celui des parents qui, autrefois, les a blessées. Elles se retirent même des relations dans lesquelles on a d'elles une image positive. Leurs suppositions ont ainsi de beaux et longs jours devant elles. Ces personnes sont parfois mal à l'aise lorsque quelqu'un leur dit quelque chose de gentil et elles rejettent les compliments, bien qu'un retour positif leur fasse du bien. Mais un compliment est pour elles aussi peu crédible que si on leur disait que l'eau est sèche et que les pommes poussent dans la terre. Cela ne coïncide tout simplement pas avec leur schéma. C'est véritablement inextricable : plus nous nous sentons mal, plus nous sommes étanches aux compliments et aux encouragements.

Les gens cherchent des informations consistantes sur eux-mêmes. Inconsciemment, nous regardons si toutes les informations qui nous atteignent de l'extérieur sont compatibles avec notre image actuelle de nous-mêmes. Alors que les gens avec un sentiment élevé d'estime de soi cherchent explicitement une confirmation positive, ceux avec un piètre sentiment d'estime de soi sont pratiquement en quête de retours négatifs qu'ils interprètent pour eux-mêmes – conformément à leurs schémas individuels.

Nous avons fatalement le sentiment que cela coïncide avec nous et que c'est donc « bon », parce que cela nous est familier et nous confère au moins un peu de sécurité. Les psychologues appellent ce phénomène « *Search for feedback that fits* ». Cela peut toutefois avoir de graves conséquences, car l'estime de soi de ces personnes en devient toujours plus instable.

L'évitement

Lorsqu'un être vivant se trouve en danger, sa première réaction est l'évitement. Les êtres monocellulaires eux-mêmes se rétractent lorsqu'on les asperge avec un produit acide. L'évitement est un mécanisme qui tient du réflexe. Et c'est bien comme ça : il est bon d'éviter ce qui me menace. Personne ne souhaite, en effet, faire deux fois la même erreur.

La chose est encore un peu plus complexe chez les personnes qui mettent souvent en œuvre cette stratégie de maîtrise. Elles ne réagissent pas à un danger direct, mais régissent constamment leur vie de manière à ce que leurs schémas négatifs ne soient tout simplement jamais activés. Elles évitent les situations où cela pourrait être le cas. Elles ne s'en autorisent bien souvent même pas les pensées et les sentiments et, s'ils émergent malgré tout, elles s'en détournent inconsciemment rapidement. Elles se réfugient dans l'alcool, les drogues ou la nourriture, ou se jettent dans une aventure.

Dans une relation, un comportement d'évitement peut, par exemple, se présenter sous la forme suivante : une personne qui a peur d'être abandonnée s'habitue à faire passer ses besoins au second plan – quel qu'en soit le prix – pour conserver son partenaire. Cela peut être particulièrement tragique lorsque, précisément en raison de ce comportement de soumission, sa crainte se confirme parce que le partenaire finit par la quitter.

Une autre personne peut éventuellement refuser systématiquement les invitations en raison de son schéma « Je suis ennuyeux, personne ne s'intéresse à moi » et qu'elle ne souhaiterait en aucun cas se trouver dans une situation qui confirmerait cette crainte. Cette personne satisfait certes brièvement son besoin de sécurité et de contrôle, parce qu'elle évite les situations dangereuses, mais son besoin de relation demeure insatisfait sur le long terme, et elle court le risque de devenir solitaire.

Plus souvent on choisit la stratégie de l'évitement, plus elle est facile à mettre en œuvre. Une personne qui fait ce choix évaluera de plus en plus comme négative une situation que d'autres trouveront neutre, voire jouissive, elle activera son système d'évitement et sera de plus en plus souvent bloquée par des situations qui l'aideraient pourtant à atteindre son véritable but.

Quelqu'un avec le schéma « Je suis un incapable » ou « Je ne suis pas attractif » n'osera pas adresser la parole à un tiers parce qu'il s'attend à être repoussé. Il finit par rester seul, ce qui le confirme dans cette pensée[29].

La compensation

Avec cette stratégie de maîtrise, on doit même parler de « surcompensation », parce que l'individu tente d'atteindre exactement le contraire de ce que ses schémas lui murmurent à l'oreille. Lorsqu'il est confronté avec une hypothèse intérieure, il donne un sérieux coup de barre dans la direction opposée. Cela l'aide à échapper au sentiment d'impuissance et de vulnérabilité qui monte en lui dès que son schéma est touché. Quelqu'un qui a souffert de privation émotionnelle pourrait par exemple s'enquérir d'une aide émotionnelle au moment où il en a précisément besoin. Dans le cas de la surcompensation, il adopte, au contraire, une posture vindicative. Ce comportement est, par exemple, typique des personnes narcissiques qui se surjouent pour ne surtout pas être mises en relation avec leur schéma « Je ne vaux rien ». Leur contre-réaction exagérée consistera peut-être à claironner à qui veut l'entendre « Je suis super-intelligent ! » ou « J'ai un succès fou ! » Les gens qui se considèrent eux-mêmes comme des ratés font tout ce qu'ils peuvent pour ne pas donner cette image d'eux. Ils travaillent d'arrache-pied pour avoir du succès et de la reconnaissance – parfois jusqu'à l'épuisement.

Certains schémas sont très dominants et émettent des consignes strictes : « Sois le meilleur ! » « Sois le plus important ! » « Évite les situations dans lesquelles tu pourrais être critiqué ! » Ce sont des ordres que l'on se donne à soi-même. Le plus funeste, ici, c'est que l'on réalise les choses pour de mauvaises raisons : on ne recherche pas le succès parce qu'on y prend du plaisir, mais pour prouver que l'on n'est pas un raté. On déborde de charme, non pas parce qu'on est charmant de nature, mais parce que l'on pense parvenir ainsi à éveiller de l'amour chez l'autre. On ne s'occupe éventuellement pas de l'autre par sollicitude, mais parce que l'on croit qu'il va nous quitter si on ne le fait pas.

On parvient ainsi à créer constamment un impact, mais sans être jamais véritablement satisfait. On atténue certes sa peur de déclencher les schémas activés, mais on n'apaise jamais ses véritables besoins et demeure de ce fait insatisfait. On est certes sans cesse de nouveau soulagé par les impacts supposés positifs d'un succès ou d'une nouvelle relation, mais le système et le schéma restant les mêmes, on doit continuellement recommencer de zéro.

Ces stratégies de maîtrise ne méritent d'ailleurs pas leur nom. Elles ne maîtrisent rien du tout. Ce ne sont en fait que des manières d'agir inappropriées qui entraînent la prochaine action inappropriée. Et elles doivent constamment être répétées. Elles deviendront ainsi, dans nombre de cas, une partie très typique d'une personne. Il émerge d'elles davantage qu'une stratégie, il en émerge parfois un style de personnalité.

Notre style de personnalité

Chacun de nous possède sa personnalité propre – c'est un fait acquis. Mais comment cette personnalité se crée-t-elle ? Les expériences de notre âme forgent la personnalité. C'est ainsi qu'elle ne dit pas de nous uniquement qui nous sommes, elle livre des informations sur notre âme. Les psychologues la regardent de très près. Chez certaines personnes, certaines caractéristiques sont si particulièrement développées que l'on parle de « style de personnalité ».

Une ou plusieurs des caractéristiques suivantes sont alors particulièrement dominantes[30] :

- conscienciеux, soigneux
- ambitieux, sûr de soi
- expressif, émotionnel
- attentif, méfiant
- brusque, spontané
- affectueux, loyal
- réservé, solitaire
- critique vis-à-vis de soi-même, prudent

- inquiet, sensible
- aventureux, casse-cou

Que l'on examine de plus près son cercle de famille et d'amis au vu de ces critères, on trouvera certainement rapidement quelqu'un pour lequel une ou plusieurs de ces caractéristiques sont vraiment typiques. Mais on peut également le faire sur soi-même. Un grand nombre de personnes connaissent vraisemblablement déjà leurs propres singularités.

Ce que la plupart d'entre nous ignorent, par contre, c'est combien ces traits de personnalité donnent le cap à leur vie. Un style de personnalité nous guide, nous et notre destin. Nous nous cherchons en effet des gens et des expériences qui correspondent à notre style et nous réagissons selon ses principes à tout ce à quoi nous sommes confrontés.

Une personne dont le principe ultime est d'être consciencieux le montre à toutes les occasions dans sa vie. Elle juge les gens pour voir s'ils sont aussi consciencieux qu'elle et prend certainement un travail qui requiert de la conscience professionnelle. Un style de personnalité nous guide dans notre vie professionnelle, nos hobbies et le choix de nos partenaires. Il contribue à notre décision de vivre en ville ou plutôt en ermite sur une Hallig de la mer du Nord.

Et même si ces deux termes semblent très similaires : un style de personnalité est autre chose qu'un tempérament. C'est davantage un mélange de tempéraments, que chacun de nous apporte dès le début dans sa vie, et des conditions auxquelles nous devons réagir pendant notre croissance.

Les petits enfants, eux-mêmes, n'acceptent déjà pas tout ce que la vie leur réserve. Que leurs besoins de base soient constamment ignorés, et ils cherchent des stratégies qui puissent les aider à sauver au moins quelques aspects de leurs besoins. Ils cherchent des solutions aux problèmes auxquels ils sont confrontés en fonction de leur tempérament de base et de leurs capacités intellectuelles. Et même, dans un premier temps, selon le principe *trial and error*.

Que papa n'accorde pas un regard à l'enfant qui a un besoin pressant de reconnaissance pour son estime de soi et ce dernier essaie de trouver quelque chose qui puisse le lui imposer : il va se faire particulièrement bruyant ou silencieux, essayera peut-être avec un battement de cils ou simulera des maux de ventre. Ou alors, il fera le clown ou tentera de faire un superbe dessin. Lorsqu'il est parvenu à attirer l'attention de papa avec l'une de ces méthodes, l'enfant note laquelle de ces stratégies a été payante, et les moyens à employer le moment venu[31].

En effet, lorsqu'une stratégie a réussi, elle se perpétue : elle devient un modèle qui se grave dans le cerveau – entièrement dans le sens de la règle de Hebb : « *What fires together, wires together*. Ce qui s'excite ensemble, se lie ensemble. » C'est le psychologue canadien Donald Hebb qui, en 1949, établit cette hypothèse. Plus des neurones déterminés sont souvent activés, plus forte sera leur liaison. Chaque fois que nous trouvons une stratégie qui réussit et nous aide dans une situation quelconque, une voie neuronale se forme – et est, en cas de besoin, de nouveau aussitôt activée. Un sentier neuronal devient rapidement une autoroute à quatre voies. Cela n'a pas forcément lieu suite à des événements individuels – même très sérieux –, mais surtout du fait de répétitions. Un enfant évacue plus rapidement un divorce que d'amères disputes récurrentes entre ses parents. Plus les conditions sont constantes, plus les réactions qu'elles appellent sont fermes – dans le bon comme dans le mauvais. Et les formes de réaction demeurent, même si l'homme a beaucoup grandi depuis la situation d'origine. On les emporte avec soi jusque dans l'âge adulte.

Un homme reste peut-être très attentif et méfiant à l'âge adulte, parce que ses parents exerçaient un grand contrôle sur lui et qu'il devait autrefois énormément veiller à respecter ses limites. Un autre exige le respect strict du droit et de l'ordre parce qu'il n'a obtenu l'attention de ses parents que lorsqu'il se tenait à leurs règles sévères.

Bien que chacun de nous possède de telles caractéristiques de personnalité dominantes, la plupart des gens peuvent réagir de manière flexible aux diverses exigences de la vie. Nous devons également pouvoir nous écarter de notre style. La méfiance peut parfois avoir quelque chose de bon, mais on doit également savoir faire confiance pour, par exemple, commencer une belle relation avec d'autres. Être expressifs nous rend parfois intéressants, mais il faut également savoir de temps à autre nous montrer réservés. On peut, de même, avoir envie d'aventures et une autre fois, vouloir être conscients des risques. La plupart des gens peuvent réagir flexiblement aux diverses situations et osciller entre leurs différentes caractéristiques. Ils s'adaptent. D'autres n'y parviennent pas aussi bien. Ils peuvent être, par exemple, extrêmement consciencieux et vouloir ainsi toujours tout contrôler et attendre des autres qu'ils se conforment à leurs standards. D'aucuns sont si timides qu'ils commencent à éviter d'autres personnes ou situations. D'autres enfin sont tellement sûrs d'eux-mêmes qu'ils ne peuvent pas imaginer que les besoins des autres valent également quelque chose.

Les troubles de la personnalité

Les troubles de la personnalité persistent le plus souvent très longtemps, dans certaines circonstances, toute une vie. Les personnes concernées elles-mêmes ne les vivent pas comme une grande souffrance en soi. Ils constituent toutefois le terreau pour d'autres troubles et maladies. Ces *profils multiaxiaux de troubles* peuvent, en combinaison, avoir de graves conséquences sur la qualité de vie du patient, car ses modèles de comportement dévient le plus souvent énormément d'un comportement et d'un vécu flexibles et appropriés. La cohabitation sociale, professionnelle et privée en est souvent fortement perturbée. Et j'ai pourtant souvent vu refuser par des experts des demandes de thérapie reposant exclusivement sur un trouble de la personnalité, parce que l'*axe* des troubles psychiques (par exemple, l'anxiété, la dépression ou les obsessions) n'était pas présent ou pas suffisamment. L'argumentation mettait le plus souvent en avant qu'une thérapie ne pouvait être acceptée que lorsque le niveau de souffrance du patient le justifiait, à savoir en cas de trouble global avec valeur de maladie rendant un traitement indispensable. Les troubles de la personnalité ne sont pas classifiés comme des maladies en soi.

Et c'est précisément ici que je souhaiterais que nombre de mes patients n'aient pas à attendre l'apparition de cette éprouvante souffrance, mais qu'ils puissent bénéficier au plus tôt d'un traitement – et que les caisses de maladie assument les frais de cette prévention justifiée.

Mais que provoque un tel trouble ?

Certaines personnes perdent la flexibilité qui leur permettrait de réagir aux diverses situations. Elles sont empêtrées dans leurs modèles. D'une part, elles ne parviennent pas à s'adapter à leur environnement, et d'autre part, elles attendent de leur environnement qu'il s'adapte à elles. Ce n'est pas précisément ce qu'il se passe en général, et cela génère souvent dans leur vie de la frustration, de la colère et un sentiment d'impuissance.

Lorsque les modèles de pensée et d'action d'une personne deviennent trop inflexibles et génèrent constamment des difficultés avec leur environnement, les psychologues ne parlent plus de *style* de personnalité, mais de *trouble* de la personnalité. Certaines de ces caractéristiques sont exagérément développées. On peut se l'imaginer comme un curseur pour régler le son. Chaque nuance du style peut s'intensifier jusque dans le psychopathologique, mais n'est en fait que l'extrême d'un style ou une variante marquée d'un style.

Style personnel	Trouble de la personnalité
consciencieux, soigneux	compulsif
ambitieux, sûr de soi	narcissique
expressif, émotionnel	histrionique
attentif, méfiant	paranoïde
brusque, spontané	limite
affectueux, loyal	dépendant
réservé, solitaire	schizoïde
critique vis-à-vis de soi-même, prudent	anxieux, manque d'assurance en soi
inquiet, sensible	schizotypique
aventureux, casse-cou	dissocial

Énormément de gens ont un style de personnalité avec deux ou trois caractéristiques dominantes, et on diagnostique alors relativement souvent un trouble de la personnalité. Selon les données considérées, les recherches partent du principe que 8 à 12 % de la population ont un trouble de la personnalité.

Dans le système de classification des diagnostics médicaux, on répertorie 10 types de troubles de la personnalité. Nous allons maintenant voir ceux que je rencontre le plus fréquemment dans mon cabinet.

Trouble narcissique de la personnalité

En termes de sanctions et de malédictions, les dieux et les héros de la mythologie grecque ne manquaient pas d'imagination : on volait l'écho des voix, personne ne croyait ce que Cassandre avait à dire, et un jeune homme gracieux fut condamné à un insatiable narcissisme. Le narcissisme est bon en soi, mais un narcissisme insatiable devient problématique. C'est ce qu'apprit Narcisse à ses dépens qui finit sa vie noyé dans une fontaine dans laquelle il était tombé en regardant son propre reflet dont il était amoureux. On donna son nom à une fleur et, plus tard, à un trouble psychologique : le narcissisme.

De nos jours, le terme de « narcissisme » est dans toutes les bouches, et ce, précisément à notre époque où plus de personnes meurent en faisant un selfie que dévorées par un requin. On taxe rapidement les gens de narcissisme, d'aucuns sont persuadés qu'un narcissiste dirige les États-Unis et d'autres encore proclament l'ère du narcissisme. En tant que profil de trouble, le trouble narcissique de la personnalité ne ressemble toutefois pas tout à fait à cela.

Les personnes ayant un trouble narcissique de la personnalité peuvent être impressionnantes. Elles sont souvent glamours, attirent l'attention sur elles dans les fêtes, peuvent être éloquentes, vivantes, charmantes et chatoyantes – notamment lorsqu'elles peuvent en tirer un avantage. Être en compagnie d'un narcissique un petit moment peut être électrisant et inspirant, car il est décidé, ambitieux et possède moult facettes. Sur une période plus longue, c'est plus délicat. Il aimerait, en effet, obtenir quelque chose en échange de ce qu'il propose : une reconnaissance infinie. Un narcissique est persuadé de sa grandeur, il se tient pour quelqu'un de particulier, et il veut que le monde entier le voie en tant que tel. Alors qu'il se croit lui-même grandiose, son entourage parle éventuellement de lui tout autrement : arrogant, narcissique, mégalomane, égoïste et égocentrique.

Un narcissique croit qu'il a des passe-droits, les règles et certaines conventions ne sont pas pour lui, et il n'a pas à s'y soumettre. Faire la queue au supermarché est, par exemple, indigne de lui. La place qui lui revient est tout devant. Et toujours ! Il semble ne jamais avoir de problèmes, et s'il en a, c'est uniquement de la faute des autres. Les autres, d'ailleurs : ils n'intéressent pas le moins du monde un narcissique qui ne peut par ailleurs que difficilement, voire pas du tout, se mettre à leur place. Les autres sont surtout là pour l'admirer, et gare à celui qui ne le fait pas. Il réagit souvent par la vengeance et une colère aveugle aux critiques et ridiculisations. Ce n'est pas étonnant, parce que le narcissique défend par de violentes crises une horrible vérité : il n'est pas aussi grandiose qu'il aimerait le croire. Le narcissisme n'est pas une malédiction, mais une erreur d'éducation. Deux erreurs d'éducation, même. Il est rare que deux causes opposées engendrent le même profil de maladie – c'est pourtant le cas du narcissisme.

On distingue deux sortes de narcissisme : le narcissisme « vulnérable » et le narcissisme « robuste ». Si on gratte la surface d'un narcissique vulnérable, dessous, le tableau est triste. Derrière toutes ces simagrées se cache un enfant blessé et abandonné qui ne s'accorde à lui-même que peu de valeur. Le reste du monde ne devant en aucun cas l'apprendre, le narcissique est constamment en stress de performances. Une sinistre statistique nous démontre combien il est difficile de maîtriser constamment cette technique de dissimulation : de toutes les personnes souffrant d'un trouble de la personnalité, les narcissiques vulnérables sont ceux qui sont les plus exposés au suicide. Ils ont autrefois manqué d'attention positive, de reconnaissance et d'amour. Ils ont été extrêmement frustrés dans leur besoin de base d'une estime de soi stable. Ils souffrent constamment d'un complexe d'infériorité et de la peur de l'échec. Ils se sentent petits et insignifiants, et toutes les choses grandioses qu'ils accomplissent, ils les font surtout dans le but de le dissimuler et de le compenser. C'est la forme la plus courante de narcissisme.

Le narcissisme robuste est le résultat des expériences opposées : d'un excès de sollicitude et de mise en valeur constante. Lorsque des parents ne cessent de mettre leur enfant sur un piédestal, il arrive que ce dernier y reste. Il intériorise une immense posture reposant sur ses exigences et une image de lui-même très éloignée de la réalité. Il n'apprend bien souvent pas que les autres ont également le droit de défendre leurs besoins. Ces personnes vivent comme une menace existentielle toute tentative de les faire descendre de leur position dominante et elles se défendent en conséquence. Les narcissiques tendent à dénigrer les autres lorsqu'on les critique ou qu'on ne leur accorde pas suffisamment d'attention. La critique réveillant leur immense doute de soi, ils tentent de se sauver par une contre-attaque massive.

L'Antiquité grecque ne manquait pas d'imagination en matière de sanctions – mais aussi dans la transmission de ses mythes. Que Narcisse meure noyé n'est qu'une version connue de la fin de ce mythe. Une autre version se termine ainsi : une feuille tombe d'un arbre sur la surface de l'eau, la brouille et détruit le reflet du beau Narcisse. Il meurt de chagrin, car il ne peut pas supporter de se voir lui-même si laid.

Trouble de la personnalité anxieux-évitant avec manque d'assurance en soi

Les personnes souffrant d'un trouble de la personnalité anxieux-évitant avec manque d'assurance en soi ont une vie intérieure désespérante : elles s'estiment elles-mêmes gauches, peu attractives et, le plus souvent, inférieures aux autres. Elles ont un « schéma de soi » de la pire espèce, raison pour laquelle elles se sentent souvent mal à l'aise en société, car elles s'attendent à être rejetées et sujettes aux critiques et moqueries. Elles redoutent d'avoir honte ou d'être méprisées. Cette peur est si grande qu'elles évitent déjà très tôt dans leur vie les situations dans lesquelles leurs craintes pourraient se réaliser.

Elles recherchent un travail dans lequel elles ont le moins possible affaire avec les autres. Elles choisissent des missions en deçà de leurs capacités pour diminuer le risque d'échec. Elles déclinent les invitations et évitent d'entreprendre des relations intimes pour ne pas s'exposer à leur peur d'être jugées et au risque d'être abandonnées. Elles justifient souvent leur comportement par des phrases comme « Je ne suis pas à ma place, ici », « Je n'ai rien à raconter » ou « Je suis ennuyeuse ».

En société, elles apparaissent inhibées et timides, elles rougissent rapidement, donnent l'impression d'être gauches – comment le contraire serait-il possible lorsqu'on se sent si mal dans sa peau. Elles génèrent malheureusement souvent ainsi une prophétie autoréalisatrice : une personne qui fait ainsi tapisserie lors d'une fête n'a que peu de chances de faire l'expérience positive qui lui permettrait de réviser sa façon de voir. Elle se sentira, au contraire, confirmée dans ses hypothèses : « Je le savais bien que personne ne voudrait faire quoi que ce soit avec moi ! » Les personnes avec un tel type de personnalité sont particulièrement réceptives aux informations qui confirment leur mode de pensée. Et elles en évitent d'autant plus la fête suivante. Elles souffrent, malgré tout, énormément de cet isolement auquel elles ne voient aucune alternative. Elles ressentent, en effet, un fort besoin en contacts sociaux, proximité et appartenance, bien qu'elles évitent les occasions de se trouver en société.

Trouble de la personnalité dépendant

Les personnes qui souffrent de ce trouble ont un profond besoin que l'on s'occupe d'elles. Elles ont très peur de ne pas pouvoir s'occuper d'elles-mêmes et ont même besoin du soutien et des conseils d'un tiers pour les décisions courantes. Elles apprécient davantage l'opinion des autres que la leur – qu'elles ne connaissent bien souvent pas très exactement. Elles se sentent globalement faibles, peu compétentes et se dévalorisent.

Ayant constamment peur d'être abandonnées, elles se cramponnent souvent à l'autre et lui sont soumises. Ces personnes se soumettent aux besoins des autres et n'expriment pour ainsi dire ni souhaits ni exigences propres. Elles veulent faire plaisir aux autres, sont exagérément serviables et assument avec plaisir les tâches désagréables. Leur peur est si grande que pratiquement tous les moyens de soumission leur conviennent.

Des hypothèses de base comme « Je suis incapable de me protéger moi-même » ou « J'ai besoin que quelqu'un me dise ce qu'il convient de faire » sont profondément ancrées en elles.

Les personnalités dépendantes jouissent d'une grande reconnaissance sur le plan social. On les considère comme fiables, elles sont là pour les autres et adoptent le plus souvent un comportement idoine. Pour l'exprimer autrement : elles ne génèrent que rarement des problèmes. Cela ne fait pas d'elles uniquement de « braves bourgeois », certains voient aussi en elles le partenaire de vie idéal. Elles arborent des caractéristiques très appréciables dès lors qu'il s'agit de lier un tiers à elles : elles font preuve d'une souplesse à toute épreuve, accomplissent toutes les tâches qu'on leur confie, prennent soin de leur partenaire – surtout dans l'espoir que l'on s'occupe avec amour d'elles-mêmes en retour et qu'on les prenne par la main. Lorsque c'est le cas, émerge alors une relation symbiotique, dans laquelle les besoins sont mutuellement satisfaits. De telles personnes mettent leurs propres besoins tout en bas de liste – ce que d'aucuns apprécient au sein de la relation.

Les personnalités dépendantes font bien sûr aussi quelque chose de bien pour elles-mêmes : ne voulant pas impressionner uniquement leur partenaire, mais également leurs professeurs et leur patron, elles aspirent à avoir de bons résultats. Cela ne leur pose aucun problème de demander de l'aide, et elles accordent une grande valeur à ceux qui les soutiennent. Elles ne tardent pas à consulter lorsqu'elles détectent chez elles un symptôme de maladie et suivent alors consciencieusement les consignes et les propositions de thérapie. Ce sont souvent des parents très attentifs et aimants.

La difficulté apparaît surtout chez elles lorsque l'investissement et le stress qu'elles s'imposent dans le but de se faire aimer deviennent trop lourds. Elles refoulent tellement leurs propres besoins qu'elles peuvent parfois développer un burn-out, une dépression ou des troubles psychosomatiques. Il est typique pour ces personnes de vouloir exercer un métier dans la santé ou assumer une tâche bénévole. Elles sont malheureusement souvent exploitées parce qu'elles ne remettent jamais les autres en question et sont toujours prêtes à aider. Leurs relations sont souvent problématiques. Tout le monde ne supporte pas forcément de se sentir ainsi cramponné. Certaines personnes prennent la fuite devant un tel comportement. Il se passe alors malheureusement exactement ce que la personne dépendante voulait à tout prix éviter : une séparation. Il n'est pas rare qu'elle s'investisse encore davantage dans la relation suivante. Le cycle reprend du début et la séparation intervient éventuellement encore plus tôt.

Les peurs de la séparation remontent souvent à l'enfance. On impose parfois trop tôt des séparations à certains enfants – ne serait-ce que de quelques heures. D'autres personnes ne considèrent pas comme fiable leur relation avec la personne de référence. Leur stratégie s'inspire alors du schéma suivant : « Pour que tes relations soient fiables, il faut te rendre indispensable et te subordonner. » Les personnalités dépendantes excluent en fait que quelqu'un puisse se tourner vers elles avec amour. Elles ont le sentiment de devoir créer de la solidarité et de l'amour en s'investissant énormément et en se soumettant.

Trouble de la personnalité anankastique obsessionnelle

C'est une grande chance pour la société qu'il y ait des anankastiques. Les anankastiques sont des êtres compulsifs, sans lesquels les centrales nucléaires, les logiciels ou les moyens de transport de passagers ne seraient pas forcément aussi fiables qu'ils le sont. Les anankastiques sont des personnes extrêmement consciencieuses, elles aiment le détail, la précision, et se tiennent à toutes les règles.

Ce sont des perfectionnistes qui ont un sens aigu de l'ordre. Un anankastique ne cherche jamais ses chaussettes dans tout son appartement. Chez lui, chaque chose a sa place : du papier toilette aux déclarations d'impôts. Il est organisé, efficace et est aussitôt là lorsque des amis ont besoin de son aide. Même si la sonorité est similaire : un trouble de la personnalité compulsive est autre chose qu'un « trouble obsessionnel compulsif » (voir chapitre III). Les personnes affectées par cette dernière forme de trouble souffrent de pensées ou d'actes obsessionnels. Un trouble de la personnalité compulsive sera plutôt caractérisé par une assiduité, un perfectionnisme, des doutes, une prudence et une rigidité de pensée excessifs.

Lorsqu'un anankastique trouve le travail qui coïncide exactement avec ses structures de personnalité, il est comblé : un ingénieur peut vivre son penchant pour la précision, un directeur de la qualité peut se livrer à des recherches de défauts, et en plus, il est payé pour cela. Les difficultés apparaissent lorsque l'anankastique se noie dans les détails et en perd des yeux la tâche initiale. C'est une tendance chez lui. C'est la raison pour laquelle soit il finit par beaucoup trop travailler, ce qui a un effet néfaste sur sa vie privée, soit il développe un « syndrome d'épuisement ». Il n'est pas rare qu'il souffre également de troubles du sommeil, parce qu'il cogite sur ses projets professionnels ou sur leur déroulement.

L'anankastique aurait naturellement une moindre charge de travail s'il déléguait certaines tâches, mais cela lui est très difficile, parce que personne ne peut les accomplir de manière satisfaisante à ses yeux et personne ne peut faire les choses aussi précisément et minutieusement que lui. Il préfère donc tout faire lui-même. Ses supérieurs hiérarchiques s'en réjouissent, mais pas forcément son ou sa partenaire qui l'attend en vain, parce qu'il s'est une fois de plus attardé au travail.

Un anankastique est toujours préparé pour l'avenir qu'il regarde généralement d'un œil critique et soucieux. Il met de côté des objets et de l'argent. Il a du mal à se séparer des objets et à dépenser de l'argent si ce n'est pas absolument nécessaire. Il est pingre. Si l'anankastique a du succès dans sa vie professionnelle, ce n'est bien souvent pas du tout le cas dans sa vie privée, notamment dans son couple. Ce qui est un atout pour son travail peut s'avérer être une catastrophe dans la vie commune.

Que le partenaire range le papier toilette au mauvais endroit, et l'anankastique pique une crise. Le torchon brûle rapidement dans le couple. Les standards de propreté doivent impérativement être respectés. L'anankastique n'a aucune tolérance pour les comportements négligés et encore moins pour le chaos. Sa rigidité le prive de sa joie de vivre et de sa spontanéité, ce qui peut, à long terme, nuire dans les contacts et les relations.

Si l'on se penche sur son passé, l'anankastique était, en tant qu'enfant, souvent exposé à une forte pression de conformité et confronté à des phrases comme « Fais ce que l'on te dit, et tout ira pour le mieux ! »

De telles choses font énormément peur à un enfant, et il n'a que peu de possibilités d'y échapper : soit il se rebelle, soit il s'adapte. Lorsque la rébellion est impossible – parce que trop dangereuse ou vaine –, il ne lui reste plus qu'à s'adapter. Cela aboutit même souvent à une adaptation excessive : afin d'être bien sûr de ne rien faire de mal, l'enfant intériorise une obéissance anticipée quant aux attentes de ses parents en termes de normes et de morale. On appelle cela « l'impuissance apprise ». Cette conformation rigide aux normes permet, plus tard, à la personne dotée d'une personnalité compulsive de satisfaire ses besoins de base de sécurité et de contrôle. Elle échappe ainsi au sentiment d'impuissance qu'elle ressent clairement lorsque des règles sont bafouées. Elle a un intense besoin de dénigrer celui qui ne respecte pas les normes et les valeurs.

Ses propres besoins et sentiments peuvent lui paraître si incontrôlables que l'anankastique tend à les refouler et à les atténuer. Il n'a, pour cette raison, souvent qu'un sentiment diffus de ce qu'il veut et nécessite réellement. Les autres le remarquent : le partenaire dans la vie d'une telle personne souffre souvent de son incapacité à exprimer ou montrer ses sentiments.

Dans le cadre d'une trop grande sollicitation ou d'une surcharge insupportable, les patients avec un trouble de la personnalité anankastique ne viennent bien souvent consulter qu'une fois leur couple séparé ou en raison d'une sérieuse souffrance physique. Bienheureux celui dont le médecin de famille établit un lien entre le corps et l'âme. Il n'est pas rare que ces patients restent « bloqués » dans des soins purement corporels qui peuvent aller jusqu'à l'hospitalisation. Les patients souffrent d'un grand épuisement, c'est-à-dire d'une faiblesse physique, liée à des troubles de la concentration et du sommeil. Ces symptômes sont souvent accompagnés de douleurs – notamment de maux de tête et de dos. Il n'est pas rare que les caractéristiques prononcées de la personnalité ne ressortent clairement qu'à l'occasion du traitement psychosomatique des affections corporelles.

Trouble de la personnalité histrionique

Le langage populaire utilise couramment une autre expression pour le trouble de la personnalité histrionique (du latin théâtral) : la *drama queen*. Bien que ce ne soit pas empiriquement avéré, on prête ce trouble surtout aux femmes. Ce que l'on appelle la « normalité » n'existe pas pour les personnes qui en souffrent. Il ne se passe visiblement dans leur vie que des événements excitants, et faire ses courses dans une épicerie équivaut déjà chez elles à être embarquées dans la plus folle des aventures.

L'histrionique raconte ses expériences vécues sur un ton extrêmement émotionnel, théâtral et exalté. Son public tombe le plus souvent sous le charme. Il obtient alors exactement ce dont il a excessivement besoin : l'attention des autres. L'accoutrement et la mise en scène de soi-même sont un autre moyen d'y parvenir. Les femmes histrioniques se donnent souvent énormément de peine pour se préparer. Elles s'habillent très sexy et excitant, ne serait-ce que pour aller acheter du pain.

Il se peut alors qu'elles ne reviennent pas juste avec un sac de petits pains, mais avec la vendeuse qui vient précisément de devenir sa meilleure amie. L'histrionique lie de nouvelles amitiés à une vitesse impressionnante : elle a immédiatement des atomes crochus avec le dentiste, les employés de la banque ou la nouvelle collègue. Elle perçoit toutefois ces relations pour nettement plus intimes qu'elles ne le sont réellement. Elle surinterprète le moindre signe d'accointance comme une proposition de relation intime. Elle flirte beaucoup et possède un vaste répertoire d'histoires dans lequel elle peut puiser – et là où elle se sent le mieux, c'est lorsqu'elle trouve un auditoire attentif. Mais son euphorie ne dure guère, même lorsqu'elle s'en trouve de la meilleure des humeurs : le caractère émotionnel de l'histrionique est très changeant.

Une broutille peut la faire sortir de ses gonds : par exemple lorsqu'elle ne sait pas quoi mettre. Mon rendez-vous aimera-t-il la robe noire ou la robe verte ? De telles questions la rendent folle – cela tient au fait qu'elle ne vit pas dans sa propre tête, mais dans celle de celui qui la juge. Elle est constamment en contact avec tout le monde, mais pas avec elle-même. Elle a l'énorme besoin de jouer un rôle important dans la vie d'un tiers. Elle n'a qu'une faible perception de ce qu'elle veut, aime ou sent. Elle ne sait pas quoi faire de sa peau lorsqu'elle est seule et s'ennuie horriblement. Les fêtes, le shopping et les rencontres constituent son programme de bien-être qui comble sa vacuité.

L'histrionique a une perception aiguë des atmosphères et ressent très bien les vibrations dans une situation. Que ce soit lors d'une partie, dans un cercle d'amis ou pour une fête de famille, elle sent souvent dès son arrivée si l'atmosphère est détendue, tendue ou belliqueuse – et elle a souvent raison.

Lorsqu'elle aime son interlocuteur ou si cela peut servir son image, elle peut sans problème se mettre en retrait. Mais lorsque le public approprié est là ou si elle en ressent un grand besoin, elle se lance rapidement dans un show. Les personnes qui se comportent ainsi ont souvent développé ces stratégies dans leur enfance. En présence d'un grand vide, elles ont eu la sensation de ne pas être considérées ou d'être laissées pour compte. De manière à satisfaire un peu cet important besoin, elles faisaient alors le clown, inventaient des histoires ou adoptaient un comportement étrange pour attirer l'attention. Le sentiment de devoir se battre pour attirer l'attention ne s'estompe pas tout simplement plus tard. Elles ne peuvent pas imaginer que quelqu'un se montre de lui-même affectueux ou attentif envers elles. Elles sont persuadées de devoir y mettre les moyens pour acquérir de l'importance et susciter l'intérêt. Une pensée les obsède : suis-je à cet instant la plus importante, me porte-t-on suffisamment d'intérêt ? Me démontre-t-on suffisamment d'attention ? M'écoute-t-on ? Suis-je belle ? Leur mantra est : « Je dois toujours être de bonne humeur, impressionner les autres, rester dans les mémoires. »

Elles s'investissent tellement dans leur rôle comportemental qu'elles n'en identifient pas et ne remplissent pas le rôle principal : le leur.

Trouble de la personnalité négativiste

Chacun de nous peut être de mauvaise humeur, critiquer les autres et les circonstances – se plaindre collectivement est le ciment de notre société. Mais c'est constamment le cas chez les personnes souffrant d'un trouble de la personnalité négativiste. Elles sont renfrognées et querelleuses. Elles se plaignent d'être dédaignées ou mal comprises par les autres et ont l'impression que le monde entier s'est ligué contre elles. Il n'est donc pas étonnant qu'elles fassent rapidement preuve de jalousie et d'envie envers les autres qui semblent avoir davantage de chance qu'elles. La grosse voiture du voisin, son appartement plus chic – elles perçoivent cela comme une injustice. Il ne leur arrive à elles-mêmes que des choses qu'elles ressentent comme néfastes et elles s'en plaignent souvent et beaucoup.

Leur colère se dirige souvent contre les pouvoirs publics. Elles sont convaincues que la plupart des supérieurs hiérarchiques, des professeurs, des maîtres de conférences et autres personnes occupant des postes importants sont des incapables. C'est la raison pour laquelle elles refusent souvent d'accomplir leurs devoirs sociaux ou professionnels. Pas directement, d'ailleurs, mais de manière passive-agressive, par exemple en accomplissant très lentement ou négligemment un travail. Ou alors, elles tendent à oublier ce qu'elles n'ont pas envie de faire. De même, elles n'expriment souvent pas directement leur colère ou leur fureur, mais indirectement, par le refus, l'entêtement et l'obstination. On appelle d'ailleurs aussi ce trouble le « trouble de la personnalité passive-agressive ».

Les patients souffrant de ce trouble ont souvent fait l'expérience d'une violation massive de leurs frontières. Leurs parents les régentaient, les surveillaient et leur imposaient des restrictions. Ils lisaient le journal intime ou les lettres de leurs enfants, les espionnaient ou s'immisçaient d'autres façons dans leur sphère intime. Ils utilisaient souvent – soi-disant pour des raisons d'éducation – les informations ainsi obtenues contre leurs enfants, en les dénigrant, les blessant ou les ridiculisant, ce qui peut particulièrement sérieusement secouer une âme d'enfant, car il s'agit là d'un manquement grave du besoin humain d'autonomie.

Les enfants n'étant pas encore à même – et n'ayant généralement pas la possibilité – d'exprimer correctement leur colère contre ces violations de leurs frontières, celle-ci prend souvent plus tard la forme d'une résistance passive, d'une posture de refus, de cynisme ou de dénigrement de l'autre.

Les patients concernés ne voulant plus jamais connaître ce sentiment de dénigrement, ils réagissent avec une sensibilité excessive à tout ce qui pourrait de nouveau l'engendrer. La plus insignifiante consigne peut être interprétée comme une violation de leur autodétermination et les faire se réfugier dans une posture de refus. Une simple phrase comme « Tu devrais absolument voir ce film ! » peut être vécue par les personnes souffrant d'un tel trouble de la personnalité comme une atteinte à leur autonomie.

Il est un autre schéma qu'ils ont profondément intégré : « On me traite injustement. » C'est la raison pour laquelle il leur est si difficile de ne pas envier aux autres des choses qui semblent leur échoir naturellement.

Trouble de la personnalité paranoïaque

La vie intérieure d'une personne avec un trouble de la personnalité paranoïaque est très pénible. Cette personne soupçonne en tous lieux la trahison et les mauvaises intentions. Elle est constamment aux aguets pour empêcher les autres de l'exploiter ou de lui faire du mal. Elle voit derrière ce que disent ou font les autres une signification cachée et est, de ce fait, constamment dans la méfiance. Elle est extrêmement rancunière et ne pardonne pas les insultes, les blessures et les vexations. Elle est toujours tendue et réagit promptement par la colère et l'agressivité lorsqu'elle fait ne serait-ce que subodorer une critique ou une offense. Elle en devient même soupçonneuse lorsqu'on s'adresse amicalement à elle. Elle inscrit aussitôt sur une liste noire les gens avec lesquels elle s'est disputée suite à une mauvaise interprétation de sa part.

Une telle personne ne révèle que peu de choses d'elle-même, car elle a peur qu'on les utilise à mauvais dessein contre elle. Elle doute même très fortement de la loyauté et de la fiabilité de ses amis et collègues. Elle soupçonne constamment son propre partenaire de la tromper ou de la duper.

Les personnes avec un trouble de la personnalité paranoïaque ont souvent vécu des violations massives de leurs frontières : elles ont été contrôlées, punies, dénigrées, souvent maltraitées physiquement. Elles ont, de ce fait, un désir particulièrement fort de satisfaire leurs besoins d'autonomie. Elles défendent leur territoire et entendent déterminer elles-mêmes leurs intérêts. Elles réagissent très émotivement, et parfois implacablement, à chaque manquement. Elles sont constamment escortées par ces convictions : « Je dois toujours être sur le qui-vive afin que personne ne vienne piétiner mon territoire », « Je ne peux me fier qu'à moi-même », « Les autres ne me veulent que du mal ».

La consommation de drogue et l'alcoolisme favorisent le développement de ce trouble. Il est souvent difficile de dire si les drogues et l'alcool sont à l'origine de cette altération croissante de la personnalité ou si cette personnalité marquée était déjà en place et que le désir de paix intérieure a, par la suite, entraîné cette consommation. Ces personnes sont souvent considérées par leur entourage comme des observateurs perspicaces, des gens énergiques et ambitieux. Mais leur caractère suspicieux et leurs préjugés les empêchent généralement d'avoir des relations stables et satisfaisantes avec d'autres. Elles restent souvent très solitaires dans leur climat de méfiance.

Trouble de la personnalité *borderline*

Plus la recherche sur le cerveau et la psychologie travaillent intensivement ensemble, plus le classement du trouble de la personnalité *borderline* évolue fortement. Les patients avec ce type de trouble sont des frontaliers émotionnels. Certains auteurs ne voient plus en lui le trouble classique de la personnalité tel qu'il fut observé pendant de nombreuses années. Depuis peu, la psychologie en vient à le considérer comme un « trouble hybride de la personnalité » – c'est-à-dire un trouble qui n'émerge pas des hypothèses de base et des stratégies d'action d'une personne, mais qui apparaît davantage à travers un mélange de neurobiologie et de comportement.

Peut-être en va-t-il de même des autres troubles de la personnalité, mais les cerveaux des personnes avec un style anxieux-évitant ne sont tout simplement pas si souvent examinés sur un plan neurologique. Un grand nombre d'études sur les patients *borderline* montrent par contre très clairement que leur cerveau travaille selon une méthode très spéciale : la région du cerveau responsable avant tout de l'évaluation des images, des mots et des visages négatifs réagit plus fortement chez eux. Le système de sérotonine est également souvent modifié chez eux, et le cortex préfrontal, moins actif – les deux systèmes jouent toutefois un rôle clé dans la régulation des sentiments. Ceci pourrait expliquer les émotions extrêmes de ces patients.

La peur excessive d'être refoulées ou abandonnées est une caractéristique typique des personnes concernées. Ce n'est pas le cas uniquement chez l'un de mes patients, mais chez la plupart des patients *borderline*. Et cela se recoupe avec les résultats des processus d'imagerie : ils montrent que le cerveau de ces patients réagit réellement plus fortement aux exclusions et donne l'alerte même pour des situations en soi totalement inoffensives. Le *borderline* interprète comme de la colère ou de la tristesse des expressions de visage neutres ou joyeuses, et il prend rapidement pour lui des sentiments exprimés par des tiers, même s'il n'a rien affaire avec eux.

Des broutilles peuvent déjà provoquer chez lui une grande peur, de la culpabilité, de la honte, de la colère ou une haine prononcée de soi. Toutes ces émotions se superposent et se renforcent alors mutuellement. Les patients *borderline* se mettent ainsi dans un état extrême : ne pouvant plus réellement classer un seul des sentiments qui les submergent simultanément, ils se mettent dans un état de tension diffuse qui s'exprime assez souvent somatiquement sous forme de douleurs physiques. Ils disposent souvent, en outre, de trop faibles capacités pour gérer cet état[32].

Lorsque nous avons affaire à des tiers, il est important de pouvoir évaluer et contrôler nos sentiments. Nous pouvons généralement influer sur le fait que quelqu'un ne nous approche pas trop ou, au contraire, d'avoir une plus grande proximité si nous le souhaitons. Nous gérons les conflits et tentons de surmonter les déceptions et les rejets. Toutes ces situations dépassent constamment le patient avec un trouble *borderline.*

Menaces de suicide ou actes suicidaires récurrents, automutilations, consommation excessive d'alcool ou de drogue, accès incontrôlé de boulimie ou comportements sexuels expressifs risqués envers des personnes qu'il ne connaît qu'à peine sont souvent des tentatives de compensation pour atténuer ou faire infléchir ses sentiments.

L'entourage de la personne concernée étant le plus souvent déjà incapable d'identifier le déclencheur de cette situation, il est généralement complètement désemparé et impuissant face à ses réactions. L'entourage d'un patient *borderline* souffre généralement énormément. Toute personne de son entourage immédiat peut être extrêmement idéalisée, pour être, quelques minutes plus tard seulement, extrêmement dénigrée.

Les patients *borderline* tendent à adopter un comportement dit « de test relationnel » : ils mettent constamment leurs partenaires à l'épreuve. Lorsque la patiente du cas ci-contre sait que son ami a depuis longtemps prévu de sortir avec de vieux copains d'école et qu'il s'en réjouit, elle lui demande : « Tu restes à la maison, ce soir ? Je ne me sens pas bien. » C'est la fosse des Mariannes qui s'ouvre constamment devant elle. « S'il se décide *pour eux,* cela signifie automatiquement *contre moi.* » La confrontation qui suit est tout aussi injustifiée que le sentiment lui-même. Le doute de soi, la détresse, la colère et la tristesse la submergent. La seule chose qui l'aide encore à ce stade est de rompre le contact afin de préserver un peu du sentiment de contrôle. Le *borderline* entend ainsi punir son partenaire, mais c'est, en fait, à lui-même qu'il fait du mal.

Cas d'étude : *borderline*

Lors du premier entretien, la patiente (26 ans) montra déjà clairement une importante détresse psychique. Elle pleurait, vitupérait, pestait et pleurait de nouveau. Elle était tellement sous l'emprise de ses émotions qu'elle n'était pas en mesure d'exprimer verbalement ses préoccupations réelles. Elle se calma progressivement et exposa sa grande angoisse d'être délaissée, dénigrée ou offensée – notamment au sein de sa relation.

La séparation était très récente, elle y avait elle-même contribué et avait incité son ami à se séparer d'elle, bien qu'elle ne l'ait pas réellement souhaité. Elle avait espéré qu'il l'aimerait suffisamment. Elle se mettait souvent en colère. Lorsqu'elle ne pouvait plus supporter ces sentiments, elle s'entaillait la cuisse. Cela la soulageait et l'apaisait. Elle avait parfois l'impression d'être dans un film dont elle ne parvenait pas à s'extraire. Elle remarquait comment elle fonçait droit dans le mur ainsi, mais était incapable de s'arrêter.

Elle avait jeté les affaires de son ami par la fenêtre dans la rue – et ce n'était pas la première fois. Ce devait être environ la septième en deux ans de vie commune. C'était chaque fois la même chose : d'abord, la grosse engueulade, puis la rupture, un peu plus tard, une magnifique réconciliation sur l'oreiller, avec pleins de promesses mutuelles à la clé – et pourtant, bientôt se produisait le drame suivant.

Elle s'insultait ensuite elle-même, se frappait parfois, avait des idées de suicide qu'elle confiait à son partenaire. Elle était très vite blessée, et ses réactions étaient toujours très violentes.

La patiente décrivit les situations typiques qui donnaient lieu à de telles scènes : lorsque son ami voulait passer la soirée avec ses copains, et pas avec elle ; lorsqu'elle avait fait la cuisine, et qu'il n'avait pas très faim ; lorsqu'il allait au foot et ne voulait pas qu'elle l'accompagne. Elle doutait alors énormément de son amour. Il arrivait que des tasses et des assiettes volent à travers la pièce, et de graves insultes, également. Une fois, elle l'avait menacé avec un couteau. Elle ne lui aurait pourtant jamais fait de mal.

Elle attendait du traitement qu'elle se maîtrise mieux par la suite, qu'elle cesse de penser au pire et ne se sente plus constamment attaquée.

Données biographiques

La patiente est l'aînée de quatre enfants. Ses parents, des professeurs, sont stricts. Elle a dû, très jeune, s'occuper de ses frères et sœurs, en avait été récompensée par des compliments et de la reconnaissance. Ses parents sont gentils et protecteurs. Elle avait eu quelques amies, mais peu de temps pour des rencontres. Dans son souvenir, la maternelle et le primaire sont de belles périodes apaisées.

Les débuts au lycée s'étaient également bien passés. Ils avaient déménagé alors que la patiente avait 13 ans. Elle n'avait pas pris conscience du tout de la nouvelle classe. Elle était alors toute seule et ne s'était pas fait de nouveaux amis. Ses parents n'avaient pas pris le problème au sérieux, ils avaient dit que ce n'était comme cela qu'au début et qu'elle devait aller vers les autres. Elle s'était donné la peine de le faire, avait été exclue et harcelée. Elle avait mal au ventre chaque matin et la diarrhée pendant la journée, et on se moquait d'elle pour cela. Au cours de la troisième, des filles l'avaient « interceptée » aux toilettes du collège, l'avaient insultée, lui avait craché dessus, et, un jour, elles lui avaient enfoncé la tête dans les toilettes. Elle avait eu la peur de sa vie, n'avait pas osé se défendre et s'était laissé totalement faire.

Ses parents ne l'avaient pas crue et ils lui avaient reproché d'exagérer, disant qu'on ne devait pas raconter de telles histoires. Elle avait tenu le coup, bon an mal an, jusqu'au brevet et avait, par la suite, commencé une formation. Elle aurait autrefois aimé étudier la médecine et était maintenant infirmière en gériatrie.

Elle avait eu son premier petit copain vers 17 ans. Il l'avait juste utilisée, abusée, puis l'avait laissé tomber. Elle avait toujours connu des hommes qui ne la traitaient pas correctement, mais ne comprenait pas pourquoi elle n'en trouverait pas un qui l'aimerait. Elle se croyait dénuée de charme, elle en ressentait de la tristesse et du désespoir. Elle avait espéré épouser son petit copain actuel et être enfin heureuse. Mais lui aussi la traitait mal.

Psychopathologie

Lorsqu'elle se présente pour le premier entretien, la jeune fille est ostensiblement habillée à la mode. Elle donne l'impression d'être superficielle – en façade, tout va bien, mais c'est sous le vernis que se cachent ses réelles émotions et détresses. Elle s'adresse à moi amicalement, mais est méfiante. Des émotions comme la tristesse, le désespoir et la colère se révèlent au cours de l'exploration. Elle manque clairement de régulateurs. La patiente explique avec force mots et gestes des situations différentes. Elle donne l'impression de se trouver chaque fois de nouveau dans la situation et de ne pas pouvoir s'en distancier temporellement.

Haute affectibilité, avec colère, tristesse et impuissance. La patiente prend crédiblement ses distances avec les pensées suicidaires. On conclut sur papier un contrat anti-suicide. Anamnèse concernant l'alcool et la drogue : vide.

Analyse comportementale

La patiente est certes née dans une famille où l'on s'occupe d'elle avec sollicitude, mais ses besoins n'étaient ni réellement perçus ni pris au sérieux. Les trois cadets représentaient une menace pour sa position dominante qui pouvait mettre en danger leurs liens. Le fait d'assumer le rôle des parents la renforçait certes dans sa position, mais signifiait également qu'elle devait faire passer ses propres besoins après ceux de ses frères et sœurs.
Les événements dramatiques et traumatisants à l'école – la dévalorisation, l'exclusion et l'expérience de la violence – l'ont convaincue qu'elle était livrée à l'arbitraire et à l'impuissance, qu'elle ne méritait pas d'être traitée avec respect et qu'elle ne pouvait, ni n'avait le droit, de se défendre. Le fait de ne pas avoir été prise au sérieux par ses parents constitua la base à partir de laquelle elle considéra les relations comme fondamentalement dommageables, arbitraires, non fiables et non protectrices.
Le manque de protection de la part des parents constitue la plus grande et la plus grave déception dans la relation. La patiente fut, dès lors, convaincue d'être une victime. Son corps réagit à ses expériences vécues par une forme d'adaptation, dans le sens de la prudence. Son niveau de tension lui indique qu'elle doit être « sur le qui-vive ». Pour des raisons probables d'autoprotection, elle s'attache principalement aux dévalorisations et aux affronts et cherche par-dessus tout à confirmer sa propre conviction : « Je ne vaux pas la peine d'être aimée. »
Elle présente une grande susceptibilité et n'est pas parvenue à développer la moindre tolérance à la frustration. Les

sentiments qui la submergent façonnent le caractère impulsif auquel la patiente doit aussitôt laisser libre cours pour réguler sa tension. Si cela lui est impossible, elle se défoule en s'entaillant les cuisses ou les hanches. Les menaces de suicide représentent, d'une part, un facteur de liaison, mais expriment, d'autre part, le souhait de trouver la paix et d'enfin ne plus se sentir dans cette situation d'impuissance.
Le surmenage émotionnel constitue un mélange incalculable de sentiments que la patiente elle-même ne parvient pas à contrôler. Lorsque le processus d'autodestruction engendré par les offenses se met en route, il doit être mené à son terme. Elle ne peut, à ce jour, garantir ne pas faire une tentative de suicide qu'en s'entaillant elle-même les chairs.

Sur le plan comportemental, il est clair que la patiente ne dispose que de peu de stratégies, qui plus est inappropriées, pour gérer le traumatisme, le stress et les offenses. Celles-ci constituent un cercle vicieux qui ne cesse de se mettre mutuellement en action avec la conviction que « Je ne mérite pas d'être aimée – Je ne vaux rien – Tout le monde m'abandonne ».

Si l'on explore la biographie des patients *borderline*, on y découvre dans pratiquement tous les cas des détails aussi extrêmes qu'horribles. On y trouve très souvent des expériences de violences sexuelles (65 % des cas) et/ou de violences physiques (60 %) et de négligences (40 %). Il n'est pas rare que pratiquement tous les besoins de base de ces personnes aient été totalement ignorés : sécurité, contrôle, lien et estime de soi.

On sait aujourd'hui que des expériences aussi massives peuvent entraîner des modifications concrètes dans le cerveau. Malgré cela, un grand dilemme actuel ressort maintenant clairement quant au trouble de la personnalité *borderline* : qu'est-ce qui conditionne quoi ?

Quelle que soit la raison pour laquelle certaines zones du cerveau fonctionnent autrement chez ces patients que chez les personnes saines : elles peuvent être ramenées à la normale. Il existe de nouvelles thérapies spécifiquement adaptées à ce trouble. Les plus importantes sont actuellement la « thérapie comportementale dialectique » (TCD), selon Marsha Linehan, et la thérapie basée sur la mentalisation, selon Anthony Bateman et Peter Fonagy. Le succès et l'effet de la TCD ont été les plus avérés en Allemagne.

Il existe, en outre, une forme spéciale de la TCD pour les personnes souffrant d'un trouble post-traumatique. Elle repose sur la thérapie comportementale et a pour point fort un grand nombre d'exercices d'acceptation et d'attention. Les patients apprennent pas à pas à prendre conscience de leurs émotions, à les nommer et à les réguler.

Lorsque tout semble en ordre pour les personnes concernées

Bien que le cas se présente si souvent, personne n'a encore jamais toqué à ma porte en disant : « Je crois avoir un trouble de la personnalité, vous pourriez m'aider, s'il vous plaît ? » Cela tient au fait qu'en règle générale personne ne soupçonne le moins du monde avoir un trouble de la personnalité. Ce trouble a, en effet, une singularité très spécifique. C'est un moi « syntone ». C'est-à-dire que la personne le trouve totalement harmonieux et en accord avec elle-même. Et c'est un cas plutôt unique parmi les profils de troubles.

Sous certains aspects, les maladies psychiques ne se différencient pas tant que ça des maladies physiques : par exemple, parce qu'on les remarque. Toute personne ayant attrapé une bronchite ou s'étant cassé un orteil s'en rend compte. Si des anxiétés vous dominent ou si vous tombez en dépression, vous en souffrez et le remarquez très clairement : « Quelque chose ne colle pas chez moi. » C'est ce que l'on appelle le vécu du moi « dystone », et on entend par là que la personne vit sa souffrance comme quelque chose d'étranger et de gênant en elle. On le reconnaît au fait que les personnes avec un moi dystone pensent : « Je ne me comprends pas du tout », « Je veux m'en débarrasser », « Normalement, je ne suis pas comme ça ».

C'est différent en cas de trouble de la personnalité. Celui-ci fait tellement partie de la personne concernée qu'elle ne se doute absolument pas que quelque chose pourrait ne pas coller chez elle. Elle ne prend conscience sur elle-même d'aucun trouble et se trouve totalement normale. Comment serait-ce possible autrement ? Ce sont ses propres stratégies qu'elle a assimilées et elles sont devenues ses stratégies parce qu'elles étaient, pour elle, une solution satisfaisante qui fonctionne. Elles font partie d'elle-même – depuis nombre d'années déjà.

La plupart des personnes concernées ne souffrent souvent pas directement de leur trouble de la personnalité, mais elles n'en deviennent pas moins très souvent malades psychiquement. Les troubles de la personnalité sont comme un terreau pour d'autres maladies psychiques : les personnes atteintes peuvent devenir dépressives ou compulsives, ou encore travailler jusqu'à présenter un syndrome d'épuisement parce qu'elles se sacrifient ou tentent de compenser un schéma d'échec. C'est la raison pour laquelle il est très important de s'assurer, dans un premier temps, que derrière ces symptômes ne se dissimule pas un trouble de la personnalité. Cela doit, en effet, être impérativement pris en compte lors de la mise en place du traitement.

Si l'on ne détecte aucun signe négatif chez elles, les personnes concernées suivent une thérapie parce qu'elles sont constamment en conflit social. Elles sont toujours confrontées aux mêmes problèmes relationnels, mais sont persuadées que la faute est chez les autres. Des patrons narcissiques, par exemple, demandent des coachings parce qu'ils souhaitent étiqueter leurs collaborateurs récalcitrants. Ou un anankastique veut savoir comment il pourrait imposer à sa femme de devenir enfin aussi ordonnée que lui, condition pour que le couple puisse continuer à fonctionner.

Les personnes avec des troubles de la personnalité sont quasiment – voire totalement – incapables de reconnaître leur propre contribution aux problèmes. Après un troisième divorce, toujours pour les mêmes raisons, elles peuvent se marier une quatrième fois avant de se dire enfin : « Hum, et si ça venait aussi de moi ? »

Un fait est avéré : si chacun de nous vivait pour lui-même sur une île déserte, on n'établirait jamais de diagnostic de trouble de la personnalité. Un anankastique pourrait créer un ordre qui ne gênerait personne et imposer des règles qui ne blesseraient personne. Le narcissique serait, de toute façon, le plus grand, et personne ne le critiquerait. OK, le public lui manquerait certainement. Mais d'une manière générale, les troubles de la personnalité ne se révèlent que dans le contexte social, dans les relations avec les autres. Depuis ces dernières années, la psychologie tend à considérer les troubles de la personnalité comme des troubles relationnels. Certaines personnes concernées viennent plus tôt, d'autres plus tard, en raison de leur participation dominante aux conflits. D'autres ne viennent jamais. En effet, la vie d'une telle personne peut très bien fonctionner malgré son trouble de la personnalité, parce qu'elle atterrit dans un environnement idéal pour elle.

Les troubles de la personnalité peuvent être le fondement de grands talents respectés.

Un comédien ou une personnalité politique sont par nature souvent sous les feux de la rampe. Il faut en être capable – les narcissiques, par exemple, le peuvent très bien, et de tels métiers sont pour eux la scène idéale. Une personne avec un trouble de la personnalité anxieux-manque d'assurance en soi, par contre, vit mille morts à la seule idée de devoir faire une présentation au cours d'une réunion. Une personne avec un style de personnalité compulsif travaille peut-être dans une centrale nucléaire, et la population peut lui être reconnaissante de vérifier X fois chacun des standards de sécurité. Et chaque patient peut vivement souhaiter être opéré par un chirurgien anankastique qui accorde une extrême valeur à la précision et à la méticulosité. Sa femme trouvera l'expérience nettement moins enrichissante lorsque le torchon brûlera de nouveau entre eux parce qu'elle aura attaqué la motte de beurre par le dessus et non sur le côté.

Alors que la personne avec un trouble de la personnalité a la sensation de tout faire correctement, elle fait tourner les autres en bourrique. Elle a très souvent des conflits avec les membres de sa famille, ses employeurs et ses collègues, ainsi qu'avec des personnes rencontrées occasionnellement. Et il lui est impossible de reconnaître sa contribution aux conflits, même si elle fait toujours les mêmes expériences, avec toujours les mêmes retours. La phase la plus difficile de la thérapie commence lorsque le temps est venu de comparer ses propres perceptions avec celles des autres. Le patient commence le plus souvent par nier véhémentement sa propre contribution aux problèmes.

Son vécu de moi syntone fait qu'il lui est très difficile d'évoquer avec un tiers sa contribution potentielle à certains problèmes. Le partenaire, les collègues et les amis le savent vraisemblablement très bien. L'approche des troubles « invisibles » est souvent très frustrante – et il en va de même pour les thérapeutes. Le traitement requiert beaucoup de patience, de soutien et de sensibilité.

Quand Trouble devient ressource

La plupart des gens ont du mal à supporter la révélation de leur « trouble de la personnalité ». Cela ne concerne en effet pas seulement un aspect partiel de leur personnalité, mais son intégralité. Qui souhaite déjà entendre que toute sa personnalité – donc ce qui fait ce que l'on est – n'est pas conforme mais perturbée ? Le patient vit souvent ce diagnostic comme un stigmate, et cela lui pose des problèmes supplémentaires, parce qu'il trouve cela discriminant.

L'approche des traitements est actuellement en pleine évolution. Les nouvelles thérapies ont une approche plus valorisante du trouble de la personnalité, qu'elles ne considèrent plus comme autrefois sous un angle principalement pathologique, mais pour ce qu'il est, en fait : la solution qu'un enfant a mise en œuvre parce qu'il était exposé à des situations de relations et d'interactions difficiles et qu'il a tenté de composer avec ces problèmes. L'enfant a ainsi créé des ressources pour survivre. Et les patients ne sont parfois pas à même de mettre en œuvre ces ressources de manière constructive.

On considérait autrefois les troubles de la personnalité comme pratiquement irréversibles. On en sait heureusement davantage aujourd'hui, également grâce à des thérapies qui furent mises au point précisément pour ces troubles, comme, par exemple, lesdites « thérapies de schéma ». Les personnes avec un trouble de la personnalité ont, en effet, également le potentiel pour se changer. Elles peuvent même transformer en une vertu ce qui leur pose aujourd'hui problème.

On devrait considérer les troubles de la personnalité pour ce qu'ils sont : une façon individuelle de réagir à des besoins de base insatisfaits et de créer de la consistance pour notre âme et son besoin d'harmonie.

Il existe encore une autre façon de le faire, et nous la mettons en œuvre jour après jour. Nous refoulons.

CHAPITRE III

Le cas de maladie

Lorsque l'âme devient un problème

Les stratégies de l'âme

Les mécanismes de défense : quand ne doit pas être ce qui n'a pas le droit d'être

Une grossesse dure quarante semaines, les premières semaines avec des nausées, bébé qui bouge dans le ventre à partir de la 17e semaine, et de plus en plus au fil des mois. Le ventre s'arrondit visiblement. En moyenne, une femme prend 13 kg pendant sa grossesse. Il serait en fait impossible de ne pas remarquer une grossesse – et cela se produit pourtant de temps à autre. Environ 1 grossesse sur 2500 n'est pas détectée avant l'accouchement. Plusieurs fois par an, une femme se rend chez le médecin, en Allemagne, pour de violents maux de ventre et se retrouve quelques heures plus tard, totalement perplexe, avec un bébé dans les bras. Un journal s'empare parfois de cette histoire, et la majorité des gens se demandent alors avec stupéfaction : comment cela est-il seulement possible ?

La réponse est simple : exactement comme cela nous arrive, à nous tous, jour après jour.

Un SDF devant lequel nous passons à la gare, le journal télévisé et ses horribles nouvelles, la vieille dame qui fouille les poubelles en quête de bouteilles consignées, le label « Made in Bangladesh » de notre nouveau T-shirt – tout cela, nous le voyons et nous savons exactement ce que cela signifie, mais nous en refoulons automatiquement les pires détails. Le monde est parfois difficile à supporter tel qu'il est, et, sans notre capacité de refoulement, nous dépéririons rapidement. Le refoulement est un mécanisme de survie.

Il existe un autre moyen de créer de la consistance psychique. Si nous ne parvenons pas à régler une situation qui nous est désagréable à l'aide des stratégies dont nous disposons, nous tentons de le faire en l'ignorant : nous faisons comme si le problème n'existait pas. Nous le faisons généralement inconsciemment, dans le sens de la mission la plus profondément biologique de l'âme qui veut nous protéger de cette manière : elle entend maintenir ainsi à distance de notre conscience ce que nous vivons comme une menace.

Depuis que les psychologues se penchent sur l'âme, ils se penchent sur le refoulement. Le refoulement était déjà un élément central de la psychanalyse chez Freud, et Anna, sa fille, s'y consacra également plus tard. Un grand nombre de ses théories ont encore cours de nos jours. Anna ne voyait d'ailleurs dans le refoulement que l'un des nombreux mécanismes de défense que nous utilisons constamment sous diverses formes.

Il y a, par exemple, la « projection », que nous utilisons sans cesse : chacun de nous a des caractéristiques et des comportements qui ne sont pas particulièrement brillants. Mais du fait que, pour satisfaire notre besoin de base de surestimation de notre propre valeur, nous voulons toujours nous trouver bien, nous avons souvent inconsciemment recours à une astuce : nous projetons tout simplement sur les autres ce qui nous est désagréable. Nous leur attribuons tout ce que nous trouvons complètement idiot ou inconciliable avec nous. Ce sont toujours les autres qui ne sont pas fiables, qui sont jaloux, inhibés, lunatiques ou excessifs – et cette pensée nous fait, dans un premier temps, du bien. L'âme fait tout cela très bien, mais il n'y en a pas moins une bonne part d'illusion là-dedans.

La projection nous prive, en outre, d'une immense chance : nous n'apprenons ainsi jamais à nous connaître – avec toutes nos caractéristiques peut-être pas si louables. Elles sont pourtant souvent passionnantes et pas aussi problématiques que nous le pensons. Chaque personne que nous n'aimons pas et qui fait quelque chose que nous dénigrons ou condamnons nous offre en principe l'opportunité de nous questionner sur l'origine de notre aversion. Peut-être condamnons-nous quelqu'un comme étant trop impulsif alors que nous nous souhaiterions pour nous-mêmes davantage de spontanéité. Ou quelqu'un nous énerve parce qu'il est trop extraverti et, en réalité, nous souhaiterions être nous-mêmes parfois aussi désinhibés.

Nos jugements sur les autres tournent parfois tout simplement autour de caractéristiques ou de capacités que nous aurions volontiers nous-mêmes. Ou alors, nous voyons chez nos congénères des caractéristiques que nous n'aimons pas, mais que nous possédons nous-mêmes. Par contre, nous ne les rejetons que chez l'autre. Cela nous donne la possibilité de ne pas devoir observer notre propre comportement. Il est passionnant de voir tout ce qui ressort chez nous lorsque nous regardons avec acuité les raisons pour lesquelles nous jugeons ou condamnons un tiers. Cela a, en général, davantage affaire avec nous-mêmes que nous ne le pensons.

Une autre voie que nous choisissons souvent, notamment lors de crises psychiques, est le déni. Contrairement au refoulement, nous ne nous contentons alors pas de masquer les choses, nous voulons bien davantage ne pas en prendre conscience. Cela arrive souvent suite à un divorce ou à la fin d'une relation. Une telle expérience est si douloureuse que certaines personnes ne parviennent parfois pas à l'accepter et à s'adapter à la nouvelle situation. Au lieu de cela, elles parviennent parfois à se convaincre que la relation va bientôt se renouer. Certaines d'entre elles peuvent en être tellement convaincues qu'elles commencent à harceler ou menacer leur ex-partenaire.

La dissonance cognitive

Il existe encore une autre méthode très répandue : la justification. Elle nous aide notamment lorsque nous nous trouvons face à un conflit que les psychologues appellent également la « dissonance cognitive ». Nous sommes sans cesse confrontés à ce genre de conflit : nous ne voulons plus manger autant de sucreries, mais nous avons une envie folle de manger un gâteau au chocolat. Nous devons faire notre déclaration d'impôt, mais le soleil brille dehors et nous préférerions aller à la piscine. Nous sommes végétaliens et tombons amoureux de quelqu'un qui adore la viande bien saignante.

Dans ces trois cas, nous avons un réel problème : dans notre tête, deux choses inconciliables se battent pour la suprématie. Et comme d'habitude, notre cerveau n'aime absolument pas cela. La dissonance cognitive est un état que nous ne supportons pas longtemps, raison pour laquelle notre âme tente d'entreprendre quelque chose pour apaiser la tension[33]. Elle ne peut, en fait, y parvenir qu'en tentant de résoudre très rapidement la contradiction. Par exemple, en enjolivant l'un de nos buts et en dénigrant l'autre. Nous nous disons par exemple : « Et alors, je réduirai ma consommation de sucre à partir de demain ! » « Si les conditions d'abattage sont bonnes et que le steak provient d'un animal heureux, pourquoi pas ?! » Nous sommes prêts à jeter aux orties nos propres convictions et valeurs pour sortir d'un état de dissonance cognitive.

Chacun de nous connaît vraisemblablement le mécanisme suivant de refoulement, du moins sa variante *light* appelée également « légère transe quotidienne ». Lorsque nous conduisons sur l'autoroute, il nous arrive parfois de nous perdre dans nos pensées ou d'avoir une discussion animée avec un passager. À un moment quelconque, nous nous rendons compte que nous avons fait des dizaines de kilomètres sans être réellement présents derrière le volant. Nous avons passé les vitesses, mis le clignotant et pris la bonne sortie, mais nous ne souvenons pour ainsi dire pas des détails du trajet, car nous avons parcouru le trajet comme automatiquement.

Le même mécanisme se met en route avec les choses récurrentes ou monotones. Chez les gens qui travaillent à la chaîne, par exemple, leur esprit s'évade très souvent afin d'échapper à cette situation monotone et pesante. Une variante extrême de ce mécanisme entre en action lorsque la situation devient insupportable ou potentiellement mortelle : la « dissociation », vraisemblablement la forme la plus puissante de défense dont dispose l'être humain. Au milieu d'une situation horrible, certaines personnes ont parfois la sensation de sortir de leur propre corps. Des femmes qui ont été violées décrivent souvent, par exemple, une totale séparation de leur moi avec leur corps dans les moments de très grande détresse.

Ce n'est pas un hasard si « dissociation » exprime précisément le contraire d'« association ». Association signifie « lien », dissociation signifie « partition », dans ce cas précis, partition entre le corps et l'âme. Il est normalement impossible de désaccoupler ces deux plans. Personne ne serait capable de le faire volontairement. Mais ce mécanisme se met de lui-même en œuvre dans des situations si horribles que l'être humain serait incapable de les supporter psychiquement. C'est à ce point remarquable qu'il n'est absolument pas exagéré de le considérer comme un processus bienveillant, comme une ultime fonction de protection de l'âme qui veut nous aider à surmonter un événement traumatique.

Le problème suivant apparaît par contre souvent : la dissociation peut certes nous aider à surmonter une horrible situation, mais, sur le long terme, cette partition ressentie rend particulièrement difficile le travail de l'événement en question. Il demeure difficilement accessible à la conscience, des détails isolés remontent soudain jusqu'à elle, souvent uniquement par fragments. L'événement n'en agit pas moins dans sa globalité sur l'ensemble de l'organisme et il engendre très souvent un trouble post-traumatique (voir chapitre III).

Un grand nombre de gens vivent, de nombreuses années, dans une variante modérée de la dissociation. Ils ne sentent pour ainsi dire plus leur corps ou uniquement quand il est douloureux. On retrouve ce mécanisme derrière moult troubles psychiques et psychosomatiques.

La volonté : lorsqu'elle est bonne, lorsqu'elle nuit

D'une manière générale, nos mécanismes de défense se mettent en œuvre inconsciemment et automatiquement. Mais il existe également une forme du refoulement qui se manifeste volontairement et très sciemment. On ne l'appelle d'ailleurs pas le « refoulement », mais la « concentration » – ou, plus simplement aussi : notre « volonté ». C'est la capacité humaine à gérer son attention de manière sélective et dirigée.

Lorsque nous décidons de faire quelque chose de très important pour nous, nous portons pleinement notre attention sur tout ce qui est nécessaire pour atteindre notre but. On prétend qu'il n'a jamais été aussi difficile que maintenant de rester concentrés parce que nous sommes cernés par les diversions : Facebook, News Alerts et les messageries instantanées ne cessent de sonner et vibrer.

Au plus profond de nous existe un niveau qui se met volontiers en quête de la moindre bouchée. Le génial blogueur américain Tim Urban désigne cela sous les termes d'*Instant Gratification Monkey*, la récompense instantanée du singe. Il l'appelle ainsi parce que c'est exactement ce que veut le singe : tout ce qui est agréable et demande peu d'effort. Tout ce qui équivaut à une récompense – et ce, immédiatement. Ce singe veut le casse-croûte, le prochain café, le tout dernier tweet, la vidéo en vogue, il veut pouvoir « googler » ou poster une contribution sur son téléphone portable, parce que c'est ce qui lui passe par la tête à cet instant.

L'être humain peut lutter contre ses impulsions. Des fois plus, des fois moins, mais il possède fondamentalement la capacité de refouler activement tout ce qui pourrait le gêner dans son projet original. Si nous le voulons, nous pouvons refuser activement l'accès à l'input que nous recevons constamment de notre environnement. Nous ne devons pas cliquer sur la bannière publicitaire ou la *timeline*, si nous voulons absolument mener à terme notre projet. Nous l'appliquons toutefois souvent aux signaux que nous envoie notre âme pour attirer notre attention. Elle aussi veut très souvent attirer notre attention, mais nous la déconnectons parfois sciemment, tout simplement.

Cela nous est, de temps à autre, nécessaire et peut par exemple aider un pilote à terminer un vol long-courrier jusqu'au Venezuela alors qu'il est profondément déstabilisé parce que sa femme lui a annoncé peu avant le décollage son intention de divorcer. Le médecin et gourou du fitness Ulrich Strunz participa d'un bout à l'autre à un triathlon avec un tibia cassé « sans ressentir la douleur », dit-il. Nous autres, les êtres humains, nous pouvons nous identifier à un tel point avec un but que nous mobilisons toute notre concentration pour le poursuivre et le mener à bien. Si nous ne le pouvions pas, nous passerions sans cesse d'une chose à l'autre au gré de nos impulsions.

S'il existe une différence entre l'homme et l'animal, c'est bien celle qui nous permet de persévérer de manière très planifiée même dans les conditions les plus terribles et les plus dangereuses pour notre vie. Renvoyer à sa place le singe en quête de récompenses, prendre un pas de recul, voir la situation dans sa globalité, élaborer un plan puis le réaliser. Quelle admirable capacité !

Et maintenant, la contrepartie : toute forme de refoulement a, sur le court terme, une justification et un avantage. C'est elle, en fin de compte, qui nous permet de traverser des situations difficiles. Il en émerge toutefois sur le long terme un problème et un risque. Nous refoulons parfois de notre conscience des choses avec lesquelles nous ferions mieux de nous confronter pour notre bien-être. Au lieu de cela, nous nous concentrons tellement sur notre tâche que nous en oublions totalement la compensation – c'est-à-dire nous-mêmes – et que nous travaillons jusqu'à l'épuisement. Nous pouvons nier avoir été quittés après un divorce, mais cela ne change rien à l'affaire. Nous ne faisons par ailleurs que repousser le processus pour maîtriser la situation. Nous pouvons nous convaincre que nous faisons bien de manger de la viande pour préserver notre couple, mais la petite voix intérieure persiste, qui nous dit que nous trahissons nos valeurs.

Elles s'estompent parfois pour quelques instants, mais ne cessent jamais d'influer sur nous. Elles, les petites offenses qui bouillonnent au fin fond de nous. Qui n'a pas connu une telle situation : quelqu'un nous a offensés et nous en sommes horriblement vexés. Huit heures plus tard, la réplique idéale nous vient d'un coup. Comme cela, comme tombée du ciel, alors que nous n'y pensions même pas. Nous n'y pensions pas, certes, mais notre subconscient n'a pas cessé de remâcher la chose. Il est aux prises avec toutes les choses que nous vivons.

Si les petites offenses nous préoccupent en douce pendant des heures, les mauvaises expériences le font également, mais dans une plus large mesure. Elles continuent à nous travailler, même si elles ne sont pas présentes dans notre conscience. Elles n'en excitent pas moins notre système nerveux et peuvent rendre malades notre corps et notre âme. Elles peuvent engendrer des dépressions, des compulsions et des troubles psychosomatiques. Plus nous refoulons de choses, plus forte est la probabilité que nous en devenions malades.

La neurobiologie de la peur

Le scénario relativement simple d'un phénomène viral sur YouTube se présente comme suit : un chat est devant sa gamelle et avale sa nourriture pour chat. Quelqu'un pose un concombre derrière lui. Le chat se retourne, voit le concombre, et, mort de peur, fait un bond de côté, le dos rond – une voix off qui se croit drôle ricane : « Hi, hi, les chats ont peur des concombres ! »

Que voit-on sur la vidéo au premier abord : un amateur de chats complètement tordu. Qu'y voit-on d'autre : l'« amygdale » en action.

L'amygdale est une partie centrale du système limbique, de notre appareil psychique. Les scientifiques l'étudient déjà depuis des années, mais plus ils en apprennent sur cet amas de cellules en forme d'amande, plus ils sont étonnés. Il y a quelques années de cela seulement, l'amygdale était considérée comme le centre de la peur, et, de fait, la peur est réellement gérée par cette zone du cerveau. Mais on découvre sans cesse de nouvelles capacités chez l'amygdale dont on peut vraiment dire que c'est une petite merveille.

Elle travaille, par exemple, les excitations olfactives – tout ce que nous sentons, donc. Elle régule les fonctions végétatives, comme le rythme de notre cœur, elle influe sur la respiration, le sommeil et l'équilibre hormonal. Elle y est réellement pour beaucoup lorsque nous ressentons de la peur – mais également d'autres émotions, comme la fureur et la joie, la colère ou la jalousie.

Le chercheur américain, spécialiste du cerveau, Joseph E. LeDoux, travaille depuis longtemps sur l'amygdale et la peur. LeDoux a suivi de très près la piste de la peur chez l'homme et il a découvert qu'elle pouvait emprunter deux voies. La première est certes extraordinairement rapide, mais pour cela, pas vraiment précise. Sur cette voie, les excitations sont transmises directement à l'amygdale, à la vitesse de l'éclair et sans détour. C'est le moment où le chat perçoit quelque chose qui pourrait être une menace, sans l'identifier exactement.

Pour partir sur des bases claires : le chat n'a pas peur des concombres, mais il a peur de tout ce qui lui rappelle ses ennemis naturels, le serpent, par exemple. La nature s'est dit qu'il valait mieux avoir peur une fois de trop – avant de savoir réellement de quoi – plutôt qu'une fois pas assez, et d'en mourir. Ce modèle s'est imposé avec succès, raison pour laquelle il a été intégré chez nous tous : les chats, les hommes, les hérissons – tous les êtres vivants avec un cerveau de vertébré. C'est pourquoi nous, les hommes, nous ne réagissons pas si différemment du chat de YouTube, par exemple lorsque nous marchons dans la forêt et voyons soudain quelque chose qui pourrait être un serpent. L'amygdale a mobilisé l'intégralité de l'« axe du stress », avant même que nous n'ayons réalisé qu'il s'agissait d'un bout de bois tordu : hormone du stress, pouls, fréquence respiratoire – tout cela grimpe en flèche et nous met en état d'alerte. L'intégralité de la chaîne du stress intervient d'un instant à l'autre. Notre 112 interne.

Pendant que nous réagissons à une vague image pas encore traitée, l'excitation lambine sur la seconde voie un peu plus longue. L'image de la chose sur le sol a fait une brève étape dans l'encéphale intermédiaire, ledit « thalamus », dont le travail consiste à filtrer les impressions sensuelles. S'il les trouve importantes, le thalamus les transmet à l'hippocampe. Avec beaucoup d'imagination, sa forme rappelle celle d'un hippocampe et, sur le plan anatomique, il se love un peu contre l'amygdale. L'hippocampe a pour mission spécifique d'enregistrer les informations concernant les choses que nous avons déjà vues une fois, de les traiter et de les envoyer, au besoin, à l'amygdale avec des informations contextuelles – c'est-à-dire avec des informations sur ce que l'on voit *réellement*. Le sentiment de peur s'apaise lorsque l'information arrive à l'amygdale par la seconde voie, confirmant que, dans les deux cas, il ne s'agit pas d'un serpent. L'amygdale et l'hippocampe travaillent constamment et relativement étroitement ensemble. On peut dire qu'ils sont davantage que des voisins, plutôt un vieux couple : elle, l'amygdale, dramatise volontiers un peu. Lui, l'hippocampe, livre toujours ses commentaires avisés sur tout et apaise. On peut aisément imaginer qu'il vaut mieux que ce système ne déclare pas forfait. Nous avons, en effet, le plus grand besoin de ce couple : l'excitation pour, si besoin est, échapper au danger, mais aussi la relativisation, lorsque le danger est écarté ou pas si menaçant que cela, afin de retrouver notre calme.

Des interventions minimes sur ce système peuvent complètement modifier, et de manière inquiétante, le comportement d'un être vivant. Des oiseaux sauvages en captivité, qui tentent normalement de fuir en panique, deviennent impavides lorsqu'on a manipulé juste un peu leur amygdale. Des souris de laboratoire avec une amygdale blessée ne s'enfuient plus en présence d'un chat, elles l'examinent avec curiosité sans avoir la moindre idée du danger auquel elles sont exposées. Un être vivant avec une amygdale manipulée n'attaque pas et ne se met pas en sécurité. Il ne montre pas le moindre signe de peur, même devant son plus grand ennemi.

Des neurobiologistes ont décrit le cas d'une patiente qui semblait ne ressentir ni la peur ni la colère. Son amygdale était sclérosée suite à une maladie génétique rare. La patiente était impassible, conciliante et confiante. Elle aurait donné à des inconnus sa carte bancaire avec le code. Elle vivait plutôt dangereusement, et on devait constamment l'avoir à l'œil. Beaucoup de gens souhaiteraient avoir moins peur dans leur vie. Mais la peur n'est pas uniquement alarme et frayeur. La peur nous confère une saine dose de scepticisme qui nous empêche de faire aveuglément confiance à tout le monde. Tout le monde n'a pas que de bonnes intentions envers nous. Une vie sans peur est une vie dans un danger permanent.

Émotions et mémoire : « Je ne suis pas près de l'oublier ! »

Sans amygdale, nous ne pourrions en outre pratiquement rien retenir. Elle joue en effet un rôle très important dans la formation de notre mémoire. Chacun de nous connaît ce phénomène qui fait que nous nous souvenons particulièrement bien des choses que nous associons à de fortes émotions : le premier baiser, la naissance d'un enfant ou l'endroit où nous étions lorsque les avions se sont écrasés contre les tours du World Trade Center. La place du californium dans le système périodique, par contre, est vraisemblablement passée en arrière-plan, même si nous l'avons si souvent étudiée en chimie.

Cela montre très clairement pourquoi nous avons une mémoire. La mémoire n'est absolument pas un ouvrage de référence contenant tout ce que nous avons appris et vécu. Son travail consiste surtout à retenir les choses qui sont bonnes pour nous et que nous devrions faire plus souvent. Et à nous avertir ultérieurement des choses avec lesquelles nous avons fait une mauvaise expérience. La formule est la suivante : plus l'expérience a été horrible, plus elle nous reste en mémoire.

Cela tient au fait que l'amygdale travaille particulièrement en profondeur à la formation de notre mémoire dans les situations menaçantes. Elle tient, en effet, à ce que nous survivions le plus longtemps possible et à ce que nous soyons vigilants. Si le bâton dans la forêt avait réellement été un serpent, nous aurions certes retenu l'endroit où nous l'avons rencontré, mais peut-être aussi que les forêts sont des endroits fondamentalement dangereux.

Nous ne remarquons pas uniquement l'objet qui représente un danger, mais aussi tout le contexte dans lequel ce danger est apparu : les odeurs, les bruits, ainsi que les sentiments que nous avons ressentis dans cette situation. Et plus encore : nous avons aussi enregistré comment notre corps a alors réagi – si nous nous sommes sentis mal, si notre cœur battait la chamade ou si nous en avons eu le souffle coupé. Le spécialiste portugais du cerveau António Damásio a instauré pour cela la notion de « marqueurs somatiques ».

Dans la théorie, les hommes séparent le corps de l'âme, mais dans la réalité, corps et âme travaillent constamment et très étroitement ensemble, et si nous gardons un souvenir intense de quelque chose, il nous est quasiment impossible de nier une réaction corporelle. Nous rougissons lorsque ce souvenir nous est honteux et avons la chair de poule lorsque quelque chose d'effrayant nous revient à l'esprit.

Les souvenirs marquants ne sont pas uniquement enregistrés sous forme d'images, mais aussi sous forme de sensations physiques et d'émotions. Le tout se grave profondément dans tout notre organisme. Nous pouvons nous imaginer un marqueur somatique comme une sorte de Post-it que notre âme colle sur les choses, les événements, les lieux ou les gens : « Remarque bien cela, c'était très important ! », nous dit-elle. Et dans le cas où cela nous rappelle, ne serait-ce que de loin, un funeste événement, l'âme active très rapidement la palette d'émotions et de réactions physiques qui ont autrefois également joué un rôle. Peut-être pouvons-nous, cette fois aussi, en avoir besoin. Ce processus qui devrait être très efficace peut toutefois engendrer un certain nombre de problèmes.

Les troubles anxieux

L'amygdale, l'hippocampe et les marqueurs somatiques sont des systèmes très utiles qui travaillent pour nous – dans certaines circonstances, également contre nous. Lorsque quelqu'un souffre de troubles anxieux, c'est que quelque chose ne tourne pas rond au sein de ces systèmes. Et cela peut se concrétiser sous un grand nombre de formes d'anxiété différentes.

Les attaques de panique : lorsque nous escaladons le sommet de la peur

La science a, pendant un certain temps, considéré que les troubles anxieux étaient réversibles, elle supposait qu'ils pouvaient disparaître spontanément et d'eux-mêmes. Il s'avéra que c'était une erreur. On est maintenant convaincu du contraire : il faut traiter l'anxiété le plus tôt possible, car l'anxiété appelle toujours davantage d'anxiété. C'est un mouvement psychique perpétuel. On observe particulièrement bien cette caractéristique de l'anxiété sur les troubles de la panique.

Cas d'étude : accès de panique

Situation

Un patient, un employé de 34 ans, se présente à moi avec des symptômes de trouble de la panique et d'une attaque de dépression dans le cadre de problèmes professionnels et relationnels massifs. Lors du premier entretien, les états d'âme suivants ont pu être explorés : les premiers accès de panique sont apparus dix ans auparavant. Ils ont surpris le patient en plein sommeil et lui ont fait énormément peur, cette situation était aussi soudaine qu'inattendue. Son médecin lui prescrivit alors du Diazépam pour l'apaiser. Il ne lui prescrivit toutefois pas une psychothérapie. Les accès de panique se sont atténués grâce aux médicaments. Angoissé par leur potentiel de dépendance, le patient cessa finalement de les prendre. Il fut, par la suite, pris par trois ou quatre accès de panique quotidiens, dans des situations aléatoires : « La panique me guette partout. »

Cet état prononcé d'anxiété et de désarroi dans diverses situations se traduit par une forte baisse de la qualité de vie, par un retrait de la vie sociale, une baisse de l'estime de soi et une forte instabilité passionnelle. La vie de couple s'en trouva encore davantage affectée. Le patient s'estime lui-même inefficace et dénué de confiance en soi. Il décrit des scénarios imaginaires catastrophiques, des ruminations en boucle et des sentiments d'échec, ainsi que des peurs existentielles, car il redoute de ne plus pouvoir accomplir son travail.

Il a des problèmes massifs d'endormissement et d'insomnie, se réveille courbatu, a des difficultés à se concentrer. Il se sent solitaire et désespéré malgré le couple existant. Seule la structure du travail parvient à avoir un caractère stabilisant. Il ne se sent toutefois pas lui-même capable de travailler et est totalement dépassé.

Il attend de la thérapie de pouvoir vivre sans accès de panique, de retrouver davantage d'équilibre et d'être plus détendu, mais également que ses peurs s'atténuent, aussi envers les gens.

Évolution biographique du patient et anamnèse de la maladie

Le patient a grandi chez ses parents biologiques en tant qu'aîné de deux enfants (frère: plus jeune de six ans). Le père (décédé à 49 ans d'un cancer) travaillait beaucoup. Il tentait de passer le plus de temps possible avec ses enfants, mais le patient décrit leur relation comme étant superficielle, celle qu'on a entre camarades. Il n'y avait, pour ainsi dire, ni contacts physiques ni véritable communication entre eux.

La mère était une femme dominatrice et autoritaire. Elle s'était « occupée [du patient] comme le fait une mère ». Leur relation était empreinte de fiabilité, de confiance et de davantage de profondeur qu'avec le père, mais aussi de rigueur. Il n'y avait pour ainsi dire eu aucune tendresse. Dans l'ensemble, on n'exprimait et ne montrait pas ouvertement ses sentiments. Le patient n'a pratiquement pas pu faire le deuil de son père. Sa relation avec sa mère s'est alors intensifiée. Sa stratégie de décompression, à cette époque, consistait en une consommation accrue d'alcool, et il dit avoir « noyé les souvenirs de la mort de son père ».

Le patient se voit globalement de plus en plus retiré de ses amis et connaissances, bien qu'il se décrive lui-même comme quelqu'un de sociable et ouvert. Sa partenaire s'est séparée de lui au début de la thérapie.

Symptômes psychiques

Le patient se montre clairement tendu au contact, il s'efforce de se contrôler et semble, ce faisant, fortement manquer d'assurance. Son comportement négativiste trahit nettement une souffrance aiguë et la crainte de ne pas savoir comment agir avec lui-même et sa panique. Le patient dit en outre avoir peur de sa peur, être triste, désespéré. Depuis la récente séparation, il n'a en sus aucune perspective, aucune joie et est épuisé.

Analyse

Le patient vivait dans un foyer suffisamment sûr en raison de sa liaison fiable avec sa mère, de sa liaison satisfaisante avec son père et de sa relation étroite avec son frère. Il n'y eut jamais de confrontation réaliste avec la maladie du père. Le patient montre ici des mécanismes de défense sous la forme de déni et de refoulement. Il a fait à travers la mort de son père l'expérience de l'imprévisibilité et de l'arbitraire de la vie et du destin. La mère et le frère ne purent pas amortir le désarroi émotionnel du patient dans la mesure où il l'aurait espéré. Il réalisa son travail de deuil individuel par la stratégie compensatoire de consommation d'alcool afin d'anesthésier ses pensées et ses sentiments et de ne pas devoir les vivre.

Le patient souhaiterait, actuellement, le rapprochement, mais pas la confrontation. La perte la plus sensible à ce sujet est celle de l'ancien sentiment d'appartenance. Un vécu « comme si tous les membres de la famille étaient subitement morts » semble s'être gravé dans les processus de travail pathologiques du patient. Son comportement adapté, construit sur l'anxiété, ainsi que les sentiments de déchirement et d'impuissance interne qu'il entraîne chez lui, se manifestent sous la forme d'accès d'anxiété arbitraires avec des sensations somatiques marquées (divers symptômes physiques tels que tachycardie, gorge nouée, douleurs musculaires, sudation…).

La multiplication des accès de panique et le sentiment sensible d'impuissance et d'inefficacité entraînent, outre une forte tension professionnelle, des difficultés persistantes dans le couple et des stratégies inappropriées, une décompensation dépressive (effondrement) du patient, qui se reflète dans l'intensification des accès de panique.

La sensation d'impuissance, le travail de la perte, l'évitement des conflits et la tension au travail génèrent un fort besoin de contrôle. Plus le patient tente de contenir sa tension interne, plus la pression est élevée. Il ne possède pas de soupape appropriée pour la régulation des émotions et de la tension. Celles-ci se déchargent à travers les accès de panique. La focalisation exagérée sur les situations supposées difficiles (lieux) et le comportement marqué d'évitement se traduisent par un effondrement de l'estime de soi et renforcent le trouble.

Cette nouvelle situation liée à la séparation avec celle qui fut sa partenaire pendant de longues années lui est pénible. En outre, il redoute de ne pas pouvoir entretenir une relation stable, autre que celle qu'il a avec ses collègues au travail, alors qu'une telle relation lui permettrait de redresser la tête.

Le cas de ce patient est typique. Un accès de panique prend souvent les personnes concernées totalement par surprise, « comme tombé du ciel ». En y regardant de plus près, les accès de panique ne sont souvent pas si soudains que cela. Un grand nombre de personnes ont vécu une situation pénible en amont d'un accès de panique. Mais, du fait qu'elle a souvent eu lieu longtemps auparavant, on n'établit bien souvent pas directement le lien avec l'accès de panique.

Dans notre imagination, un accès de panique a lieu aussitôt après la manifestation d'un élément déclencheur manifeste. Ce n'est toutefois pas toujours le cas. Notre corps et notre âme suivent des voies différentes et ont une autre perception du temps. Un accès de panique a souvent lieu en différé. Parfois avec un tel retard qu'il semble impossible à la personne concernée d'établir un lien avec l'événement qui l'a provoqué.

Mais il se passe dans son corps la chose suivante : le niveau d'adrénaline est resté très élevé pendant une longue période en raison d'un stress important, mais il ne redescend pas à la normale simultanément avec la pression. Cela peut prendre du temps, et se fait parfois d'un seul coup, par le biais d'un accès de panique. C'est la raison pour laquelle celui-ci se décharge souvent pendant une phase de calme, par exemple lorsque la personne vient de s'asseoir ou de se mettre au lit. Un grand nombre de personnes se réveillent la nuit d'un bond en plein accès de panique. Elles en ont pratiquement terminé avec une situation de stress, mais c'est seulement maintenant que les choses se mettent réellement en branle dans le système nerveux.

Les personnes décrivent un accès de panique comme une vague soudaine d'une peur non identifiée qui s'abattrait sur eux. Leur cœur bat la chamade, elles ont un sentiment d'étouffement, d'oppression, des vagues de chaud et de froid, des vertiges, des torpeurs, elles ont peur de perdre connaissance et de mourir. La crise atteint son apogée après cinq à dix minutes. Elle peut durer une demi-heure, parfois plus longtemps. Un accès de panique est un événement émotionnel horrible qui met particulièrement à l'épreuve une partie de notre cerveau : l'amygdale.

La situation étant particulièrement terrible pendant un accès de panique, l'amygdale fait ce qu'elle estime maintenant être le plus important : elle fait une esquisse précise de la situation pour éviter que la crise ne se renouvelle. C'est dans ce but qu'elle distribue généreusement les Post-it psychiques. Le lieu où la crise s'est passée et les conditions sont étiquetés comme « menaçants ». C'est ainsi qu'une agoraphobie ou d'autres troubles viennent rapidement se greffer par-dessus un accès de panique. Cela arrive dans environ deux tiers des cas.

De telles pensées ne disparaissent bien sûr pas comme ça. Le patient anxieux ressasse énormément les situations de peur qu'il a vécues. Ce que l'on appelle le *worrying* est un élément central de tous les troubles anxieux : c'est-à-dire s'efforcer de prendre le contrôle de la menace diffuse en ressassant la situation, car un accès de panique est toujours accompagné par une perte de contrôle. La perte de contrôle bouleverse la personne concernée pendant particulièrement longtemps. Elle signale à l'âme que l'on va droit à sa perte, les yeux ouverts, sans pouvoir entreprendre quoi que ce soit contre. Chez un grand nombre de personnes se greffent par-dessus des pensées comme : « Si je perds connaissance maintenant, tout le monde va croire que je suis un clochard qui a trop bu, et personne ne m'aidera.» De tels scénarios alimentent encore la peur.

Le patient poursuit également un autre but en ruminant ainsi: il veut savoir ce qu'il en est de lui et a un grand besoin d'explication. Le diagnostic d'un accès de panique, souvent établi par le médecin des urgences, ne le satisfait souvent pas. Il est convaincu qu'il doit avoir quelque chose d'autre qu'un trouble psychique, qui, pour nombre de gens, n'est pas quelque chose de «sérieux». Il est assez typique pour ce malade qu'il se dise: «Ce n'est tout de même pas possible que je m'excite ainsi pour RIEN, au point de devoir aller aux urgences.» Il suppose, au contraire, que l'on n'a pas détecté chez lui quelque chose de physique et qu'il se trouve encore en grand danger. Beaucoup de ces patients sont persuadés qu'ils doivent avoir quelque chose au cœur s'ils ont eu de telles crises de tachycardie ou des palpitations. Ils commencent à s'observer encore davantage et à guetter les symptômes.

C'est souvent ici qu'apparaît déjà la peur suivante, à savoir, celle d'être estampillé comme «fou». Dans certaines circonstances émerge alors un nouveau profil de trouble à part entière: la «cardiophobie», ladite «peur de l'arrêt cardiaque», appelée encore «névrose cardiaque». Les cardiophobes tendent à prendre leur pouls extrêmement souvent et à surveiller avec acuité leur rythme cardiaque et les autres signes physiques. Ils exigent de passer pratiquement tous les examens possibles du cœur, bien que l'on ait déjà trouvé chez eux – parfois à plusieurs reprises – qu'il n'y avait aucune cause organique à leur trouble.

Outre cette observation soucieuse de leurs corps, un grand nombre de patients souffrant de panique tendent, en plus, à se ménager et à se retirer socialement. Cela entraîne toutefois un nouveau stress psychique qui favorise à son tour de nouveaux accès. Avec chaque accès croît à son tour la crainte d'être victime d'un nouvel accès. Lorsque les accès de panique se répètent, on parle alors de « trouble de la panique ». D'un événement unique est né en un laps de temps très court un cercle vicieux dramatique.

Agoraphobie : lorsque nous avons peur de certains endroits

L'« agoraphobie » (du grec ancien *agora*, « place du marché ») est également connue comme la « peur des lieux publics ». Cette appellation décrit plutôt bien cette peur, puisqu'elle prend la personne concernée dans des lieux précis : les salles de concert, le métro ou tout simplement un bar trop fréquenté. L'agoraphobie tend elle aussi d'une manière générale à s'amplifier constamment. Au début, elle prend la personne concernée dans un lieu bien déterminé, par exemple, dans un stade de football. Sans pouvoir vraiment se l'expliquer, la personne ressent soudain un sentiment d'angoisse et le besoin pressant de quitter les lieux. Les symptômes ne tardent généralement pas à s'apaiser. La personne qui a connu cette situation en tire l'unique conclusion logique : ne pas aller au prochain match. Car, bien sûr, l'amygdale a depuis longtemps marqué l'endroit comme étant « dangereux » dans le système psychique. Mais, comme on le sait déjà, l'amygdale est imbattable quant à l'excès de prudence, et il se peut que, lors du prochain lèche-vitrines, elle envoie des signaux de peur assez nets à son propriétaire, parce que la densité de la foule dans la rue commerçante lui rappelle la situation dans le stade.

Les supermarchés, les concerts, un parc très fréquenté par une belle journée d'été – tous ces endroits peuvent progressivement devenir des lieux de peur et affecter massivement la qualité de vie de la personne. En effet, cette dernière les évitera pour avoir toujours la situation sous contrôle. Mais ses autres besoins passent à la trappe : ne plus se mouvoir librement est néfaste pour les contacts sociaux et la joie de vivre.

Plus cela durera, plus la personne en question sera cantonnée dans un environnement isolé et maussade. Il est donc presque logique qu'elle tende à faire de la dépression et à avoir recours à des stratégies de maîtrise inappropriées, comme la consommation d'alcool, de drogue et de sédatifs.

La phobie sociale : lorsque nous avons peur des autres

Une fête, un repas avec des partenaires commerciaux dans un bon restaurant, les dix ans de leur baccalauréat – pour la plupart des gens, ce sont là de belles occasions et autant de raisons de se réjouir. Pour les gens souffrant de « phobie sociale », le seul fait d'y penser est déjà un cauchemar. Ils n'ont pas peur des choses ou des lieux, mais des situations avec d'autres personnes. À peine sont-ils en société qu'ils redoutent déjà de ne pas se comporter correctement et d'être l'objet de critiques.

La « catastrophisation », c'est-à-dire la tendance à établir les pires prévisions pour des événements précis, est un symptôme classique de tout trouble anxieux. Le patient souffrant de phobie sociale est persuadé que les autres le considèrent comme un raté, un faible, un fou, une personne ennuyeuse ou pénible. Voulant éviter à tout prix de telles situations – tout à fait dans le sens du comportement classique d'évitement –, il se dérobe devant toutes les occasions susceptibles de déboucher sur un tel scénario.

Cela peut devenir si extrême que certains de ces patients ne sont même plus capables d'aller travailler, qu'ils évitent pratiquement toutes les occasions de rencontrer du monde, qu'ils perdent toujours davantage d'amis et, dans le pire des cas, finissent dans une solitude quasi totale. Ces patients anxieux développent d'autres troubles psychiques, comme des dépressions, ou se rabattent sur des substances addictives pour combattre l'intense pression de la souffrance.

La phobie spécifique (isolée) : lorsque nous avons peur de choses inoffensives

Il y a des situations que la plupart des gens qualifieraient naturellement d'« anxiogènes » : un chien d'attaque aux babines retroussées, des clowns terrifiants qui font des signes à l'angle d'une rue sombre, une personne qui se dresse soudain devant une autre, une arme à la main. Et il y a des choses que certaines personnes trouvent effrayantes, alors que d'autres se contentent de hausser les épaules.

La peur revêt divers caractères, mais elle est surtout on ne peut plus subjective. On peut ressentir une peur horrible alors qu'on est totalement en sécurité. Le caractère subjectif de la peur se révèle plus clairement qu'avec tous les autres troubles dans ce que l'on appelle les « phobies spécifiques ». Des personnes peuvent avoir horriblement peur de choses qui sont totalement familières et inoffensives pour d'autres. Alors que la vue du sang est tout à fait normale pour un médecin, une personne peut s'évanouir sur-le-champ en n'en voyant que quelques gouttes. Il lui suffit parfois même d'y penser pour se sentir vasouillarde. D'aucuns sont fascinés par les éclairs, alors que d'autres vivent mille morts pendant l'orage. Une telle peur peut se diriger contre toutes les choses possibles et imaginables : les insectes, la télécommande dans la chambre d'hôtel, voire un lapin en peluche.

Il est intéressant de constater que la plupart de ces gens savent que leur peur de ces choses inoffensives est exagérée et que celles-ci ne présentent aucun danger. Ils ne peuvent toutefois rien faire contre ce sentiment. Les peurs plongent souvent leurs racines dans l'enfance et elles sont le reflet d'une mauvaise appréciation d'objets ou de situations. Ou bien elles sont à mettre sur le compte d'un traumatisme auquel on peut relativement facilement remonter, comme une morsure de chien.

La plupart des gens parviennent toutefois à vivre correctement avec cette forme de trouble anxieux. En effet, s'ils ont un peu de chance, ils ne rencontrent qu'occasionnellement l'objet de leur peur, et cela n'affecte pour ainsi dire pas leur vie. Cela peut toutefois être le cas lorsque, par exemple, quelqu'un n'ose pas aller chez le médecin ou le dentiste pendant des années et met sa santé en danger par peur des piqûres.

L'anxiété généralisée : lorsque nous vivons constamment dans l'inquiétude

Un « trouble anxieux généralisé » est vraiment vicieux. Dans ce cas, la peur ne se reporte pas sur quelque chose de concret, mais elle s'immisce dans tous les domaines de la vie. Alors que des personnes souffrant d'autres troubles anxieux parviennent parfois à se ménager une pause grâce à un comportement d'évitement, celles avec un trouble anxieux généralisé vivent constamment dans une inquiétude prononcée.

Cette peur plutôt diffuse se reporte surtout sur ce qui *pourrait* se passer. Elle est de ce fait inconsistante et peut apparaître dans n'importe quelle situation. Elle est souvent accompagnée par des symptômes corporels, comme des douleurs, une tension et de la nervosité. Ces personnes se font souvent exagérément de souci pour les petites et grandes choses du quotidien, comme le ménage, leur santé, leurs responsabilités professionnelles, la famille ou les revenus, même si elles ne manquent pas d'argent. Elles s'imaginent en permanence des choses qui pourraient aller de travers ou se terminer tragiquement.

En raison de ces pensées obsessionnelles, elles dorment mal, sont souvent irritables, facilement fatigables, moins performantes dans la vie et frustrées. Elles ne parviennent, en effet, jamais à récupérer totalement, parce que ces pensées les accompagnent constamment et les épuisent littéralement. La personne concernée ne parvient pas à s'apaiser, même lorsqu'elle est en sécurité entre ses quatre murs. Une certaine sécurité peut même parfois générer de la peur : moins il se passe de choses, plus elle est persuadée que le malheur est imminent. On appelle également cela l'« anxiété d'anticipation » : plus le danger se fait attendre, plus la personne amplifie souvent cette peur. Il n'est pas rare qu'elle forme littéralement son partenaire et ses enfants pour qu'ils lui prennent ses peurs du mieux qu'ils le peuvent. Il s'ensuit une succession de SMS, d'appels, etc. pour s'assurer que tout va bien. Cela affecte grandement les relations familiales et amoureuses.

Le stress permanent a des conséquences physiques : maux de tête, nervosité, insomnies, tensions musculaires, tachycardie, palpitations ou douleurs chroniques sont les compagnons familiers de ce trouble. Un grand nombre de patients admettent avoir depuis toujours été anxieux et nerveux. Et de fait, l'anxiété généralisée apparaît sous une forme atténuée quand le patient est plus jeune et elle s'accentue avec l'âge. Les personnes concernées ont, en outre, souvent vécu des séparations douloureuses ou d'autres événements pénibles, comme des mauvais traitements corporels ou des agressions sexuelles, et elles connaissent déjà les sentiments d'impuissance et de faiblesse. On sait aujourd'hui que de tels événements peuvent modifier durablement les structures du cerveau responsables de la peur et ouvrir ainsi la voie au trouble de l'anxiété.

Obsession : pourquoi nous devons tout simplement faire certaines choses

La plupart des personnes ne classeraient pas obligatoirement les obsessions parmi les troubles de l'anxiété. Elles en font pourtant précisément partie, car les obsessions sont une réaction à des anxiétés ou la tentative de maîtriser ses anxiétés à l'aide d'actions déterminées.

Lorsqu'une personne vérifie trente fois qu'elle a bien fermé le gaz, ne touche certaines choses qu'avec des gants, ne s'autorise jamais à poser le pied sur les joints entre les dalles d'un trottoir, tout cela constitue des rituels qui n'ont qu'un but : maîtriser et réduire la peur de quelque chose. Et tout à fait dans le sens des stratégies à court terme décrites ci-dessus, ces rituels sont, dans un premier temps, très efficaces. Ils apaisent en effet réellement la personne concernée pendant un temps. Sur le long terme, par contre, ce comportement s'installe fermement, et il se développe alors une tolérance zéro. Cela signifie que la personne est contrainte d'intensifier ces rituels, sinon ils n'« agissent » plus.

Sont obsessionnelles les personnes dont les pensées autour de leurs peurs et de leurs craintes tournent en boucle. Elles concernent le plus souvent des accidents, des catastrophes, des violences, des maladies ou des distractions. Pour se protéger, la personne concernée vérifie les portes et les fenêtres, se lave exagérément souvent et compte jusqu'à 150 lorsque quelqu'un la frôle inopinément dans la rue pour conjurer un inévitable malheur. Ce qui motive ces personnes est très clair : elles tentent d'avoir le contrôle sur une situation, leurs sentiments et leur vie.

Comme les autres troubles anxieux, les obsessions commencent à petites doses. Ce sont souvent des pensées qui s'imposent : « La poignée de la porte était certainement pleine de bactéries, à tous les coups, je me suis infecté avec une maladie. » Cette peur d'une infection incite alors la personne à réagir : « Si je me lavais maintenant cinq minutes les mains avec du savon, puis avec un produit désinfectant, je pourrais éventuellement éviter le pire. » De telles techniques prennent souvent toujours plus d'ampleur. La peur d'une infection étant un événement menaçant, notre cerveau nous rend le service de coller pour cette situation un énorme Post-it, ou, plutôt, un marqueur somatique. Il est fort possible qu'il surgisse devant la porte suivante : « Tu te souviens ? Après la dernière poignée de porte, tu as eu très peur, le mieux serait peut-être de ne pas toucher celle-ci. Et si tu ne peux pas faire autrement, alors lave-toi ensuite les mains avec du savon et un produit désinfectant, et, s'il te plaît, encore plus soigneusement que la dernière fois. »

Et c'est ainsi que les peurs et les tentatives de les maîtriser prennent toujours davantage de place dans la vie d'une personne. Le modèle se consolide chaque fois un peu plus avec chaque contre-stratégie. Souvent, la personne concernée se bat dans un premier temps contre ces sentiments et tente de les juguler. Mais ainsi sont les obsessions : puissantes – et il est très difficile de ne pas leur succomber.

Les proches et les observateurs se montrent souvent incompréhensifs face à ces rituels qui leur paraissent irrationnels et bizarres. La personne concernée en étant consciente, elle a honte et tente de les tenir secrets – et ce, souvent pendant des années. Ou alors, elle se retire du cercle de la famille et des amis. Certaines personnes perdent leur travail ou démissionnent d'elles-mêmes parce qu'elles ne parviennent plus à dissimuler leurs obsessions et que celles-ci régissent toujours davantage leur vie. Dans le pire des cas, elles peuvent littéralement prendre leur vie en otage, comme nous allons le voir dans l'exemple suivant.

Cas d'étude : obsessions

Situation

La patiente, une femme de 36 ans, se présente lors du premier entretien. Elle est mère célibataire, a une fille (16 ans) et travaille comme aide de service en salle. Elle est en incapacité depuis six mois en raison de ses obsessions de contrôle. La patiente dit ne plus pouvoir quitter son appartement que si elle s'en tient à un parcours déterminé qui lui prend environ trois heures. Cette méthode n'est plus fiable, ces derniers temps. Ce rituel est devenu très envahissant au fil des années, au point qu'elle ne pouvait pratiquement plus arriver à l'heure au travail, et, en outre, la menace de perdre son emploi la stressait énormément chaque matin. Dès que le processus de contrôle est interrompu, elle doit le recommencer. Elle se frappe et se pince ensuite dans l'espoir d'interrompre cette obsession. On lui a à plusieurs reprises fait remarquer ses bleus aux bras. Elle a énormément honte et se considère comme une ratée dans son rôle de mère.

Biographie et évolution de la maladie

La patiente dit avoir été une enfant désirée et être la petite dernière de la famille. Les parents, tous les deux mariés en secondes noces, ont apporté ensemble cinq enfants dans le foyer, la patiente est leur unique enfant commun. Le contact avec les demi-frères et demi-sœurs est distant mais amical. Sa relation avec les parents était aimante et ouverte.

Le père est décédé dans un accident alors que la patiente avait six ans. Elle dit ne toujours pas avoir surmonté ce décès à ce jour. Elle a toujours souhaité avoir un père qui la soutienne et elle « le regrette infiniment » maintenant qu'elle est une femme adulte. Après sa mort, sa mère s'est occupée de tout, toute seule. La patiente dit que son monde parfait a disparu d'un seul coup. Sa mère s'est mise à boire substantiellement ; ce que la patiente trouvait répugnant.

Sa mère est partie vivre à l'étranger avec un nouveau partenaire alors que la patiente avait environ 16 ans, en laissant ses enfants en Allemagne. La patiente a alors grandi chez une connaissance.

Apparition de la maladie

La patiente vécut la perte du père alors qu'elle était en pleine formation de sa personnalité enfantine. Le sentiment d'abandon et le manque de consolation se sont développés en un vécu imprégné par l'impuissance et la détresse. Elle apprit alors que le monde était incertain et peu fiable, ce que confirmèrent sans cesse la consommation d'alcool de sa mère et son abandon. Ces expériences internalisées comme des dangers se traduisirent chez elle par un immense besoin de contrôle et de sécurité. Cette perception de l'atténuation de sa capacité d'influence génère chez la patiente de l'anxiété, de la détresse et de la colère. Le manque de stratégie appropriée pour surmonter le deuil et la frustration a favorisé la mise en place lente de ses obsessions. Plus les expériences négatives se firent aiguës, plus massifs se firent ses troubles obsessionnels.

Premières manifestations de la maladie

La patiente dit que son trouble s'est progressivement mis en place après la naissance de sa fille. Alors âgée de 19 ans, elle adopta un comportement surprotecteur, par contre-réaction à sa propre histoire. Elle fit preuve d'un excès de prudence, de peur qu'il n'arrive quelque chose au père de l'enfant ou à elle-même. « Je ne veux pas que ce soit de ma faute s'il arrive quelque chose à quelqu'un », signifiait l'appel qu'elle se lançait à elle-même et qui lui imposa d'exercer un contrôle maximum, autant au travail qu'à la maison. La peur de l'imprévu et de l'incalculable restreignit toujours davantage son spectre d'action, jusqu'à ce qu'il ne lui soit plus possible d'agir sans rituels de contrôle.

Facteurs aggravants

La peur qu'il se produise quelque chose de catastrophique si elle n'exécutait pas ses rituels (obsessionnels) et qu'elle puisse être responsable du malheur des autres mit en place le cercle vicieux, en plus des événements traumatiques de la vie et d'une diminution de l'estime de soi. Le bref apaisement que lui apportaient ses actes obsessionnels « efficaces » favorisa en outre la persistance de la stratégie de maîtrise inappropriée. La tentative désespérée d'affronter utilement des sentiments désagréables comme la colère, la fureur, la tristesse et la peur, se traduit par un niveau extrême de tension que la patiente tente d'évacuer par ses rituels de contrôle jusqu'à ce que le « clic salvateur » lui signale qu'elle peut reprendre le cours de son quotidien.

L'automatisation de ce trouble et le manque d'actes alternatifs font que la patiente se fige dans son comportement. Les composants qui lui nuisent à elle-même, les coups et les pincements lorsqu'elle ne parvient pas à arrêter ses actes obsessionnels, se traduisent par une manifestation du vécu de sa propre inefficacité, et par conséquent, de la dévalorisation de soi-même et des punitions strictes qu'elle s'inflige à elle-même. Sa propre vie et celle de sa fille sont dominées par son trouble.

Pensées obsessionnelles : lorsque les tabous mettent le grappin sur notre imagination

Une autre forme de trouble obsessionnel ne fait certes pas appel aux rituels, mais n'en est pas moins gênante. La situation est souvent horriblement douloureuse pour les gens qui souffrent de « pensées obsessionnelles », et il leur est généralement très difficile de se confier à quelqu'un, car elles tournent souvent autour de thèmes totalement tabous, dans les domaines de la sexualité et de la violence.

Dans un premier temps, la pensée obsessionnelle s'immisce souvent comme cela. Elle est parfois au début un élément d'une association d'idées tout à fait normale, comme on en fait des centaines au fil du temps. Notre cerveau est une machine à associations. Lorsque nous voyons un objet, il nous passe soudain à l'esprit tout ce que l'on pourrait faire avec. Sur le plan de travail de la cuisine se trouve par exemple un gros couteau tranchant. Nous savons qu'il peut nous permettre de hacher des oignons, mais, en théorie, on pourrait tout aussi bien le planter dans le ventre de quelqu'un. Chacun de nous a certainement eu, un jour, une telle pensée à la limite du conscient. Mais on ne lui a vraisemblablement pas accordé une grande importance et elle s'est comme volatilisée. Mais il peut également se passer la chose suivante et cela a même très souvent lieu sous une forme similaire : une maman est seule avec son bébé à la maison. Les nuits sont difficiles, elle n'a pas fermé l'œil depuis des semaines, et la vie n'a rien à voir avec le monde des Bisounours qu'elle s'était imaginé. La maman se trouve ainsi dans une situation contraignante. Elle voit le couteau et, pendant une fraction de seconde, elle se dit qu'elle pourrait tout simplement tuer son bébé. Cette fois, elle concentre toute son attention sur cette pensée. C'est, en effet, la pire des choses à laquelle une mère puisse penser. Elle a honte, se fait des reproches et ressasse cette pensée en se demandant si elle serait capable de passer à l'acte. La pensée a maintenant retenu le maximum d'attention chez elle et elle est couplée avec des sentiments de peur et de honte. L'âme fait alors ce qu'elle doit faire : elle marque le couteau et le bébé comme étant particulièrement à prendre en compte. Au lieu d'oublier cette pensée furtive, la mère va devoir y penser encore davantage en raison de sa propre évaluation de la pensée. Elle tentera de s'interdire une pensée aussi horrible. Mais nous connaissons tous l'histoire avec l'éléphant rose auquel nous ne devrions en aucun cas penser – et bien sûr, chacun de nous le voit aussitôt clairement devant ses yeux.

Commence alors un cercle vicieux typique et on ne peut plus horrible. Et il générera, en outre, très probablement un autre trouble. Plus de 70 % des gens ayant des pensées obsessionnelles souffrent plus tard d'un autre trouble psychique, comme la dépression, des phobies, des maladies addictives et des accès de panique. Cela tient notamment au fait que ces patients ne cherchent généralement que très tard de l'aide. Pas étonnant ! Qui oserait dire simplement : « Je pense sans cesse à tuer mon enfant d'un coup de couteau » ?

Pour soulager la personne concernée, on peut lui dire que cette pensée d'une jeune maman n'est pas l'expression d'une envie refoulée de meurtre. Bien au contraire : c'est l'expression de sa sollicitude et de l'immense peine qu'elle se donne pour être une bonne maman.

Sécurité : pourquoi nous avons davantage peur, alors que nous vivons plus sûrement

Les troubles anxieux sont très répandus. Selon les dernières données[34], dix millions de personnes souffrent, dans la seule Allemagne, d'une forme de peur maladive. On parle entretemps très souvent de la dépression, mais moins des peurs – et ce, bien que nettement plus de personnes en souffrent que de vague à l'âme chronique.

On prétend souvent qu'il n'y a de nos jours pas davantage de dépressions et d'anxiétés qu'autrefois, mais qu'elles sont plus souvent diagnostiquées. Un grand nombre d'experts affirment toutefois que, depuis les années 1950, les troubles de l'anxiété sont en augmentation significative. Si c'est réellement le cas, c'est complètement irrationnel : la peur des gens augmente simultanément avec des conditions de vie plus sûres sous nos latitudes. Comment est-ce possible ?

Il y a notamment deux raisons à cela : la première, c'est que notre système de peur est une partie de notre système limbique – et ce dernier est réellement antédiluvien. Il a été conçu pour nous mettre en alerte lorsque, alors que nous errons dans la campagne, un tigre aux dents de sabre surgit soudain de derrière un buisson. Autrement, il se prélasse volontiers en mode « stand-by ».

Nous imaginons des conditions de vie plutôt rugueuses, il y a quelques milliers d'années. Et, de fait, se mouvoir vêtu d'un pagne et armé d'un bâton dans un monde plein d'animaux terrifiants et de tribus ennemies n'a rien de drôle en soi. On peut, malgré tout, partir du principe que la vie était autrefois beaucoup plus paisible que de nos jours.

Certes, nous vivons, sous nos latitudes, dans un monde où la plupart des gens dorment en sécurité entre quatre murs et achètent leur nourriture au supermarché, mais le monde moderne n'en facilite pas forcément pour autant le travail de l'hippocampe et de l'amygdale : routes à quatre voies, sirènes des services de secours, marteaux-piqueurs, trains de marchandises – tout cela, notre système limbique le trouve plutôt menaçant, et il active constamment notre axe du stress.

Lorsque, autrefois, une tribu s'était entre-tuée à trois kilomètres de notre grotte, nous n'en avions rien perçu. Aujourd'hui, les informations véhiculant des actes cruels nous parviennent en quelques minutes par d'innombrables canaux, et notre cerveau social ne peut que penser : « Tout ne deviendrait-il pas de pire en pire et de plus en plus hostile, ici ? »

L'autre problème est que vient s'ajouter à tous ces facteurs réellement anxiogènes ce que nous estimons activement comme tel. Comme nous l'avons déjà vu à propos des phobies isolées, la peur n'est pas uniquement une réaction à un danger réel, mais à tout ce que nous estimons subjectivement anxiogène.

Et ce n'est précisément pas peu de choses à notre époque : beaucoup d'entre nous vivent dans la peur existentielle ou la peur de la déchéance. La concurrence permanente, le chômage, l'exclusion, les boulots précaires – ce sont nos tigres à dents de sabre modernes. Les hommes se sont affranchis des menaces d'autrefois, mais ils en ont pour cela créé un grand nombre de nouvelles. La lutte contre la concurrence est un combat, très existentiel, même : nous luttons pour une place dans la société, pour un bon travail et pour le partenaire idéal.

L'une des plus grandes causes actuelles d'angoisse est l'imprévisibilité : ma retraite m'est-elle assurée ? Serai-je pris dans la prochaine charrette de licenciements ? Pourrons-nous encore payer la maison dans dix ans ? Tout cela nous fait peur et génère du stress. Il y a cinquante mille ans, il arrivait qu'un animal mal intentionné surgisse de derrière un buisson, et notre moi de l'âge de pierre se faisait une grande frayeur. Mais il avait vraisemblablement ensuite la paix pour un petit moment et ne devait pas se casser la tête avec la compatibilité entre le travail et la famille, la présence de glyphosate dans les légumes, la silhouette parfaite ou le compte-rendu du lendemain.

L'anxiété se manifeste aussi toujours lorsqu'on a le sentiment de ne pas pouvoir déterminer ou contrôler soi-même les choses qui nous submergent. Notre organisme se fiche pas mal de savoir si une chose est dangereuse ou seulement considérée comme telle. Notre âme fait son travail et réagit en conséquence. Nous sommes certes assis sur un canapé confortable dans une salle de séjour où nous sommes en sécurité, mais nous avons assez souvent le niveau de stress et la tension corporelle d'un soldat au front.

Cela laisse des traces – et même des traces concrètes, dans le cerveau. Notre amygdale est constamment sollicitée. Et comme elle pense devoir être utilisée si souvent, elle s'adapte aux conditions : elle est constamment aux aguets, devient de plus en plus sensible et donne beaucoup trop souvent et beaucoup trop tôt l'alarme. Lorsque cela arrive, l'expérience de laboratoire décrite ci-dessus peut donner des résultats totalement inverses. Suite à une petite stimulation excessive de certaines associations de cellules dans l'amygdale, les chats s'éloignent anxieusement des souris ou ont une réaction de colère, le poil dressé sur le dos, et les pupilles dilatées. Lorsque l'amygdale est en état de suractivité suite à une phase d'excitation constante, nous trouvons les choses de plus en plus menaçantes. Cela peut expliquer pourquoi nous accordons une signification de danger aux excitations pourtant neutres et surévaluons les excitations négatives.

On sait que certaines personnes apportent de leur enfance une amygdale hyperactive. Les enfants qui furent maltraités – dont le système de peur a dû réagir tôt à de violentes expériences liées à la peur – ont souvent une amygdale surdimensionnée. Elle s'est adaptée au niveau élevé de peur et reste fixée sur ce niveau jusqu'à l'âge adulte. La peur trace des cercles toujours plus larges, si on ne l'interrompt pas. Elle influe sur les filtres à travers lesquels nous percevons le monde. Nous percevons avec davantage d'intensité les informations qui confirment nos peurs, ce qui génère, à son tour, un nouveau stress qui nous rend plus sensibles à de nouvelles peurs. En l'absence de traitement, la peur devient toujours plus grande, elle prend davantage d'ampleur et est plus menaçante. La peur ne s'en va pas d'elle-même. Interrompre le cycle de la peur demande du travail et des efforts. Mais le jeu en vaut la chandelle, car la peur n'appelle pas uniquement d'autres peurs, mais aussi d'autres profils de troubles – et notamment un : la dépression.

Lorsque l'âme souffre le martyre

Les dépressions peuvent générer les pires tortures, des douleurs psychiques si fortes que la personne concernée souhaite mourir. Les dépressions touchent les personnes au cœur de la société et celles qui en sont à la marge. Elles touchent les jeunes comme les vieux, les hommes comme les femmes, les riches comme les pauvres.

Les chiffres sont terrifiants : 1 Allemand sur 5 souffrira un jour d'une dépression dans sa vie. Nous connaissons certainement tous une personne dépressive. Il est, par contre, bien moins sûr qu'elle se rende compte elle-même de sa dépression. Les dépressifs ne restent pas systématiquement repliés sur eux-mêmes dans leur coin. Au contraire. Certains restent très engagés dans leur travail et préservent les apparences – devant les autres et eux-mêmes. Il se peut que la boulangère souffre de dépression bien qu'elle soit si souriante le matin. Il se peut également que l'oncle Claude soit en dépression bien qu'il ait toujours une plaisanterie sur les lèvres et continue à pratiquer ses hobbies. La dépression arbore de multiples visages – et celui du dépressif abattu n'en est qu'un parmi tant d'autres.

Les dépressifs ont des symptômes communs, mais également d'autres, totalement contradictoires : l'un a perdu l'appétit, alors que l'autre mange comme quatre. Certaines personnes sont nerveuses et ne parviennent pas à dormir, d'autres ont l'impression d'être en plomb et pourraient rester à l'horizontale nuit et jour. Certains dépressifs manquent à ce point de tonus qu'ils ont du mal à assumer jusqu'aux tâches du quotidien. Se doucher et s'habiller peuvent devenir des tâches surhumaines. Derrière de tels symptômes peut toutefois se dissimuler autre chose qu'une souffrance psychique. Certaines maladies corporelles ressemblent à s'y méprendre à une dépression et elles doivent, de ce fait, faire l'objet d'une consultation : une insuffisance thyroïdienne peut, par exemple, entraîner des symptômes similaires à ceux de la dépression. De même, une carence en vitamine B6, l'insulinorésistance et certains cancers révèlent parfois le profil dépressif.

La différenciation continue toutefois, même une fois le diagnostic de dépression établi : la dépression se manifeste à divers degrés de gravité, avec ou sans symptômes physiques, avec ou sans éléments psychotiques. Elle se manifeste parfois par vagues, mais peut aussi bien se nicher dans les fondements de l'âme.

Mais qu'est-ce qui provoque la dépression ?

Dépression : un trouble, moult causes

De même qu'il n'y a pas *une* dépression, il n'y a pas *une* cause – mais, pour le moins, quelques bons modèles d'explication.

L'une d'elles, incontestée, fut émise par le psychiatre américain Aaron T. Beck. Beck est certes moins connu du grand public que Sigmund Freud, mais il n'est pas moins considéré par les milieux spécialisés comme l'un des psychologues les plus influents de l'histoire. Ce n'est pas étonnant : alors que, pendant un certain temps, il n'y avait pas d'autres voies que la psychanalyse de Freud pour explorer les méandres de l'âme, Beck et quelques collègues qui pensaient comme lui élargirent le champ des possibilités par le biais d'une nouvelle méthode : la thérapie comportementale cognitive.

Elle est dite « cognitive » parce qu'elle s'appuie sur les « cognitions », c'est-à-dire sur la pensée et le traitement des informations. La plupart des gens prétendraient, bien sûr, que la dépression est un trouble des sentiments. La tristesse, le désespoir, ou encore la colère ou le pessimisme, sont, de fait, quelque chose qu'un être humain *ressent*. Beck détecta quelque chose qui précède toujours nos sentiments : notre perception et notre évaluation des choses qui se passent autour de nous. Il remarqua que les gens dépressifs percevaient souvent le monde à travers des modèles stéréotypés bien définis, qu'ils en tiraient les conséquences, et que le sentiment correspondant émergeait seulement ensuite.

Un exemple : nous avons un rendez-vous avec quelqu'un, mais la personne en question le décommande quelques minutes seulement avant la rencontre. Il y a un très grand nombre de possibilités d'évaluer cet événement et de développer ensuite un sentiment idoine. On peut par exemple penser : « Le pauvre, il a toujours tant à faire. Ça devrait aller la prochaine fois. » Pas de quoi nous mettre dans tous nos états. Mais on peut également penser : « C'était évident, je ne compte pas pour lui. » Il en résulte un tout autre sentiment. On est en colère, voire furieux.

Mais pourquoi les gens évaluent-ils de manière si différente une même situation ? Cela tient au fait que nos convictions sont déterminées par des schémas que nous nous sommes formés à travers nos expériences antérieures.

Ce sont les modèles à travers lesquels nous observons le monde. Les êtres humains tendent à chercher dans le monde des « contenus qui coïncident avec leurs schémas », c'est-à-dire des situations, des représentations et des images qui coïncident avec l'image supposée qu'ils ont d'eux-mêmes et de l'environnement. Une personne avec le schéma « Je ne vaux pas la peine d'être aimée » va automatiquement attribuer davantage à elle-même et à ses déficits supposés un rendez-vous décommandé. Elle en sera triste ou blessée, et cela la confortera dans son modèle de pensée dévalorisante pour elle-même. De même, les personnes concernées percevront, à l'avenir, avec davantage d'acuité les expériences négatives, et, parallèlement, leur perception des situations positives ou neutres sera limitée. Selon Beck, la perception et l'évaluation peuvent même être déformées de différentes manières, selon que la personne tire des conclusions précipitées, exagère le négatif et minimise le positif ou encore qu'elle a des attentes irréalistes ou prétend savoir ce que les autres pensent (de mauvais) sur elle à cet instant.

Le tableau[35] suivant liste de telles erreurs de raisonnement typiques dans lesquelles chacun de nous se reconnaîtra vraisemblablement.

Pensées négatives	Alternatives utiles
Conclusion précipitée « Monsieur S. ne m'a pas dit bonjour. Personne ne m'aime ici. » « Ce médicament ne me fait aucun effet. Les médicaments ne peuvent de toute façon rien pour moi. »	« Monsieur S. ne m'a pas dit bonjour. Il a peut-être passé une mauvaise journée ou était perdu dans ses pensées. » « Ce médicament ne me fait aucun effet. Je vais voir avec le médecin si c'est le bon médicament pour moi et si la posologie est adaptée. »
Exagération et minimisation « Les autres sont toujours de bonne humeur, il n'y a que moi pour être un tel rabat-joie. » « Les gâteaux de madame M. sont toujours parfaits. Chez moi, il y a toujours quelque chose qui cloche. »	« Personne n'est parfait. Chacun a ses faiblesses, mais aussi ses forces. »
Sentiment de responsabilité exacerbé « J'aurais dû davantage m'occuper de ma mère. Il est trop tard, maintenant. » « Je n'aurais pas dû aller travailler. Mon fils aurait eu son bac. »	« Je ne suis pas responsable de tout. J'ai fait de mon mieux. »
Expression d'un souhait et d'exigences irréalistes « On doit toujours s'en sortir tout seul. » « Il doit bien avoir remarqué que je ne vais pas bien. »	« Pourquoi dois-je constamment me compliquer la vie ? Je demande l'aide dont j'ai besoin. » « Sa réaction n'était pas très empathique. Je vais en parler avec lui et lui dire que je ne me sentais pas bien. »

Référence constante à soi-même « Je gâche toujours l'ambiance. Je vais plutôt rester à la maison. » « Ils me regardent tous et voient que je ne vais pas bien. »	« Je m'en tiens aux personnes qui m'aiment et qui m'acceptent comme je suis. »
Argumentation émotionnelle « Je me sens inférieur, donc je suis inférieur. » « Je ne sens aucun espoir en moi, il ne peut donc y avoir aucun espoir pour moi. »	« Je me concentre sur mes forces, elles m'aideront à restaurer ma confiance en moi/à devenir plus sûr de moi. » *Soupèse plutôt tes espoirs et tes craintes, et aussi longtemps que rien n'est certain, fais ce qui est bon pour toi : crois plutôt ce que tu veux.* Sénèque

Une telle manière de penser peut encore s'aggraver, et on en arrive à ce que l'on appelle une « triade cognitive », notamment dans une phase où une personne est très sollicitée – par le travail, la maladie, un deuil, une séparation ou des soucis. Cette appellation tient au fait que la personne est constamment occupée par des pensées accablantes qui se réfèrent à *trois choses* : sa propre personne (« Je suis un raté »), l'environnement (« Le destin est particulièrement cruel avec moi ») et son propre avenir (« Ça ne s'arrangera pas »). Dans l'ensemble, les pensées tournent souvent autour de thèmes comme la désespérance, une moindre estime de soi, une critique exagérée de soi, l'évitement et la fuite, ainsi que le suicide.

Lorsque nous sommes dans cet état, nous ne pouvons qu'accumuler encore davantage de mauvaises expériences.

Chacun de nous l'a vécu sous une forme atténuée : il y a des jours où tout va de travers. On renverse son café sur sa chemise le matin, puis on rate le métro, et parce que nous sommes déjà au trente-sixième dessous, les critiques du patron nous touchent particulièrement. Des jours comme cela, la malchance semble vouloir s'acharner sur nous, comme si le destin nous avait dans le collimateur. En réalité, notre mauvaise humeur a décuplé notre attention pour les événements négatifs. Quel que soit, sur l'instant, notre thème intérieur, nous y sommes constamment confrontés.

La neurologie de la dépression : chaos dans la chimie

Lorsque des schémas néfastes déterminent notre vie, cela n'agit pas uniquement sur nos pensées et nos sentiments, mais également sur notre comportement. Si on pense gâcher l'ambiance chez les autres, on reste chez soi – mais ce faisant, on blesse son besoin de base de liaisons et de bonheur. Il en émerge le prochain malheur et les prochaines mauvaises pensées. Cela ne laisse pas notre cerveau indifférent sur le long terme.

Les circonvolutions grises de notre cerveau sont la somme de nos expériences. Il réagit à tout ce qui se passe en nous et autour de nous. Plus cela arrive souvent et intensément, plus nos structures neuronales s'adaptent aux conditions. Penser à quelque chose de beau engendre du positif : une photographie d'un être cher peut parfois nous suffire pour libérer une bonne dose d'ocytocine et ressentir un sentiment de bien-être. À l'opposé, les mauvaises pensées activent l'axe du stress. Être solitaire, désespéré, triste ou sans espoir n'est rien d'autre qu'un stress psychique massif. Et cela agit sur notre neurobiologie et notre neurobiochimie. L'amygdale répond à chaque stimulation émotionnelle. Et si elle est constamment sollicitée par un excès de crainte, il se peut qu'elle s'adapte à ce niveau. Nous nous sentons alors davantage menacés et évaluons les événements pour plus négatifs qu'ils ne sont. Simultanément, l'hippocampe, dont la capacité à relativiser nous ferait précisément tant de bien, faiblit souvent. On peut voir, grâce aux processus d'imagerie, que l'hippocampe est plus petit chez un grand nombre de personnes en dépression – plus la dépression persiste, plus il est petit.

Nos pensées, nos sentiments et nos expériences exercent également une influence sur le système de sérotonine. Il est souvent relativement bas chez les patients anxieux et dépressifs. Les opioïdes endogènes, qui stimulent la joie et apaisent les douleurs, sont présents en moindre quantité, ce qui pourrait expliquer pourquoi ces troubles sont si souvent accompagnés par des symptômes douloureux. On a également mesuré de plus faibles concentrations en ocytocine dans le sang des personnes dépressives. Cela les rend plus sensibles au stress et à l'irritabilité.

Le fait de ressasser des idées noires – également typique pour les patients dépressifs – semble avoir une explication neurologique. On la trouve dans le « cortex préfrontal ventromédian ». Lorsque cette zone du cerveau est activée, l'homme peut diriger son attention sur son intérieur, il peut réfléchir sur lui-même et passer au crible ses souvenirs biographiques. Cette zone est normalement désactivée lorsqu'on se concentre sur une tâche. Elle est d'ailleurs au repos chez les personnes en grande dépression, ce qui pourrait expliquer les difficultés de concentration dont souffrent d'une manière générale toutes les personnes concernées[36]. Un grand nombre d'entre elles sont incapables de lire deux lignes sans qu'une horrible pensée jaillie de leur vie intérieure ne vienne monopoliser leur attention.

Cette théorie pourrait être la raison pour laquelle les dépressifs ont tant de mal à cesser de ressasser des idées noires. La famille, notamment, ne peut bien souvent pas comprendre ce point précis. Mais des phrases comme « Allez, n'aie donc pas constamment des pensées négatives » ne peuvent justement rien contre un cortex préfrontal activé. Ces exhortations génèrent, par contre, le plus souvent, un regain de tension intérieure, des sentiments d'échec et de culpabilité, ainsi que des reproches à soi-même, précisément parce qu'il ne leur est pas possible de mettre les conseils en application.

On a, de nos jours, si bien étudié la neurobiologie de la dépression et on l'a rendue si visible que certains scientifiques parlent d'une « maladie corporelle, mais d'origine psychique ». À chaque patient correspond une cause d'origine individuelle. L'unique manière de la traiter consiste à prendre en compte cet historique individuel et à entreprendre un traitement taillé sur mesure.

Cas d'étude : trouble dépressif

Situation

Lors de notre première rencontre, la patiente – 50 ans, divorcée et mère d'un fils de 28 ans – évoque des états d'épuisement dans une situation de harcèlement au travail et d'un accès de dépression suite à une rupture. Elle vit seule dans un appartement en location, elle est en phase de séparation avec son partenaire actuel.

Elle travaille en tant qu'adjointe administrative et décrit des symptômes comme des pleurs récurrents et incontrôlés, une forte tension et la peur de ne plus pouvoir satisfaire aux exigences de son travail. De même, elle souffre de nervosité, de manque de tonus, de tensions internes, de difficultés respiratoires, de difficultés à s'endormir, d'insomnies (autrefois, sous médicaments) avec des réveils prématurés ou en sursaut au milieu de la nuit (elle est très épuisée au matin), de cauchemars et de « ressassements destructeurs d'idées noires ». Elle se plaint, en outre, de douleurs physiques diffuses, de problèmes intestinaux et gastriques avec crampes et diarrhées, notamment en situation de stress, elle s'inquiète de baisser encore physiquement. Elle avoue se retirer socialement et simultanément craindre de ne plus pouvoir entretenir les relations existantes.

Elle tient encore à la relation qui s'est achevée treize ans auparavant. Son partenaire l'avait quittée pratiquement sans un mot très peu de temps avant le mariage. Elle évoque sa tristesse, son impuissance, sa colère et la piètre estime de soi qu'elle ne parvient pas à gérer depuis des années. Elle avait, toute sa vie, dû être la personne forte qu'elle constate ne plus pouvoir être, ce qui engendre un sentiment encore plus intense de moindre estime de soi, et elle a très peur d'être repoussée ou jugée négativement par les autres. Elle souhaite avoir un soutien pour apprendre à formuler et imposer ses besoins et ses souhaits, et pour avoir davantage de force.

Évolution biographique

La patiente est née en 1956. Elle aurait aimé être un garçon, et on lui en avait fait des insinuations, mais également ouvertement des reproches. La patiente était attristée par la déception de sa mère. Elle s'était, pour cette raison, toujours comportée comme un garçon, avait joué comme un garçon, jamais avec une poupée, avait grimpé aux arbres et pataugé dans la boue, comme elle pensait qu'un garçon devait jouer.

Elle a une sœur (de deux ans son aînée) avec laquelle elle devait prendre des égards et dont elle s'occupait, car elle était considérée comme plus forte qu'elle. La relation avec sa sœur avait été bonne pendant l'enfance, mais elle s'était énormément détériorée après la mort de la mère suite à un cancer (la patiente avait alors 30 ans). Elle avait, par la suite, dû s'occuper de son père, on lui avait donné le rôle de chef de famille. De frustration, le père s'était toujours davantage réfugié dans l'alcool, ce qui la répugnait, mais « ça n'avait pas pu le sauver ».

La patiente décrit sa mère comme « dominante ». La relation était tendue, peu affectueuse, caractérisée par l'incompréhension, la rigueur et l'arbitraire. Elle avait souvent été battue et avait pour la première fois tenté de se défendre à 15 ans. Lorsqu'elle entra dans la puberté, il devint très important pour sa mère qu'elle ait bonne apparence et que

« tout soit en ordre vis-à-vis de l'extérieur ». L'opinion des voisins et des tiers avait toujours été décisive.

Lorsque la patiente ne pouvait ou ne voulait pas accomplir un ordre, on la menaçait en lui disant : « Si tu ne le fais pas, on te met dans un foyer. » Le père ne l'avait jamais prise sous sa protection, il s'était montré impuissant et soumis.

Parcours scolaire

En fin d'école primaire, la patiente obtint un avis favorable pour aller au lycée. Sa mère s'y étant opposée, elle dut commencer une formation dès la fin du collège. Son père n'avait, ici aussi, pu avoir aucune influence sur cette décision. La patiente acheva prématurément sa scolarité, avec une mention. Elle ne s'était, par la suite, sentie bien dans aucune activité, avait souvent changé de travail, s'était rarement sentie intégrée et appréciée. Elle travaille comme assistante de direction selon le même processus qu'à la maison : recevoir des ordres et les exécuter.

Évolution sentimentale

La patiente fait la connaissance de son mari, le père de son fils, à 20 ans. Le couple dégénère rapidement, son mari (alcoolique) la bat, la viole, l'humilie, l'oppresse et la dévalorise en outre en ayant souvent des aventures sexuelles. Ayant peur de la violence de son mari, seul responsable pour son fils et elle-même, mais également de peur d'une dévalorisation sociale envers un couple divorcé, elle n'ose pas se séparer de lui. La situation empire jusqu'à sa première tentative de suicide, alors qu'elle a 28 ans.
Elle a, par la suite, des relations, le plus souvent avec des hommes nettement plus jeunes qu'elle, elle ne se sent jamais sûre et soutenue dans ces relations. Elle accepte une fois un

nouveau mariage, mais, peu de temps avant le mariage qui est déjà organisé, l'homme la quitte pour une autre femme. La patiente a, en tout, cinq relations et espère chaque fois être « suffisamment charmante pour qu'il y ait un homme qui puisse lui appartenir ». Au début du traitement, elle n'a pas de partenaire stable, elle se trouve solitaire, peu attrayante et sans espoir.

Constatations psychiques

La femme qui se présente pour le premier entretien est très soignée, vêtue avec des habits de jeunes, au premier abord, sûre d'elle et très mince. Elle donne l'impression d'être tendue, nerveuse, affectée, caractérisée par une anxiété intérieure, comme si elle n'avait pas le droit à l'erreur. Ses mouvements sont fébriles, elle tente de se contenir, son regard quête de l'aide. Elle donne l'impression d'être abattue et, par instants, gênée de solliciter de l'aide. Pendant le premier entretien, elle tente en vain à plusieurs reprises de refouler ses larmes. Elle devient plus ouverte et accessible, au fil du contact. Sous le coup de l'émotion, déprimée et triste, relativement indéterminée. La patiente se distance crédiblement de ses addictions et de ses tendances suicidaires. Elle pense certes tous les jours à se suicider, mais sans plans concrets.

Diagnostics

Récidives d'épisodes dépressifs, gravité moyenne, avec syndrome somatique, réaction à une charge post-traumatique, trouble anxieux généralisé, accentuation de la personnalité : anxieuse-évitante, manque d'assurance en soi, histrionique.

Explication

La patiente vécut dès sa naissance un rejet de soi-même. Elle renia précocement sa féminité. Elle vécut des culpabilisations, des exigences, une liaison arbitraire, l'insécurité, le mépris et la maltraitance psychique dans son enfance et sa jeunesse. Création d'un cercle vicieux d'exigences posées à elle-même, surmenage, que la patiente ressent surtout physiquement, peur de l'échec. Stratégie de création de lien par la performance, simultanément avec l'expérience que le lien est dangereux, blessant et vexant. La patiente en fit l'expérience à travers diverses relations. Elle échoua dans sa tentative de prendre le contrôle de la liaison avec des hommes plus jeunes, dans le but de générer une sécurité relationnelle. L'échec de sa tentative pour sauver son père de l'alcoolisme la convainquit d'être fondamentalement négative et vouée à l'échec (incapacité propre).

Elle s'appuie sur ces expériences et le point de vue intériorisé « Je ne vaux quelque chose que lorsque je me donne beaucoup de peine pour cela ». Lorsque ce modèle ne fonctionne pas et qu'elle se sent dévalorisée, elle se donne encore davantage de peine, lèse encore davantage ses propres souhaits et besoins pour atteindre le but plus élevé de l'assurance de sa propre valeur. Elle maintient ce système faute de pouvoir adapter sainement ses points de vue, ses évaluations et ses limites. Elle est trop épuisée et néglige, pour cela, massivement ses besoins de liens sociaux. Le manque de repos, faute d'un sommeil sain, se traduit, d'une part, par un faible processus de récupération (pendant le sommeil paradoxal) et, d'autre part, par une incapacité à supporter ses idées noires, les réveils nocturnes à répétition et les sentiments pénibles envahissants au niveau psychique.

Il lui manque des soutiens fiables qui lui permettraient de prendre conscience de sa propre efficacité. La pulsion permanente générée par des pensées tourmentantes et la forte tension physique que cela entraîne entretiennent la patiente dans un cercle vicieux psychosomatique.

Faute de stratégies appropriées, la patiente reste en mode « performance » et « sacrifice ». Cette tentative d'éviter ainsi les échecs et la détresse ne fonctionne pas. Le cercle vicieux performances-échecs ressort également clairement de ses stratégies d'action. L'auto-exclusion par la solitude représente une forme de contrôle. Cela pose toutefois un problème, notamment au travail, où ce comportement qui n'est pas collégial est dévalorisé en conséquence. On observe ainsi plusieurs cercles vicieux eux-mêmes interdépendants. Il est impossible d'isoler ici un symptôme d'origine, ce qui met clairement en évidence toute la complexité du trouble. Pendant de nombreuses années, on a agrégé les vexations, les sentiments pénibles, les traumatismes et les stratégies inappropriées dans un mix de sentiments et de comportements. Il est indispensable d'isoler les aspects individuels et de les traiter ensuite dans leur relation causale.

Anxiété et dépression : deux profils qui apparaissent volontiers ensemble

Les troubles anxieux et les dépressions sont, d'une manière générale, perçus séparément l'un de l'autre, comme deux profils de maladie distincts. Ce sont, dans la vraie vie, les meilleurs amis du monde qui se manifestent de préférence ensemble. Une étude actuelle[37] des Pays-Bas le confirme. Elle montre que chez 67 % des patients souffrant de dépression, celle-ci est accompagnée de troubles anxieux. Et environ le même pourcentage de personnes souffrant de troubles anxieux fait simultanément une dépression. Il y a une classification propre à cette forme de pathologie : « Anxiété et dépression, mêlées ».

Les neuroscientifiques s'intéressent énormément à la relation intime entre ces deux profils de trouble. Sur un scanner cérébral, il est, d'une manière générale, quasiment impossible de faire la distinction entre un dépressif et un anxieux : on peut quasiment toujours déterminer une hyperfonction de l'amygdale et du cortex préfrontal médian. L'hippocampe est souvent atrophié et on enregistre le plus souvent dans les deux cas une déficience du système de sérotonine. C'est pourquoi on traite ces deux profils de trouble avec les mêmes médicaments – et dans de nombreux cas, les patients y répondent bien.

Mais qu'est-ce qui relie exactement l'anxiété et la dépression ? Certains chercheurs disent qu'il ne s'agit pas d'un lien commun, mais d'une succession. Ils sont d'avis qu'une dépression est fondamentalement la suite logique de l'anxiété, pour ainsi dire le niveau suivant. Cette théorie est étayée par le fait qu'un trouble anxieux précède souvent une dépression – la réciproque n'ayant pour ainsi dire jamais été observée.

Jaak Panksepp étudia ce mécanisme au cours d'une expérimentation animale et il le décrivit comme étant « très émouvant ». Lorsqu'un poussin, un faon ou justement un enfant perd le contact avec sa mère, il réagit aussitôt par des douleurs de séparation. Panksepp identifia les unités neurologiques de ce mécanisme et appela la réaction *panic/grief*, soit « panique/tristesse ». Elle se manifeste chez les petits d'animaux et d'humains dès que le lien avec une personne de référence importante est coupé. L'être vivant émet aussitôt des sons de désespoir, également appelés « pleurs de désespoir[38] ».

Notre corps, au même titre que celui des animaux, est programmé pour réagir par un profond désespoir à la rupture d'une relation importante. Le désespoir est certes un sentiment vraiment horrible, mais c'est également un mode qui nous incite à tenter de nous en sortir. Le désespoir mobilise des forces en nous et nous met dans un état favorable à l'action. Le désespoir nous donne, sans ambiguïté, l'ordre suivant : « Rétablis la relation ! » C'est la raison pour laquelle on voit des poussins perdus et isolés sillonner la mare dans tous les sens, et des bébés paniqués chercher à quatre pattes dans toute la pièce leur maman qui a disparu de leur champ de vision. Lorsqu'il est en mode panique/tristesse, un être vivant entreprend tout ce qu'il peut pour se sauver et mettre fin à cet état d'abandon.

L'être vivant est certes habité par la peur, mais il se bat. La théorie veut que la dépression soit la prochaine étape, logique et triste : elle se manifeste lorsque toutes nos tentatives de nous en sortir ont échoué. Cela se reflète sous forme de résignation dans les pensées et les sentiments du patient. Celui-ci est, d'une manière générale, totalement sans espoir et a perdu le goût de la vie. « Ma vie ne vaut plus rien ! » « Ma famille me hait ! » « Je suis un boulet pour tout le monde ! » « Je n'ai aucune importance ! » « Je n'ai aucun droit de vivre ! » et « Je suis une mauvaise personne, autrement le destin ne me punirait pas ainsi ! » Toutes ces phrases, je les entends dans diverses combinaisons au cours des thérapies. Ce sont des constatations, des convictions internes de personnes qui ne peuvent rien imaginer de positif pour elles-mêmes.

Dysthymie : une vie sans saisons

La « dysthymie » est une forme de dépression dans laquelle les symptômes sont certes quelque peu atténués, mais pour cela nettement plus coriaces. Le trouble dépressif décrit ci-dessus se déroule d'une manière générale de deux façons différentes : soit il s'aggrave constamment, jusqu'à atteindre un apogée, soit il connaît deux phases au cours desquelles le patient va parfois mieux, parfois moins bien. Les personnes souffrant d'une dysthymie vont – souvent pendant des années, voire des décennies – constamment moyennement mal.

En grec, *dysthymie* veut dire quelque chose comme « morosité » – et on touche là assez bien au cœur du problème. Certaines personnes décrivent la maladie comme si leur vie était recouverte d'un voile à travers lequel tout le monde et toute chose paraissent plutôt gris. Le voile absorbe les couleurs bariolées de la vie, il n'y a ni haut ni bas – une vie sans saisons.

Le fait que les douleurs psychiques ne soient pas tout à fait aussi profondes que lors d'une grave dépression n'est malheureusement pas une bonne chose, et même assez souvent une malédiction. Une dépression moyennement forte ou très forte impose un traitement, parce que le patient ne parvient plus à la dissimuler ou à la supporter. La dysthymie laisse suffisamment de force au malade pour qu'il puisse certes assumer le quotidien, mais il perçoit cette humeur constamment morose comme une facette de sa personnalité.

Il peut arriver, lorsque le patient cherche de l'aide, que son état soit mal interprété, parce qu'il participe activement à la vie, raison pour laquelle la dysthymie n'est parfois ni détectée ni prise au sérieux. Le patient reste alors figé dans cet état terrible et désespérant. Un grand nombre de personnes abandonnent à un moment quelconque tout espoir et se résignent en raison de la coriacité et de la pérennité du trouble. Le patient ne vient, par la suite, consulter que lorsqu'un épisode dépressif vient se greffer sur cette humeur morose. On parle alors d'une *double dépression.*

Une dysthymie commence souvent dès le début de l'âge adulte. On estampille parfois la personne concernée comme étant « mélancolique », et elle adopte souvent ce rôle. Cela aggrave également le danger qu'elle ne perçoive pas la dysthymie comme un trouble, mais comme faisant partie de sa personnalité.

Bipolaire : et la Maserati est soudain tienne

Une dépression peut se manifester (1) constamment, (2) par phases et (3) crescendo. Il existe toutefois une autre possibilité. Elle peut prendre une forme totalement contraire : se manifester par une euphorie excessive. On parle alors de « trouble bipolaire ». Les personnes concernées sont littéralement projetées d'un pôle à l'autre – de la dépression à la manie, et retour. Alors qu'elles avaient un instant auparavant le plus grand mal à quitter leur appartement, elles débordent soudain d'énergie, lient de nouveaux contacts, mettent en œuvre des projets mirifiques, et tous les soucis sont soudain comme effacés. Leur rayonnement subjugue les autres et elles arborent une aura chatoyante de vainqueurs.

Cette euphorie leur fait toutefois souvent perdre le sens de la réalité. Elles prennent des décisions ou se laissent aller dans des comportements parfois confus et insensés. Mais elles n'en ont aucune perception pendant cette phase. Cela peut aller si loin qu'elles peuvent conclure des affaires ou faire des achats ruineux qui explosent complètement leur propre budget ou celui de tiers.

Elles se soumettent de manière incontrôlée à toutes leurs pulsions – parfois jusqu'à la ruine sociale et financière, voire la ruine de leur santé. J'ai eu en traitement un jardinier qui arriva un jour en Maserati.

Cet état peut durer des semaines puis s'épuiser totalement, plongeant ainsi le malade à une vitesse vertigineuse dans la plus profonde des dépressions. La phase intermédiaire est délicate. On peut parfois observer une phase hybride brisante : lorsque le niveau élevé d'excitation de la manie entre en contact avec le point le plus bas de la dépression. C'est dans cette phase qu'ont le plus souvent lieu les tentatives de suicide.

Certains auteurs décrivent la poussée maniaque comme une sorte de réponse immunitaire de l'organisme à la dépression. La théorie paraît séduisante. Mais il ne manque pas d'autres suppositions. Une variante génétique de ce trouble semble, par exemple, constituer un terrain favorable : chez certaines personnes, la densité et la sensibilité de récepteurs déterminés sont modifiées, de telle sorte que notamment la noradrénaline et la sérotonine sont travaillées autrement que chez les personnes saines.

Il peut arriver, dans certains cas, que le trouble bipolaire se manifeste comme un effet secondaire de certains médicaments. La cortisone, les médicaments contre l'hypertension – par exemple, les bêtabloquants, ou encore les antibiotiques – peuvent être à l'origine d'épisodes maniaco-dépressifs. La thyroïde peut également en être responsable, car elle peut générer un manque de tonus, de la morosité, ou encore de l'agressivité, de l'irritabilité et de l'agitation lorsqu'elle ne fonctionne pas correctement. L'alcool et la consommation de drogue sont également soupçonnés d'en être la cause.

La dépression post-partum : lorsque la mélancolie arrive avec les enfants

Inutile de chercher à enjoliver le tableau, les chiffres sont dramatiques : 20 % des femmes souffrent d'une dépression suite à l'accouchement, appelée également « dépression post-partum ». Cet instant qui, de l'avis général, devrait être le plus beau de leur vie, est, pour elles, le début d'une longue et horrible souffrance – pas uniquement pour les femmes, d'ailleurs. Environ 4 % des pères souffrent également d'une dépression post-partum.

Il n'y a pas réellement de moments « appropriés » pour une dépression, mais elle semble réellement incongrue chez une toute nouvelle maman qui aurait toutes les raisons d'être heureuse. Cette attente est précisément fatale de diverses manières : les mères connaissent parfaitement les attentes que l'on a d'elles et elles n'osent pas exprimer leurs sentiments réels. Qui oserait objecter, avec un beau bébé tout neuf dans les bras : « Je me sens tellement mal que j'aimerais autant mourir. » On a souhaité avoir cet enfant, il est là, on doit être heureuse et assumer son nouveau rôle. Se sentir dans cette situation ne fait que désespérer encore davantage la mère, ce qui aggrave à leur tour les symptômes. Ceux-ci sont, en outre, difficilement identifiables au milieu de la vague d'émotions tout à fait normale après une naissance. Une mère n'a-t-elle pas rapidement les yeux humides ? Et combien de fois n'entend-on pas dire : « Bah, ce sont les hormones ! »

Tout cela fait que l'on a, jusqu'ici, trop peu étudié cette forme spéciale de dépression. On la considère actuellement comme une forme subordonnée du trouble dépressif, mais plus on accumule les données la concernant, plus la dépression post-partum montre un profil qui lui est propre. Les enregistrements de scanners du cerveau laissent notamment les chercheurs perplexes : alors que les patients souffrant d'une dépression classique ou de troubles de l'anxiété ont principalement une amygdale hyperactive, cette dernière est même moins active chez les femmes après l'accouchement[39]. On ne peut actuellement pas en expliquer la raison. Mais, quelle qu'elle soit, un trouble dépressif ou anxieux après la naissance n'est pas uniquement horrible pour la mère, il touche également l'enfant et la relation et l'interaction si importantes entre la mère et son enfant. Les enfants de mère dépressive souffrent souvent toute leur vie. Des variations d'humeur – parfois très importantes – après l'accouchement sont réellement normales en raison du chamboulement hormonal et psychique. Mais on devrait rapidement demander l'aide d'un professionnel lorsque la morosité ou des angoisses permanentes et excessives durent plus de trois semaines. Ceci est particulièrement important lorsqu'il y a eu des cas de dépression dans la famille ou lorsque la mère elle-même a, auparavant, traversé un épisode dépressif. La probabilité d'une dépression post-partum est alors, en effet, plus élevée.

Cas d'étude : dépression post-partum

La patiente (35 ans) est mariée et mère d'un fils de 4 mois. Elle vient suite à une hospitalisation en urgence, sur la recommandation du médecin-chef de l'hôpital, pour un traitement thérapeutique ambulatoire. Elle parle de « symptômes pénibles », comme des insomnies massives liées à la peur et à l'inquiétude, un grand état d'épuisement, des douleurs, une affectibilité avec colère, tristesse et insensibilité vis-à-vis de son fils et des autres personnes, des sentiments de honte et de culpabilité. Retrait de la vie sociale, également vis-à-vis de son mari et de sa famille.

Elle ne voulait pas se marier, mais, une fois sa grossesse trop visible, elle avait accepté. Élevée dans la religion catholique, elle ne pouvait pas devenir mère célibataire. Elle a tenté de se ressaisir, ce dont elle a toujours été capable jusque-là, mais cette fois, ça ne marche pas. Elle a un sentiment d'infériorité, sentiment qu'elle a eu toute sa vie, et tente de le « compenser » en étant particulièrement performante dans son activité de contrôleuse.

La dégradation massive de son humeur ne s'est manifestée qu'après la naissance de son fils. Peu avant son entrée en clinique, elle avait une tendance aiguë au suicide, raison de son admission en urgence. Elle a, de temps à autre, des envies de se suicider, mais aussi de tuer son fils. Elle en est, elle-même, très effrayée et redoute de ne pas pouvoir se contrôler.

Elle a énormément honte de dire qu'elle ne sait absolument pas quoi faire avec son fils, il lui est comme un étranger qui attendrait quelque chose d'elle, mais elle ne ressent pas quoi. Toute sa famille est totalement sous le charme du petit, ce qui la laisse indifférente. Elle n'a pas envie de le toucher, de lui donner le sein, ni même d'avoir le moins du monde affaire avec lui. « Je n'ai pas le droit de le dire, mais je ne ressens rien envers lui, ni envers moi-même et mon mari. » Elle a très honte et est triste, parce qu'elle se l'était imaginé autrement. Son travail lui est important, et elle aimerait être le plus rapidement possible de nouveau capable de travailler. Son désir de tranquillité est toutefois très fort, ce qui engendre un conflit en elle.

Psychopathologie

Lors du premier entretien, une femme se présente, vêtue de façon banale, souriante et aimable. Elle ne laisse particulièrement rien paraître, elle est concrète et semble émotionnellement distanciée d'elle-même. Elle semble ne vouloir faire aucune erreur et a manifestement des raideurs dans la motricité. Une grande affectibilité et une grande peur se manifestent au fil des premiers entretiens, avec une importante connotation dépressive. Crises de pleurs, visions catastrophiques faisant appel à une grande fantaisie.

Le fait d'avoir été hospitalisée en urgence lui est particulièrement désagréable. Elle a honte de ses envies de suicide passées. Elle a toujours été d'avis que « l'on n'a pas le droit de se laisser aller ». Elle a dû revoir son point de vue et se ressent elle-même, de ce fait, comme étant inférieure, une ratée et une incapable, livrée sans défense à ses sentiments et à cette insensibilité.

Elle répète clairement les informations suivantes au cours des entretiens ultérieurs : peur des responsabilités et du contact avec son fils, intense ressassement d'idées noires en boucle en association avec des troubles de l'endormissement et du sommeil, cauchemars, retrait de la vie sociale, sensation d'insuffisance liée au désespoir et à la honte. Tonus subjectivement diminué, tout comme la concentration et l'attention. Les troubles de l'affect sont clairement dépressifs et anxieux, importants troubles végétatifs (appétit, sommeil, libido).

Évolution biographique du trouble

La patiente est née dans l'entreprise du grand-père, en tant que fille cadette (sœur, cinq ans plus âgée) d'un père architecte et d'une mère gérante. La famille vivait dans un catholicisme strict. Le père est décédé alors que la patiente avait 8 ans. La mère s'est, par la suite, montrée plus dure et plus sévère. Dans ses premières années, la patiente avait connu son père comme étant un homme retiré, distancié, jaloux, original, solitaire et froid. Il ne s'intéressait qu'aux résultats et trouvait même à redire à un dessin d'enfant.

Chez son père et sa mère, les punitions prenaient la forme d'une privation d'affection et d'attention, ainsi que de mutisme. Les récompenses s'exprimaient en cadeaux et en argent. On ne parlait jamais des conflits, tout était occulté. Du vivant de son père, la relation avec sa mère était plus affectueuse et plus attentionnée, mais aussi envahissante, moralisatrice et également très orientée vers les résultats. Sa mère ne l'avait pas crue capable de se débrouiller, ce qui avait toujours contrarié la patiente.

La mère avait complètement changé après la mort du père. Elle avait toujours mis sa fille davantage à contribution et avait sans cesse critiqué ce qu'elle faisait. La patiente avait toujours eu peur de faire quelque chose de travers, elle tentait de passer inaperçue et de faire uniquement ce qu'elle savait être correct. Son mari avait été un étudiant de sa promotion. Il s'était montré très attentionné envers elle, et ils étaient ensemble depuis cette époque. Il avait eu une autre petite amie pendant les deux premières années, mais « s'était finalement décidé pour moi ». Elle ne pouvait pas dire si elle l'aimait, mais il devait bien y avoir quelque chose. Lors de contacts, elle se montrait timide, retirée, peu sûre d'elle, elle évitait les conflits et était endurante. À 26 ans, elle s'était fait agresser alors qu'elle rentrait chez elle, tard le soir, mais il ne s'était rien passé. L'homme l'avait uniquement frappée, puis des gens étaient arrivés, et il s'était enfui.

La patiente dit se sentir souvent comme dans une coquille d'escargot dont elle n'oserait pas sortir. Elle fait ce qu'on lui demande, que ce soit avec son mari ou dans la société pour laquelle elle travaille actuellement. Elle se sent « intouchable » et en sécurité à travers la situation professionnelle qu'elle est parvenue à atteindre. La grossesse n'avait pas été prévue, mais son mari souhaitait, depuis longtemps déjà, avoir une grande famille. Elle-même n'y avait pas vraiment réfléchi.

Analyse comportementale

La patiente a intériorisé des sentiments d'impuissance et de détresse à partir de son parcours biographique et de ses apprentissages. La mort du père et l'agression, notamment, ont laissé chez elle des expériences d'apprentissage. La minimisation de l'agression comme stratégie de défense face à une situation vécue en état d'impuissance s'est greffée sur un traumatisme déjà non travaillé de son enfance : la mort du père.

On note dans sa biographie le manque de sollicitude, les dévalorisations et la déstabilisation de son moi au sein de la famille, puis, plus tard, dans son couple, son petit ami entretenant une autre liaison que la patiente minimise comme stratégie de défense.

Les sentiments d'inefficacité personnelle, d'impuissance et d'être à la merci de l'autre ont pu se renforcer. On note clairement, dans l'ensemble, une victimisation que la patiente elle-même n'est toutefois pas en mesure de percevoir. L'agression, mais aussi la naissance, sont considérées comme des événements traumatisants. C'est ici qu'émergea clairement chez la patiente le profil de trouble, dans le contexte de l'enfance et de la jeunesse à connotations négatives.

Le contact distant avec le père et sa mort prématurée ont été aussi marquants que le changement radical de comportement de la mère après la mort de son mari. Sa propre vision négative et dévalorisante d'elle-même, intériorisée par la patiente, a été contenue par un système unilatéral de valorisation de soi – la détermination à obtenir d'excellents résultats, tout en laissant de côté ses propres souhaits et besoins – et l'a menée à prendre des décisions orientées vers la satisfaction des souhaits des autres.

Le transfert de responsabilité vécu après la mort du père, lié aux critiques constantes de ses actes, engendra chez elle un vécu d'échecs culpabilisant et une considération fondamentalement négative de soi. La perception de ses propres désirs et besoins ne fut ni apprise ni favorisée, de telle sorte que la patiente n'est pas à même d'établir une frontière entre ses propres désirs et besoins et ceux des autres.

Le rejet de son fils peut, ici, être compris comme un processus accablant au sein d'un système traumatique. En outre, son fils est considéré comme la cause du rejet de l'intégralité de sa vie. Elle se reproche de ne pas parvenir à ressentir de l'émotion envers son enfant.

Le cercle vicieux de sentiment d'échec, de détresse, de dévalorisation de soi, de rigidité et de culpabilisation s'entretient de lui-même. La stratégie de la patiente – stabilisation de l'estime de soi en générant des soutiens – s'exprime clairement à travers son souhait de reprendre rapidement le travail. Il lui revient de mettre en œuvre dans d'autres domaines de sa vie cette stratégie indéniablement appropriée afin d'avoir davantage qu'un outil à disposition.

Ses stratégies inappropriées de maîtrise – comme prendre sur soi, tenir le coup et refouler – s'avèrent inefficaces et perpétuent son vécu d'impuissance et les accès dépressifs. La mère suivit en hôpital un traitement mère-enfant, explicitement orienté vers une dépression post-partum. Cela lui permit d'entrer en contact avec d'autres mères et d'échanger ouvertement avec elles. Ce fut également le point de départ qui lui permit de réviser sa perception de soi, et notamment, sa dévaluation de soi, ainsi que les points de vue moraux, et – dans la limite du possible pour elle – d'établir un contact avec son enfant. Assumer ses propres états d'âme est plus facile à dire qu'à faire et requiert constamment l'autorisation intérieure. Et, en outre, une représentation cognitive et, plus tard, une participation émotionnelle pour soi-même et pour l'enfant. Cela demande du temps, de la compréhension de la part des membres de la famille et une prise de responsabilité personnelle croissante.

Une dépression peut se ressentir comme un séjour en enfer. Mais on peut quitter cet endroit et retourner à la vie. Lorsque nous avons trouvé ce qui nous a entraînés dans la dépression, nous obtenons simultanément une description du cheminement pour en sortir. Beaucoup de formes de dépressions peuvent être stabilisées si les besoins de base font l'objet d'attention et de sollicitude. Nous ne pouvons pas changer notre passé, mais nous pouvons adopter une attitude différente vis-à-vis de notre vécu. Les sentiments d'impuissance, de détresse et de dévalorisation de soi disparaissent lorsque le patient a la sensation de pouvoir influer de manière plus autonome sur sa vie.

La vulnérabilité : l'intervalle temporel entre la cause et le trouble

Pourquoi certaines personnes deviennent-elles très malades après avoir vécu un événement déterminé alors que d'autres surmontent un événement d'une gravité similaire ? Et pourquoi observe-t-on souvent un intervalle temporel de plusieurs années, voire décennies, entre un événement traumatisant et le début visible d'un trouble psychique (et souvent physique) ? Un grand nombre de facteurs d'une grave dépression datent de l'enfance, et un grand nombre d'adultes ne deviennent malades que dans la force de l'âge, voire à un âge avancé. Pourquoi ce laps de temps ?

On commence aujourd'hui à mieux comprendre ce qui fut pendant longtemps une énigme pour les psychologues. Lorsqu'un enfant fait une expérience traumatisante, son corps réagit de manière appropriée : il active l'axe du stress. Le jeune organisme en plein développement est alors inondé de cortisol. Une importante sécrétion de cortisol peut, à cet âge, influer sur les « dendrites ». Les dendrites sont des prolongements qui poussent, telles de minuscules branches, sur les cellules nerveuses. Elles sont importantes car elles reçoivent les excitations et les transmettent au cœur de la cellule nerveuse. Elles poussent ou se ramifient moins bien en cas d'influence trop importante du cortisol.

Cela concerne parfois des cellules nerveuses dans des zones du cerveau qui n'arrivent complètement à maturité qu'au début de l'âge adulte. Et ce n'est qu'à partir de cet âge que l'on peut déterminer si elles fonctionnent à pleine capacité ou non. Les expériences négatives passées ne laissent donc pas des cicatrices uniquement dans le sens abstrait du terme, mais très concrètement. Ce peut être l'une des explications de ce laps de temps entre la cause et le trouble.

Une autre possibilité serait que le système du cortisol dans son ensemble souffre d'une sorte de dysfonctionnement lorsque le corps est trop souvent ou trop intensément inondé de cortisol pendant les années où il se développe. Ce dysfonctionnement ne se manifeste toutefois que lorsque le corps doit ultérieurement de nouveau réagir à un stress durable ou intense. Ce pourrait être le cas d'une personne qui fut maltraitée dans son enfance, qui a surmonté cette période, mais exerce un métier dans lequel elle est exposée à un très fort stress professionnel.

Il se peut qu'elle commence à manifester des symptômes d'une dépression, parce que son corps, ayant déjà subi une forme d'atteinte préalable, n'est pas en mesure de gérer le niveau élevé de stress. Il n'abaisse pas suffisamment la fonction du cortisol ou pompe constamment beaucoup trop de l'hormone de stress – avec les effets correspondants sur le corps et l'âme. Sans cette atteinte préalable, cette personne ne réagirait vraisemblablement pas aussi violemment aux conditions présentes et ne développerait pas de trouble.

Une autre réaction est possible à un excès d'anxiété ou de stress dans les jeunes années : le corps ne produit pas trop de cortisol, mais trop peu. Et ce, parce que les glandes surrénales, chargées de mettre constamment à disposition tout le cortisol nécessaire, sont à un moment quelconque épuisées. Débordées, elles baissent pour ainsi dire les bras, et soit elles réduisent la production de cortisol à un minimum, soit elles cessent d'en produire. Les fonctions vitales importantes dépendantes d'un niveau normal de cortisol sont alors perturbées. Mais ce n'est pas tout. Cet état constitue simultanément l'approche numéro 2 pour expliquer le laps de temps qui s'écoule entre le traumatisme et le trouble.

Une étude dans un contexte très dramatique a fait beaucoup progresser la science et le confirme de manière très impressionnante[40] : on a, pour cela, examiné des femmes qui avaient survécu à un viol. On ne releva pas sur un certain nombre d'entre elles – et contre toute attente – des valeurs de cortisol élevées, mais, au contraire, particulièrement basses. Il s'avéra que ces femmes n'avaient pas fait là leur première expérience traumatisante. Elles avaient déjà été autrefois affectées par des événements horribles et elles développaient, avec la plus grande probabilité, un trouble post-traumatique consécutif au dernier événement en date. Les femmes qui n'avaient pas été affectées par une expérience traumatisante antérieure présentaient des valeurs élevées de cortisol – et elles développaient plus rarement un trouble consécutif au traumatisme que les femmes précédemment affectées par une expérience traumatisante.

Voici ce qu'en déduisirent les chercheurs spécialisés dans le cerveau : la sécrétion de cortisol est vraisemblablement réduite en réponse au stress consécutif aux événements traumatisants antérieurs. Les agressions sexuelles ou le manque de soin dans l'enfance engendrent, dans un premier temps, une fonction plus importante du cortisol. Avec le temps, le corps s'endurcit, et on observe une tendance à une baisse de la fonction du cortisol. En effet, le corps veut en diminuer la quantité lorsque la sécrétion de cortisol est trop importante. Trop de cortisol est toxique, et il veut protéger l'organisme – il atténue, de ce fait, la réponse au stress.

Cela s'avère certes approprié sur le moment, mais peut favoriser plus tard l'émergence d'un trouble psychique en cas de nouveau traumatisme ou plus simplement de pics de stress. Les chercheurs travaillent pour cette raison sur une nouvelle forme de thérapie : on a pu avérer que l'administration d'une unique dose élevée d'hydrocortisone dans les six heures suivant l'événement traumatisant (par exemple, un accident de voiture) peut atténuer aussi bien les symptômes qui suivent souvent le traumatisme (flash-back, troubles du sommeil, forte émotivité) que la formation d'un trouble post-traumatique[41].

Les expériences négatives antérieures déterminent donc très concrètement l'influence qu'auront sur notre vie les expériences à venir. Elles nous rendent vulnérables et sensibles. Elles provoquent une blessure psychique. En grec, *trauma* signifie d'ailleurs « blessure » et est, de ce fait, la dénomination la plus appropriée.

Le traumatisme et les blessures psychiques

Un homme vit en moyenne quatre-vingts ans sur cette terre, et même si nous nous le souhaitons tous ardemment, il est quasiment impossible pour la plupart d'entre nous de ne pas faire, pendant tout ce temps, au moins une expérience traumatisante. Selon certaines études, plus de 50 % des êtres humains font une expérience qui change durablement leur vie : perte d'un être cher, accident, agression, viol ou violence, catastrophe naturelle ou technique.

Des besoins de base non satisfaits sont également traumatisants. Être abandonné, vivre avec un parent imprévisible, avec des violences verbales ou physiques, tout cela est aussi menaçant pour la vie d'un être humain qu'un accident ou un crime. Et laisse également des blessures.

Notre corps et notre âme sont fondamentalement en mesure de gérer des blessures. Elles peuvent guérir ou on peut, pour le moins, en atténuer les douleurs – qu'elles soient physiques ou psychiques. Mais, au même titre qu'une blessure physique, une blessure psychique peut parfois ne pas guérir.

La plaie reste ouverte, ainsi que la blessure chronique chez environ 25 % des personnes qui ont fait une expérience traumatisante. Elles développent un profil de trouble appelé « état de stress post-traumatique », ou ESPT.

Un ESPT présente les symptômes suivants : la personne concernée ne se souvient pratiquement plus, ou partiellement seulement, des aspects importants de l'événement traumatique. Elle se trouve dans un état constant de vigilance. On peut dire qu'elle est constamment à l'affût. Les psychologues parlent d'« hypervigilance ».

La personne concernée présente un vaste profil comportemental : elle souffre de difficultés de concentration, d'irritabilité et d'accès de colère, elle est très craintive et a de grands problèmes d'endormissement et d'insomnie. Un grand nombre d'entre elles se retirent de la vie sociale, elles se sentent comme estourbies ou émotionnellement émoussées. Elles évitent, en outre, le plus possible toutes les situations qui pourraient leur rappeler de près ou de loin l'événement traumatique qu'elles ont subi.

S'ajoute à cela une chose très typique : des pensées, des rêves et des cauchemars s'imposent à elles, elles revivent des moments de l'événement traumatisant. Ceux-ci leur tombent parfois dessus comme du ciel et sont parfois provoqués par des « déclencheurs » – des excitations qui présentent, d'une manière ou d'une autre, des similitudes avec l'événement traumatisant. Le souvenir peut parfois être si intense que la personne concernée a la sensation de le revivre – avec toutes les peurs et les émotions qu'elle a enregistrées avec le traumatisme.

L'une de mes patientes décompensa un jour très soudainement dans une situation apparemment anodine. Elle mangeait une glace avec une amie par une belle journée d'été. La glace fondit et coula sur ses doigts. Elle fut soudain submergée par des images d'une ancienne scène et sortit littéralement de ses gonds. Ces images lui revenaient d'un camp de vacances avec son club de sport auquel elle avait participé quand elle était enfant. Elle y avait été agressée sexuellement par l'un des accompagnateurs. Il l'avait contrainte de le masturber, et le sperme s'était écoulé sur sa main. L'association d'idées avec la glace à la vanille coulant sur sa main s'avéra être ici le déclencheur.

Flash-back : la mémoire chaude et la mémoire froide

On a, entre-temps, bien étudié le mécanisme qui fait que les personnes concernées sont typiquement assaillies par de tels souvenirs : l'axe du stress intervient comme pour toutes les peurs subies par une personne. Les expériences traumatisantes sont toutefois si violentes que le système est quasiment hors de contrôle – et il modifie radicalement notre manière normale de gérer les souvenirs.

L'étude des souvenirs est, d'une manière générale, une affaire très complexe, mais les chercheurs ont trouvé le moyen d'en représenter la partie la plus importante de façon très réaliste. On peut faire, dans notre tête, la distinction entre deux archives différentes dans lesquelles sont normalement stockés nos souvenirs : la mémoire chaude, et la mémoire froide. On retrouve, triées dans la mémoire froide, les informations les plus explicatives, comme le lieu, l'heure et le déroulement d'un événement. Se trouve, par contre, dans la mémoire chaude tout ce qui a un rapport sensoriel avec l'événement, comme les odeurs, les bruits, la rapidité du pouls et les émotions ressenties.

Lorsque nous nous souvenons de quelque chose, ces deux systèmes coopèrent normalement sans problème. Lorsque, par exemple, nous pensons à nos dernières vacances au Portugal, nous savons très exactement quand nous y étions et où, et, simultanément, nous avons une sensation de bien-être en pensant au merveilleux bruit de la mer. Il ne viendrait vraisemblablement à l'idée de personne que des informations de deux zones différentes se rejoignent précisément dans cette pensée. Cette belle coopération peut toutefois pratiquement s'interrompre si, pendant un événement, l'axe du stress réagit excessivement violemment. Et c'est ce qu'il fait. Il réagit en effet nettement plus violemment pendant une situation potentiellement mortelle qu'à l'occasion d'une peur normale.

Nous, les êtres humains, nous sommes équipés de façon à pouvoir affronter correctement les dangers avec nos réflexes qui consistent à combattre, fuir ou se figer. Mais nous avons également une conscience. À l'instant où nous subissons quelque chose de violent contre lequel nous ne pouvons pas nous défendre, nous nous rendons compte que nos systèmes de défense ne nous servent à rien. Nous sommes impuissants et sans défense. Ces deux sentiments nous touchent particulièrement, parce que ce cas n'est pas prévu. Ne pas pouvoir se défendre contre un événement signifie, en fait, que nous devons supporter notre propre fin, et ce, en toute conscience.

C'est également la raison pour laquelle les soldats de retour du combat souffrent souvent d'un état de stress post-traumatique : parce qu'ils devaient refouler leur réflexe naturel de combat ou de fuite pour remplir une mission. Aucun autre être vivant ne ferait ou déciderait chose pareille. Mais l'ordre supérieur met en veille les processus naturels.

Lorsque la vie d'un homme est en danger, son amygdale se fiche complètement de ce que l'hippocampe peut lui transmettre pour l'apaiser. Elle réagit au niveau maximal d'excitation, totalement affranchie des autres structures. On peut également dire qu'elle mène ses propres affaires sans que le moindre apaisement n'ait prise sur elle. Cela se traduit par un enregistrement particulièrement intensif de contenus dans la mémoire chaude.

Et quand bien même l'amygdale écouterait l'hippocampe dans cette situation, il souffre lui-même tellement sous un flux massif de cortisol qu'il ne peut pas accomplir vraiment bien son travail. Sa mission consisterait maintenant à enregistrer les informations sur le temps et le lieu, mais il ne le fait même pas.

Un nombre particulièrement important de choses sont enregistrées dans la mémoire chaude lors d'un événement traumatisant : les sentiments, les bruits, les pensées, les scènes. Mais il manque simultanément les ancrages spatio-temporels de l'événement dans la mémoire autobiographique. De même, il en manque souvent le déroulement chronologique. C'est la raison pour laquelle les personnes concernées ont tant de mal à se souvenir et à décrire fiablement le déroulement d'une situation. Alors que, d'un autre côté, elles sont très souvent rattrapées par des fragments de souvenirs douloureux.

Cela ne tient pas au seul fait que la mémoire chaude est bien garnie d'images et de sentiments, mais aussi parce qu'elle peut simultanément être plus facilement évoquée que la mémoire froide. C'est la raison pour laquelle il suffit souvent d'un petit déclencheur pour faire embraser tout le système et replonger aussitôt la personne concernée dans l'horrible événement – avec le cœur qui bat la chamade, les nausées et les émotions.

Cas d'étude : le stress post-traumatique

Situation

Le patient – un homme de 56 ans, marié et père d'une fille (25 ans) – est commercial. Il se présente à moi pour un premier entretien, sur la recommandation de la psychiatre qui le suit, avec un diagnostic préétabli de symptômes dépressifs. Il souffre depuis déjà trente ans de phases dépressives à évolution progressive, ses symptômes se sont nettement accentués et étendus depuis six mois : manque de tonus, déficit de concentration, forte tension (se manifestant parfois par d'importantes courbatures), sentiments de détresse et vécu d'impuissance.

Il décharge sa colère et sa tension intérieures quasiment insupportables en donnant, par exemple, des coups de poing dans les murs et les portes, ou des coups de pied dans des arbres et des cailloux lorsqu'il va se promener. Il s'est autrefois souvent battu, a réagi par l'agression aux rejets et aux critiques. Il dit avoir « une mèche courte » et perçoit sa vie comme une charge et un combat permanents.

Il rumine beaucoup, se sent sans espoir ni perspective. Il a des pensées suicidaires « des fois plus intenses, des fois moins » depuis des décennies. Il espère d'une thérapie qu'elle lui permettra de changer positivement sa vie. Indépendamment des phases dépressives, il souffre d'importants troubles du sommeil et a des difficultés à se concentrer et à s'engager dans son travail. Il dort rarement plus de quatre heures par nuit, rarement d'une traite.

Il lui revient, en outre, des images de son enfance et de sa jeunesse, et ce, aussi bien le jour (sous la forme de scènes « jaillissantes ») que la nuit, sous la forme de cauchemars. Des symptômes d'un état de stress post-traumatique émergent au cours de la thérapie dans le contexte de massives expériences de violence dans son enfance et sa jeunesse. Il se sent intérieurement « comme agité, mais également mort », a des « crises de pleurs infondées », souffre, par instants, d'une importante dépréciation de soi et d'une peur de l'échec. Lors de ses accès incontrôlables de colère, et pour éviter de s'en prendre à des tiers, il tape sur des objets, mais se frappe aussi lui-même.

Il a, pendant longtemps, consommé énormément d'alcool, mais a cessé, il y a dix ans. Il s'est sevré seul, sans aide. Il a énormément honte de sa période de violence, n'a aucun respect de soi. Il n'est globalement pas sûr de lui dans les contacts sociaux, il est anxieux et les évite le plus possible. Il a un chien qui est « tout ce qu'il possède au monde », son fidèle compagnon. Son couple n'existe plus que sur le papier. Il en est convaincu : « Je ne suis pas fait pour le couple. »

Il espère de la thérapie une stabilisation dans son quotidien, ainsi que des perspectives pour sa vie, un meilleur sommeil, la disparition des cauchemars et une meilleure gestion de sa colère. Il ne peut, en ce moment, pas imaginer une amélioration de son couple. Il vit actuellement séparé de sa femme, il a quitté la maison avec son chien.

Évolution biographique du patient et anamnèse de la maladie

Le patient a grandi en tant qu'aîné d'une fratrie de quatre frères et deux sœurs dans la maison de ses parents biologiques, dans une atmosphère empreinte de violence, de peur, d'arbitraire et d'impuissance. Le père était une personne qui savait se faire respecter (par la peur), et le patient était copieusement battu lorsqu'il le contredisait. Le père mettait littéralement en scène ces raclées.

La famille entière devait y assister, les enfants (notamment les frères) étaient l'objet de toute sa colère. Il battait violemment ses fils, alignés en rang, avec une ceinture, un bâton ou d'autres objets. En tant qu'aîné, le patient était celui qui recevait le plus de coups. La mère était elle aussi violemment battue, sous les yeux des enfants, lorsqu'elle tentait de s'interposer. « La colère meurtrière de mon père ne s'arrêtait que lorsqu'il était épuisé. » Le père était le plus souvent complètement saoul. Il ne cessait même pas de frapper lorsque la peau du patient ou de ses frères éclatait et saignait.

Les situations de violence étaient aléatoires. Le patient n'avait jamais réussi à savoir s'il s'était bien ou mal comporté avant une raclée. Il supposait que tout ce qu'il faisait était mal et qu'il « méritait » la punition. Face à son père, il se sentait toujours impuissant, anxieux, tendu, comme un objet, jamais comme un être humain. Sa mère, qui était entre-temps décédée, n'avait jamais pu aider aucun de ses enfants, dont le patient.

Elle était affectueuse et chaleureuse, mais n'était jamais parvenue à s'imposer ni à s'enfuir avec les enfants. La relation du patient avec ses frères et sœurs avait toujours été bonne. Au début de l'âge adulte, il s'était activement opposé au père pour lui montrer qu'il était fort et qu'il ne parviendrait pas à le briser. À partir de cet instant, le patient avait toujours eu davantage recours à la violence pour éviter, par l'agression, les conflits ou les dévalorisations de sa personne. Il avait quitté la maison à 17 ans. Depuis qu'ils étaient adultes, les frères et sœurs n'avaient jamais parlé de leur enfance.

Le patient avait massivement consommé de l'alcool et des médicaments jusqu'à la naissance de sa fille. Abstinent, par la suite, il s'était alors tourné vers le jeu, ce qui avait provoqué des disputes au sein du couple. Il avait alors consacré davantage de temps à son travail. On y appréciait son engagement, mais il ne pensait pas en faire suffisamment. Les premiers symptômes de dépression – l'épuisement, les peurs de l'échec et la surexcitation – n'étaient apparus qu'après la séparation.

Situation sociale

Le patient vit en location avec son chien. Le déclencheur de la séparation avec sa femme avait été une dispute entre elle et son propre père. Ce dernier avait crié sur la femme du patient et avait voulu s'approcher d'elle. Le patient avait vu rouge et étranglé le père.

Constat psychique au moment de la demande de prise en charge

Le patient manque d'assurance lors des contacts, il évite le contact avec les yeux, est extrêmement tendu. Les mains croisées, les articulations des doigts sont blanches. Affectivité négative et forte tension douloureuse sont immédiatement visibles. Il adopte un comportement manifestement soumis.

Il évoque de fortes variations d'humeur, de la tristesse, la perte de la joie de vivre et l'absence de perspectives, des sentiments de culpabilité et de honte, ainsi qu'un manque de tonus. Il fait part de fortes insomnies, avec réveil très matinal. Des peurs existentielles et peurs de perte, ainsi qu'un problème d'estime de soi ont pu être explorés. Trouble formel de la pensée : tendance à ressasser. Aucun trouble du contenu de la pensée, aucun symptôme psychotique. Accès de colère incontrôlables avec une hypervigilance globale liés à des flash-back. Tendance suicidaire : pensées suicidaires avec une distanciation crédible du passage à l'acte. Tendances anxieuses-évitantes dans le comportement interactionnel. Anamnèse des drogues : autrefois dépendant à l'alcool et aux médicaments, jeu pathologique. Abstinent depuis des années.

Analyse comportementale/conditions d'émergence de la maladie

Les expériences de violences physiques et verbales sur le long terme, les traumatismes invalidants infligés par son père et le manque de protection de la part de la mère ont entraîné une traumatisation complexe du patient avec développement d'une image instable de soi, ainsi qu'un manque flagrant d'assurance dans les liens et un apprentissage inapproprié des modèles. L'arbitraire vécu pendant son développement, le manque de satisfaction de ses besoins de base de sécurité, de contrôle, de liens et de stabilisation de l'estime de soi se traduisent par une âme qui s'est développée dans un combat constant pour la survie.

L'ambivalence de ses sentiments vis-à-vis des parents l'a profondément déstabilisé. Le manque de modèles d'apprentissage adéquats n'a pas permis le développement d'évaluations autoréflectives et critiques, ainsi que de compétences de régulation des émotions. De par son vécu, le patient n'a pas pu apprendre à percevoir ses propres besoins, limites et émotionalités. Son comportement compulsif, ainsi que la consommation d'alcool et de médicaments et le jeu se sont intensifiés négativement de bonne heure et consistaient en une série de stratégies de maîtrise inappropriées.

Le patient fut excessivement sollicité par de multiples foyers de problèmes : recrudescence des conflits au sein du couple, situation de surcharge au travail. Associé aux nombreux défis interactionnels dans le contexte de sa structure de personnalité fortement caractérisée anxieuse-évitante et manquant d'assurance, tout cela a entraîné un franchissement répété de ses limites. L'accroissement du niveau de tension, ainsi que son fort vécu d'impuissance et le fait de se savoir incapable d'avoir les réactions appropriées, ajoutés à la première manifestation de trouble dépressif et à la situation de danger avec le beau-père, ont entraîné une décompensation dépressive.

Diagnostics

État de stress post-traumatique, trouble dépressif récidivant (actuellement épisode sévère), insomnies non organiques, problèmes avec la maltraitance physique d'un enfant.

Indépendamment de tous les effets dramatiques de son enfance traumatique sur sa vie, on relève un autre facteur très typique : le patient vient consulter avec une dépression, mais pas avec la véritable cause, un ESPT. Le cas est très fréquent. Un ESPT est un terreau favorable pour lesdits « troubles comorbides », c'est-à-dire pour les troubles qui viennent s'ajouter aux troubles d'origine ou qui sont favorisés par ces derniers. Les troubles comorbides sont davantage la règle que l'exception dans le cas d'un ESPT. Les troubles qui l'accompagnent le plus souvent sont : les troubles anxieux, les troubles dépressifs, les troubles somatoformes – c'est-à-dire physiques – et les addictions.

Pour aussi grave et désespéré que puisse paraître le cas de ce patient, ce dernier put, grâce à une thérapie comportementale et un traitement spécifique à son traumatisme, mener une vie dont il n'osait même pas rêver.

L'amertume post-traumatique

Amer est celui qui est difficile à consoler, qui garde longtemps sa colère ; il enferme son excitation au fond de lui et ne la cesse que lorsqu'il a pu se venger. La vengeance consommée apaise l'excitation, en remplaçant le sentiment de la douleur par le sentiment de la satisfaction. La pression continue à agir, si elle n'a pas lieu. [...] Cet homme est le plus lourd des fardeaux pour lui-même et pour ses amis les plus intimes.

Aristote

À la fin des années 1990, le psychothérapeute berlinois Michael Linden fut constamment confronté dans la clinique de réadaptation de Seehof, près de Berlin, à des patients qui présentaient des symptômes communs, mais ne semblaient entrer dans aucune classification classique des troubles. L'un de ces points communs était que le trouble psychique s'était manifesté après un événement clairement identifiable. Linden reçut des patients qui menaient une vie totalement banale depuis des décennies et qui – suite à un déclencheur déterminé – devinrent très malades psychiquement sur le long terme. Certains d'entre eux durent être mis en arrêt maladie pendant de nombreuses années.

Une telle réaction apparaît normalement surtout dans le cas d'un ESTP. L'événement déclencheur évoqué par les personnes concernées ne présentait, d'une manière générale, jamais ni les caractéristiques classiques ni le degré de gravité de celui d'un traumatisme psychique classique. Les événements, certes pénibles, n'étaient pas aussi dramatiques qu'un viol, une guerre ou une agression. C'étaient des situations que la plupart d'entre nous doivent et peuvent gérer à un moment de leur vie : un licenciement, des problèmes de couple, une séparation, un harcèlement ou tout simplement des conflits avec des tiers. Un point commun à tous les patients était qu'ils estimaient particulièrement injuste ou déloyal cet événement dans leur vie. Et ils souffraient énormément de cette situation. Ils étaient principalement d'humeur dépressive, en colère et impuissants. Ils présentaient, en outre, un état émotionnel bien particulier que l'on peut appeler l'« amertume ». Une forme bien particulière de chagrin et de frustration. Ils présentaient certes souvent encore d'autres symptômes similaires à une dépression ou à l'anxiété, mais Linden décrivit ces sentiments comme ayant une autre « qualité émotionnelle ».

Il définit, de ce fait, ce phénomène comme un nouveau trouble en soi : l'amertume post-traumatique[42]. Un grand nombre d'autres scientifiques se penchèrent également sur ce thème. Certains auteurs décrivent ce trouble comme étant lié à une injustice sociale, d'autres y voient une réaction à une longue période de chômage. Il semble surtout être une vexation non surmontée. Ils sont toutefois unanimes pour dire que l'aspect de justice joue un rôle particulièrement important dans l'émergence de ce trouble. L'amertume post-traumatique est systématiquement liée à un sentiment brûlant de déloyauté, d'injustice et de mépris. Pratiquement tous les patients ont la sensation d'avoir été mal traités sans raison.

Kohlhaas et le trouble de l'amertume

Alors que la psychologie commence seulement à se préoccuper de ce thème, la littérature la devance de plusieurs siècles. La vexation, l'amertume et l'injustice sont des thèmes récurrents de la littérature. Le summum de la personne amère est certainement Michael Kohlhaas, du roman éponyme de Heinrich von Kleist, publié en 1810. Le maquignon Kohlhaas est victime d'une grande injustice : un prince de province fait saisir illégalement deux de ses chevaux. Son sentiment de justice lésé incite, à un moment quelconque, Kohlhaas à faire justice lui-même, ce qui entraîne une nouvelle injustice et s'achève par l'exécution de Kohlhaas.

On évoque si volontiers Kohlhaas en relation avec l'amertume post-traumatique parce que ses descriptions se lisent comme des observations d'une précision quasi clinique – et que ce roman relate une succession chronologique réellement très typique pour ce cas : les personnes concernées ne se sentent pas uniquement injustement traitées, elles émettent le souhait démesuré que cette injustice soit réparée. La vengeance ou le sentiment de vouloir contre-attaquer reviennent très souvent dans le cas de ce trouble et dominent les pensées du patient.

Bien que le patient ait ces pensées en boucle, il ne les exprime le plus souvent pas directement. Il sait que la vengeance et les pensées de vengeance ne sont pas uniquement mal vues socialement, mais qu'elles ne sont, en outre, pas morales et même condamnées par la religion. Il n'en exprime souvent qu'une forme édulcorée dans laquelle il souhaite vivement qu'il arrive pareil malheur au responsable présumé. Le désir de vengeance peut littéralement éclaircir son humeur, souvent brièvement. Il peut toutefois prendre de telles proportions qu'il n'est pas rare que, dans ses fantasmes, la personne veuille blesser ou tuer le responsable. Et qu'elle passe parfois à l'acte.

Ses pensées tournent également beaucoup autour de l'événement déclencheur. Un auteur lui accorde d'ailleurs explicitement un « caractère centrifuge[43] ». Ce n'est toutefois pas productif et tend même à radicaliser l'état du patient.

Tous ceux qui ont déjà voulu vraiment se venger de quelqu'un connaissent cela : on souhaiterait cibler sur ce que cette personne a de plus cher au monde pour la toucher le plus durement possible.

On suppose que, dans le cas du trouble de l'amertume, la personne concernée a précisément été touchée de cette manière : quelqu'un a mis à mal ses *basic beliefs*, comme dit Linden, c'est-à-dire les valeurs et les hypothèses de base vraiment centrales pour cette personne. Chacun de nous a de tels *basic beliefs* sous une forme plus ou moins accentuée. Ce sont, par exemple, les convictions comme « Dieu est bon », « un couple, c'est pour la vie » ou « on a ce que l'on mérite ». Un peu plus globalement, cela tourne souvent autour du *Belief in a just World*. La croyance en un monde juste est une hypothèse selon laquelle l'être humain est porté par une espérance globale qui veut que le monde soit fondamentalement juste.

Si quelqu'un se donne énormément de peine pour avoir quelque chose, tout le monde devrait trouver normal qu'il l'obtienne. Une personne qui s'approprie tout simplement quelque chose ou ne se donne aucune peine pour l'avoir ne doit pas s'étonner si elle va à l'échec. La désapprobation envers quelqu'un qui s'est approprié quelque chose « illégitimement » s'exprime par son rejet et la colère des autres. Mais la jalousie joue également un rôle de la part de ceux qui sont incapables d'en faire de même. C'est ainsi qu'émergent plusieurs dissonances dans un système de corps. Il n'est pas rare que, pour se décharger de cette pression, on ait recours à la violence ou veuille rendre justice soi-même.

La justice est l'un des thèmes centraux des pièces et films que nous regardons si volontiers. Un film ne peut pas se terminer sur une injustice, le coupable doit payer pour son crime – nous suivons fébrilement son déroulement, même si l'action est purement fictive. Le sentiment d'injustice semble être un mécanisme profondément ancré chez l'homme, et nous ne le ressentons peut-être si fortement que parce qu'il est couplé à notre besoin de base de contrôle. Nous attendons parfois de la police ou de l'État qu'ils satisfassent à notre besoin de contrôle : « L'État veillera bien à ce que la justice triomphe », beaucoup de gens semblent vouloir y croire. Plus de telles convictions et de telles considérations de valeurs sont figées chez une personne, plus celle-ci sera touchée durement lorsqu'elle devra faire l'expérience que cette hypothèse n'a aucune validité, et elle se sentira trompée.

Michael Linden estime que ce n'est pas un hasard si le trouble de l'amertume fit une percée notable dans les années 1990, et surtout autour de Berlin. Un certain nombre de ses patients étaient des victimes de la *Wende*. Chez un grand nombre de personnes, la chute du mur de Berlin a remis en question des projets de vie fondamentaux. Elles durent, d'un seul coup, apprendre à composer avec des changements professionnels, sociaux, familiaux et moraux. Tout le monde ne le peut pas. Le système politique régentait certes le peuple, mais il était fiable à sa manière. Il offrait la sécurité et une forme de protection : « L'État va faire ce qu'il convient. »

Dans nombre de contributions haineuses que l'on peut, de nos jours, lire sur les réseaux sociaux et les forums et qui envoient au diable les hommes et femmes politiques, on constate chez une multitude de personnes l'amertume et la vexation d'avoir été laissées au bord de la route. Le sentiment de vouloir se rebeller se répand dans la population et se concrétise sous la forme de protestations et de créations de nouveaux partis qui veulent donner une leçon aux partis établis.

Le trouble de l'amertume est persistant, c'est-à-dire qu'il est tenace et difficile à traiter. Selon Linden, c'est en général un processus chronique dont on ne vient pas à bout en six mois ou en deux ans. Comme l'a déjà décrit Aristote, les gens ont la rancune tenace. La citation ci-dessus est extraite de son œuvre *Éthique à Nicomaque*. Le but de cet ouvrage est de tirer un fil directeur qui permet d'apprendre à devenir un homme bon et à mener une existence heureuse. C'est la raison pour laquelle la solution à l'amertume se trouve également déjà dans ce manuscrit vieux de deux mille ans : l'homme peut surmonter son amertume s'il parvient à « travailler l'émotion intérieure. Mais pour cela, il a besoin de temps ». Ou d'une bonne thérapie comportementale.

Le syndrome du burn-out

Pensez quelques instants à votre cercle d'amis et de connaissances. Combien de personnes connaissez-vous qui affichent clairement faire une dépression ? Et combien, un « syndrome de burn-out » ? Vous connaissez certainement davantage de candidats à un burn-out qu'à une dépression. Il se peut qu'il y ait un peu de tricherie là-dessous. Pour un grand nombre de personnes, la dépression est une chose encore désagréable. Elles préfèrent donc nettement évoquer un burn-out pour expliquer une longue maladie ou une absence prolongée. Le burn-out bénéficie d'une certaine reconnaissance sociale, on a dû travailler durement pour cela. D'aucuns l'arborent comme une décoration : « Regarde comme j'ai bossé pour ma boîte. » Ce qui fait mieux que : « J'étais au bout du rouleau ! »

C'est pourtant exactement ce qu'il peut se passer à un stade avancé du syndrome de burn-out. À partir d'un certain stade, il est même quasiment impossible de faire la distinction entre les deux troubles. Il arrive parfois que l'un des troubles précède l'autre, le burn-out faisant le lit de la dépression. Mais, jusqu'à ce point, les deux profils différents de trouble sont considérés et traités de manière identique.

Un syndrome de burn-out est souvent lié aux exigences du monde actuel du travail. Mais il est surtout très important de voir comment se comporte la personne concernée face aux exigences de ce monde du travail.

Un grand nombre de personnes qui souffrent d'un burn-out ont une tendance au « all-in » dans leur comportement. On dit cela, au poker, des personnes qui misent tous les jetons en leur possession (avec la maison et la voiture en sus) en une fois. C'est ainsi que certaines personnes gèrent leurs ressources : elles ignorent leurs limites de charge pour atteindre un but. Cela touche un grand nombre de sociétés. On y exige et favorise ouvertement une telle attitude : « Ici, on donne tout ce que l'on peut ! On travaille dur et fête dur. » Les patrons ne se donnent que trop rarement la peine de créer volontairement des conditions de travail saines. Il est très rare d'entendre un discours comme : « Ici, chacun respecte ses limites. Travaillez autant que vous le pouvez et si vous avez parfois besoin de souffler, pas de problème, il suffit de le dire. » Les employés qui se donnent plus que nécessaire à la tâche sont bien vus et récompensés en conséquence. Si l'on y regarde de plus près, un zèle excessif cache souvent des motifs plutôt tristes. Nombre de personnes concernées se réfèrent aux hypothèses de base suivantes : « On ne m'aimera pas si je suis un fainéant » « Je ne vaux rien si je ne donne pas le maximum de moi-même » ou « Si je ne m'engage pas, je ne mérite plus rien » – que ce soit financièrement parlant ou dans le sens figuré du terme. De telles suppositions reposent sur des besoins non satisfaits. Le travail et le succès sont souvent un moyen de réparer une estime de soi écornée.

Le problème est le suivant : ça ne peut pas fonctionner comme cela. Un excès de travail n'entraîne pas automatiquement un burn-out. Il le fait uniquement si nous tentons ainsi de combler un besoin non satisfait. Mais, dans un tel cas, nous parvenons tout juste à créer des effets qui nous maintiennent brièvement la tête hors de l'eau. On nous fait des compliments en récompense d'une bonne prestation, lorsqu'on a mené un projet difficile à son terme. Mais ce que l'on voudrait surtout – lorsque le souhait de sa propre valeur n'est pas satisfait –, c'est de la reconnaissance pour soi-même. L'effet du compliment ne dure pas longtemps, car ce n'est qu'un bref ersatz et non ce dont nous avons réellement besoin. Nous sommes alors contraints de recréer sans cesse cette situation afin de pouvoir apprécier de nouveau très brièvement notre bonheur. Ce n'est pas ainsi que l'on stabilisera l'estime de soi sur le long terme. On a davantage de chances de céder à un collapsus.

Le syndrome du burn-out a une progression exponentielle. Il démarre lentement et ne cesse, par la suite, de prendre de l'intensité. On pourrait encore relativement bien récupérer à temps les patients s'ils venaient rapidement consulter. Mais ce n'est pour ainsi dire jamais le cas. Lorsqu'ils viennent me voir, le burn-out se manifeste déjà le plus souvent dans toute sa violence. Les personnes concernées sont épuisées : intellectuellement, physiquement, psychiquement. Elles sont incroyablement fatiguées mais ne parviennent bien souvent pas à s'endormir. Leur affect est déprécié, elles sont irritables, ont des douleurs musculaires et articulaires, des maux de tête et de dos, des troubles de la concentration et de la mémoire. Certaines des personnes concernées vivent une « dépersonnalisation », un état dans lequel elles se sentent sans vie ou irréelles.

Un grand nombre d'entre elles viennent chercher si tard de l'aide parce qu'elles ont du mal à accepter de ne pas être aussi performantes qu'elles le voudraient. Une spirale de dépréciation de sa propre valeur se met en place lorsqu'il y a, en sus, un problème d'estime de soi : le patient se traite intérieurement de « raté ». Et il a infiniment de mal à quitter son poste de travail, même si c'est là que ses problèmes ont commencé. L'entreprise est souvent une sorte de famille de substitution, précisément pour la personne qui s'est excessivement intégrée dans le processus de travail, et elle le laisse maintenant vraisemblablement tomber.

Il se passe parfois exactement le contraire pendant la phase aiguë du burn-out : le patient commence à prendre ses distances avec son travail, son patron, les clients et les collègues, et à les dénigrer par son attitude cynique. Lorsqu'il entend une fois de plus un collègue criticailler, il se dit : ce n'est peut-être pas tout simplement un horrible pessimiste, il est plutôt à deux doigts du collapsus.

La dépendance

Les êtres humains ont besoin des autres êtres humains. Et pour que personne ne l'oublie, la nature nous a créés dépendants les uns des autres – et ce, très concrètement, avec des drogues, les « opioïdes endogènes ». Les opioïdes endogènes sont les drogues les plus pures et les plus efficaces du monde. Le corps nous en administre une bonne dose lorsque nous sommes avec d'autres personnes. Plus le contact est proche et agréable, plus la dose est élevée. Si nous nous sentons bien et en sécurité lorsque nous sommes dans les bras d'un autre, ce n'est pas dû au hasard, mais parce que nous sommes drogués. Et lorsque l'autre s'en va, nous sommes en état de privation.

Les opioïdes endogènes règlent pratiquement tout dans les rapports humains, et ce, dès le début : le corps en libère déjà chez le nourrisson lorsqu'il tète et est tout contre sa maman. Lorsque l'enfant est plus âgé, ce n'est pas le bisou magique de maman qui le console quand il est tombé, mais c'est sa présence qui libère chez lui une dose d'endomorphine. La présence affectueuse d'un tiers nous fait un effet similaire à celui d'une douleur qui s'atténue. Lorsque nous sommes maternés, aimés, le message de la drogue de notre propre corps est le suivant : « Tout va bien, tu es en sécurité, tu peux te détendre. »

Les gens se rendent mutuellement visite lorsqu'ils sont malades, nous nous regroupons lorsque nous sommes en deuil. Nous voulons que l'on nous prenne dans les bras lorsque nous n'allons pas bien. C'est une très forte impulsion biologique. Nous ressentons le besoin pressant de chercher de l'aide lorsque nous nous sentons menacés, déconcertés ou désespérés, ou lorsque nous avons mal. Les enfants le font encore très intuitivement. Lorsque personne ne vient, que personne ne nous entend, que peut-être même jamais personne n'a vraiment été là pour nous – alors, nous sommes perdus.

Dans la recherche sur les dépendances, la théorie veut que celles-ci commencent à ce point précis : l'homme est confronté à un problème insoluble, peut-être parce qu'il a fait une expérience traumatisante ou parce qu'il ressent sur l'instant un insupportable besoin d'attention – mais il n'y a personne pour l'aider à atténuer sa douleur[44]. Le problème tient aussi parfois au fait que nous n'osons pas demander de l'assistance ou de l'aide. Nous refoulons nos impulsions naturelles parce que nos préjugés nous en empêchent. Nous ne voulons pas être considérés comme faibles, tributaires de l'aide des autres. Nous érigeons plutôt une façade, nous faisons les caïds et restons seuls avec notre douleur.

Ce peut être aussi, parfois, quelque chose de si horrible que nous n'osons pas en parler avec les autres. Et parfois, il n'y a tout simplement personne pour nous écouter et nous réconforter. C'est même relativement souvent le problème. Mais un homme veut s'en sortir, il veut s'affranchir, d'une manière ou d'une autre, des sentiments qui le taraudent.

Il trouve alors quelque chose qui l'aide à titre expérimental – souvent par hasard ou en observant les autres. Le monde nous propose pléthore de choses, drogues, alcool, médicaments, nourriture, mais aussi de modes de comportement : comme jeûner ou faire du sport, jouer à des jeux vidéo, aux machines à sous, travailler, faire des achats compulsifs ou avoir des aventures sexuelles.

La substance addictive devient un « succédané de personne de liaison ». La personne traverse une excitation euphorisante peu avant la consommation, et après, une brève phase de détente qu'il aurait tout aussi bien pu connaître à travers le vécu émotionnel avec une personne de liaison. Mais nous ne serons jamais aussi totalement satisfaits avec un ersatz qu'avec ce que nous voulons et ce dont nous avons réellement besoin. Ou, comme l'exprima le médecin américain Vincent Felitti : « *It's hard to get enough of something that almost works.* – Il est difficile d'avoir suffisamment de quelque chose qui fonctionne presque[45]. »

D'un point de vue primaire, il s'agit de la confirmation maison que l'on peut se montrer efficace, même brièvement. Se montrer soi-même efficace est le remède contre l'impuissance. Assez bêtement, nous sommes, nous les hommes, assez bons pour fabriquer des moyens de substitution. C'est du moins ce que pense le *nucleus accumbens*, une zone du cerveau à proximité immédiate de l'amygdale. Il est très important pour l'apprentissage des états. Il remarque toujours très bien les types de comportement qui provoquent des états agréables et ceux qui atténuent les sentiments désagréables.

Il sait, en outre, assez bien combien nous sommes dans le besoin et comment nous avons évalué dans le passé une chose précise pour combler notre indigence psychique. Avec toutes ces informations, le *nucleus accumbens* prend des décisions en *stop-and-go*. Il nous encourage à faire quelque chose ou, au contraire, à ne pas le faire. Lorsque nous avons entrepris quelque chose que nous avons jugé positif et que nous avons, pour cela, été récompensés par une bonne dose de dopamine, il est vraisemblable que la fois suivante le *nucleus accumbens* dira : « Go ! »

Cela peut être le cas, par exemple, à la vue d'un repas que nous avons beaucoup aimé et de ce fait évalué comme étant positif. Cela peut être le cas avec le sexe, avec le sport. Cela peut être également par le contraire de manger : le jeûne. La réaction est toutefois ici tout autre : le corps ne récompense pas le fait de jeûner. Il voudrait encourager le corps à enfin aller chercher quelque chose de bon à manger. Au début du jeûne, les gens sont anéantis, couchés dans leur coin. Il se produit l'effet contraire au bout de trois jours, et les patients des cliniques de jeûne attendent avec impatience ledit « apogée du jeûne ». Derrière ce phénomène ne se trouve pas une récompense pour la privation de nourriture ou parce que le corps se réjouit de s'être enfin affranchi de la corvée de nourriture. Le corps émet, au contraire, une dose supplémentaire d'un transmetteur stimulant afin que nous nous mettions en quête de quelque chose de correct à manger. On observe une nervosité similaire chez les animaux : un chien qui a faim ne se couche pas tout simplement par terre, il commence à arpenter nerveusement son territoire.

La boîte de Skinner

Et justement, à propos d'animaux : eux aussi possèdent un *nucleus accumbens*, et c'est sur eux que l'on découvrit pour la première fois les effets de la dopamine. Certes par hasard, mais avec d'immenses conséquences qui influent, aujourd'hui encore, sur les observations sur la dépendance. Cette expérience date de 1954. Les chercheurs américains James Olds et Peter Milner, du California Institute of Technology, étudiaient alors le comportement des rats de laboratoire. Ils voulaient en savoir davantage sur leur comportement cognitif. Pour ce faire, ils implantèrent dans leur cerveau des électrodes qui émettaient de légères décharges électriques lorsqu'on appuyait sur un bouton. Ils implantèrent par erreur l'électrode dans la mauvaise zone du cerveau chez l'un des rats et observèrent alors quelque chose d'étonnant : le rat retournait systématiquement à l'endroit où il avait reçu l'impulsion électrique. Quelque chose dans les décharges électriques l'avait stimulé positivement et il en redemandait.

Olds et Milner réitérèrent les tests : ils placèrent les rats dans une boîte dite « de Skinner », c'est-à-dire une cage spéciale, en grande partie vide, que les chercheurs utilisent très souvent pour leurs expériences avec les rongeurs. Cette fois, ils placèrent dans la cage un levier que les animaux pouvaient eux-mêmes actionner. Lorsqu'ils le faisaient, ils s'administraient une décharge électrique avec laquelle ils stimulaient leur production de dopamine. Les rats en avaient compris le principe au bout de deux à cinq minutes – et ils se stimulèrent dès lors ainsi environ toutes les cinq secondes. L'effet de la stimulation était si puissant que plusieurs rats s'effondrèrent bientôt, parce qu'ils préféraient actionner le « levier du bonheur » plutôt que boire et manger.

Le moyen le plus puissant et le plus rapide pour provoquer une élévation du niveau de dopamine est, outre une électrode dans la tête, la prise de drogue. Pratiquement toutes les drogues entraînent une sécrétion de dopamine. Les amphétamines et la cocaïne, ainsi que les opiacés que sont la morphine et l'héroïne, ont des effets particulièrement intenses. La nicotine, la marijuana et le haschich provoquent aussi une sécrétion de dopamine. L'alcool entraîne également une élévation du niveau de dopamine sur le *nucleus accumbens*.

Il existe un grand nombre de drogues et autant de raisons d'en consommer. Certains boivent de l'alcool pour se désinhiber ou refouler certaines choses. D'autres cherchent dans la cocaïne le déclic énergétique stimulant, alors que d'autres encore veulent développer leur conscience avec des drogues psychédéliques. Quelle que soit la raison, dès lors qu'un produit plaît au système de récompense, celui-ci nous donnera par la suite toujours le Go ! pour en consommer. Il ne fait que son travail.

Le besoin de base consistant à satisfaire nos envies et d'éviter les déplaisirs nous condamne à rechercher la volupté. Mais pas forcément dans le sens où nous le faisons parfois. Le besoin de satisfaire nos envies et d'éviter les déplaisirs sert principalement des buts nécessaires à notre survie, à consommer une nourriture qui nous convient, à éviter les blessures et les douleurs et à découvrir le monde avec enthousiasme. Il n'était pas prévu que nous découvrions des drogues si puissantes, comme l'alcool ou les cinq rayonnages de sucreries au supermarché auxquelles notre centre de la récompense prendrait tant de plaisir. Mais il n'était également pas prévu que nous vivrions dans une société où nous aurions aussi souvent besoin des autres qui, pour une raison quelconque, ne sont pas disponibles ou en situation de nous aider.

C'est inévitable. Nous sommes, d'une part, liés aux autres par notre dépendance, et, d'autre part, nous sommes si souvent seuls, exposés simultanément à une incroyable quantité de produits de substitution. La quête de la volupté peut véritablement devenir un leitmotiv pour celui qui n'y prend pas garde. Et il le faudrait, pourtant, car celui qui cède par trop aux plaisirs finit presque inévitablement dans le déplaisir.

Lorsque nous tentons de satisfaire un besoin aux dépens d'un autre, nous n'atteignons pas vraiment un bien-être subjectif. Celui qui mange tant et plus, bien qu'il veuille à l'origine satisfaire son besoin de lien, ne fera que grossir, et c'est tout. Non seulement son besoin de lien demeure insatisfait, mais son besoin de contrôle est en outre frustré. On ne parvient pas à satisfaire sur le long terme ses besoins de base au moyen de drogues ou de gourmandises. Une personne dépendante à la drogue n'est pas une personne heureuse. Comme pour toutes les dépendances, il ne s'agit bientôt plus de plaisir, mais simplement d'un « *wanting* » – vouloir absolument consommer de la substance addictive – qui est devenu naturel et n'est, dans une certaine mesure, plus sous contrôle. Le fait de « vouloir avoir » devient une obligation et n'a bientôt plus rien à voir avec le plaisir. C'est la théorie courante. Mais il en existe une autre.

À la fin des années 1970, le psychologue canadien Bruce K. Alexander s'intéressa à l'état de la recherche sur les addictions et, bien sûr, aux expériences avec les rats qui se stimulaient à la dopamine jusqu'au collapsus. Une chose intrigua Alexander : pour cette expérience, les rats étaient isolés dans d'étroites cages métalliques, ce que sont, en fait, les boîtes de Skinner. Alexander émit la théorie selon laquelle les drogues ne provoquent pas en soi une dépendance aux opiacés. Lors des expériences antérieures, on avait simplement mis en évidence que des animaux complètement désespérés, au même titre que des hommes complètement désespérés, combattent s'ils le peuvent leur désespoir à grands coups de médicaments.

Alexander fit quelque chose de magnifiquement cinglé pour tester son hypothèse. Il construisit ce qu'il appela un *Rat Park*. Une sorte de Disneyland pour rongeurs. L'installation faisait 8,8 m^2, soit environ 200 fois la taille d'une cage standard de laboratoire. Les rats pouvaient avoir des amis : ils cohabitaient en une colonie de 16 à 20 individus des deux sexes. Et, en outre, ils avaient la vie belle : pléthore de nourriture, des balles et des roues, suffisamment de place pour copuler et des niches pour ne pas se marcher constamment sur les pieds. Alexander fit même peindre des paysages sur les murs. Les rats devaient avoir la vie belle, pourquoi pas, après tout ?!

La vie dans le Rat Park semblait on ne peut plus agréable pour ses habitants. Les rats mangeaient, jouaient, copulaient ou se retiraient dans leur coin à leur gré. Et personne ici ne consommait de drogue. Pas même lorsqu'on y mettait des rats qui étaient pourtant déjà d'irrécupérables junkies. L'équipe d'Alexander les avait en effet contraints à prendre de la morphine pendant 57 jours consécutifs. De l'avis général, ils auraient dû être « complètement accros ».

Mais lorsque, dans le Rat Park, ces rats eurent le choix entre une dilution de morphine dans de l'eau du robinet et de l'eau du robinet pure, la plupart d'entre eux optèrent pour l'eau pure. « Rien de ce que nous avons testé, écrivit Alexander, ne provoqua chez ces rats qui vivaient dans un milieu à peu près normal quelque chose comme une addiction[46]. » Il n'en fut pas de même avec un groupe de contrôle : les rats consommaient jusqu'à vingt fois plus de morphine et montraient tous des signes de dépendance. Alors que les rats isolés étaient constamment en overdose, aucun rat du Rat Park ne l'était.

Et si ce n'était pas la drogue elle-même qui était à l'origine d'une addiction, mais l'environnement ? Alexander était convaincu que c'était le cas. Il ne parvint toutefois pas à imposer ses théories, et ses études ne trouvèrent qu'une faible résonance, ce qui le frustra énormément.

Au lieu de cela, on décréta à la même époque aux États-Unis la *war on drugs*. Cette politique stricte contre la drogue criminalisait les toxicomanes, les poursuivait en justice et les sanctionnait. Cette vision de la dépendance à la drogue qui oscille entre « la drogue rend dépendant » et « les toxicomanes sont des êtres méprisables, sans volonté ni dignité » est encore répandue de nos jours.

Ce n'est que récemment que l'on reprit – et prit au sérieux – ces théories d'Alexander. Elles sont d'ailleurs confirmées par des milliers d'expériences : on administre chaque jour dans les hôpitaux des opiacés à des personnes qui viennent d'être opérées ou souffrent énormément. C'est la meilleure drogue et la plus pure que l'on puisse prendre, meilleure que celle achetée dans une rue mal famée. Mais, en sortant de l'hôpital, aucune d'elles ne doit suivre une cure de désintoxication ou ne finit comme junky dans le quartier de la gare. Non, il semblerait bien que les personnes dotées d'un solide psychisme, avec suffisamment de contacts sociaux et un environnement fiable, ni ne prennent de la drogue pour compenser ni ne tendent à la dépendance.

Des scientifiques comme le professeur Peter Cohen proposent de ne pas appeler « dépendance » la « dépendance », mais de la nommer pour ce qu'elle est : un « lien ». C'est exactement ce qu'il se passe. Si nous ne pouvons pas établir un lien avec d'autres, nous l'établissons avec un ersatz. Les personnes qui deviennent dépendantes cherchent un lien, elles cherchent la chaleur du nid, la sécurité, elles veulent que leurs douleurs soient atténuées, que leurs mauvais souvenirs deviennent supportables, elles veulent ce sentiment qui leur murmure : « Tout va bien, tu es en sécurité. » Cela leur manque parce que quelqu'un d'autre n'était pas à même de le leur donner.

Toujours davantage de personnes s'engagent pour une nouvelle vision de la dépendance et pour que l'on nomme ce qui n'aide pas le toxicomane : la sanction, la criminalisation, les poursuites, l'exclusion et le mépris. Il serait plus approprié de les aider à créer de nouveaux liens. Et il serait fondamental de travailler à une société dans laquelle les hommes ne se sentent pas comme s'ils vivaient isolés dans une cage. Il est maintenant avéré que plus les besoins de base d'un être humain sont blessés – et notamment son besoin de lien – ou plus il est traumatisé, plus la tendance à la dépendance est élevée.

Un grand nombre d'experts considèrent la criminalisation des toxicomanes comme une sanction pour une tentative (même inappropriée) de s'en sortir par soi-même.

Pratiquement tout le monde boit de l'alcool, mais tout le monde ne devient pas dépendant. Ceux qui veulent mettre fin à leur dépendance ont de bonnes chances d'y arriver avec les Alcooliques Anonymes. Le principe fondamental de la méthode est le suivant : elle mise sur les liens humains.

CHAPITRE IV

La psychosomatique

Comment l'âme disparaît du corps

Bienvenue dans les temps modernes

Il fut un temps où l'on n'accordait guère d'importance au corps. Il était considéré comme un emballage éphémère, comme le contenant terrestre de l'âme. L'âme, croyait-on à cette époque, comptait bien davantage : elle était divine et immortelle. On se devait de la protéger et de la respecter. S'il y eut une époque d'or pour l'âme, ce fut bien le Moyen Âge. Jamais on n'eut une opinion aussi élevée de l'âme.

Puis vinrent les temps modernes.

Les temps modernes portent bien leur nom, car on y découvrit réellement beaucoup de nouveautés. Les sciences s'épanouirent : la physique, la chimie, la géométrie, l'anatomie et la microscopie. Les êtres humains s'observaient eux-mêmes, mais observaient aussi la nature, avec davantage de précision et dans le détail. On accumula de nouvelles connaissances, on les incorpora dans des systèmes, on les classa. On soumit les anciennes connaissances au banc d'essai. Les scientifiques brûlaient d'envie d'avoir une nouvelle interprétation des événements du monde vivant, du corps humain et de ses maladies – ce qui, vu d'aujourd'hui, peut paraître parfois quelque peu singulier.

Pendant un certain temps, les modèles mécaniques eurent le vent en poupe : il existait une théorie selon laquelle le monde était une immense horloge, et l'être humain, une sorte de machine hydraulique. La circulation sanguine relevait de l'hydrodynamique, le cœur était mis au même niveau qu'une pompe mécanique, les bras et les jambes, comparés à des leviers. L'iatrophysique (du grec *iatros*, « médecin ») – une science qui partait du principe que les maladies s'expliquaient par les propriétés physiques et mécaniques du corps humain – jouissait d'une grande considération.

Ces considérations se heurtent toutefois à un problème : si le corps est si magnifiquement mécanique, mesurable et fonctionnel, qu'en est-il de l'âme ? Toutes les sensations, les pensées, les réactions, tout cela est encore là. Mais, dans le contexte d'un corps mécanique, l'âme semblait plus étrange, plus indomptable et plus irréelle que jamais. On ne pouvait ni la mesurer, ni l'étudier, ni la localiser. Rudolf Virchow, père de la pathologie moderne raillait : « J'ai autopsié tellement de cadavres et n'ai jamais trouvé une âme[47]. »

On peut véritablement dire qu'à cette époque l'âme perdit nettement en prestige par rapport au corps. Et on peut affirmer qu'elle doit aujourd'hui encore se battre pour recouvrer un peu de prestige et d'importance. Que pesait donc une chose opaque et théorique comparée à un corps concret considéré comme une fabuleuse machine ? Et quand bien même les modèles mécaniques semblaient, déjà autrefois, réductionnistes pour un grand nombre de têtes bien pleines, ils eurent des conséquences incroyables et durables, car ils contribuèrent fortement à l'évolution ultérieure de la médecine des temps modernes. La structure de notre système de santé a, aujourd'hui encore, beaucoup à voir avec ces anciennes considérations.

Elles ont défini les compétences des médecins : ils sont compétents pour les problèmes corporels de leurs patients. Et l'âme étant considérée comme quelque chose de différent du corps, elle était exclue de la médecine. Depuis des siècles, les hommes sont tourmentés par leurs problèmes psychophysiques. Mais ils n'existent réellement que depuis que nous les avons nous-mêmes créés.

Les émotions : « Je vois ce que tu ressens ! »

Si vous êtes d'avis ici que les grands penseurs des temps modernes n'ont pas vraiment le bon rôle, c'est que vous êtes déjà au cœur de l'argumentation : le corps et l'âme font un.

Il n'y a pas une émotion que l'on ne puisse exprimer avec notre corps. Les émotions sont écrites dans notre attitude et sur notre visage. Sur la terre entière, les hommes identifient intuitivement les émotions des autres à leurs expressions : celui qui est heureux sourit, celui qui est effrayé est figé par la peur, on lit la colère sur le visage de quelqu'un de furieux, et une personne triste est abattue ou ploie sous le chagrin.

De nos jours, les hommes communiquent énormément entre eux sans s'observer mutuellement pour autant. Et que font-ils pour se comprendre, malgré tout, correctement ? Ils s'envoient des émoticônes. Les petits smileys jaunes grimacent, enragent, clignent des yeux sur nos écrans, ils tirent la langue, envoient des baisers ou lèvent les yeux au ciel.

Notre corps est l'expression de nos émotions – et cela ne se limite certainement pas au visage. Chacun sait, chacun sent, par exemple, qu'il a « quelque chose sur le cœur », « l'estomac noué » ou qu'il « serre les fesses avant un examen ». Toute une industrie et un système de logistique se sont malgré tout installés le long de la ligne de séparation entre le corps et l'âme – mais ils tombent souvent sur un bec : nous avons des médecins pour le corps, et des médecins pour l'âme. Et tous les deux sont relativement souvent confrontés à leurs limites.

C'est un drame quotidien : 20 à 40 % de tous les patients qui attendent chez le médecin le font, en fait, en vain. La cause de leurs problèmes n'est pas dans leur corps, mais dans leur âme. Le corps ne propose qu'une tribune sur laquelle les souffrances de l'âme se mettent en scène.

Plus d'un tiers de la population souffrira un jour ou un autre d'une maladie psychique dans sa vie. La plupart des patients iront, dans un premier temps – et souvent pendant des années –, consulter non pas un psychiatre, un neurologue ou un psychothérapeute, mais un médecin généraliste, parce que c'est lui que l'on va voir en premier.

On observe alors très souvent ce que l'on appelle le « syndrome des épais dossiers médicaux » ou l'« espérance médicale ». Un médecin qui ne parvient pas à définir l'origine d'un trouble aimerait, malgré tout, aider son patient qu'il envoie consulter le spécialiste suivant ou faire des examens complémentaires. Il peut se passer des années avant que le patient n'atterrisse enfin là où l'on peut réellement lui venir en aide : chez un psychothérapeute ou dans un service spécialisé dans les troubles psychosomatiques.

Pour certaines personnes, cela n'est pas pour autant un soulagement : voilà que maintenant, après une interminable odyssée médicale, elles sont, par-dessus le marché, folles. Car tel est le cliché, issu de la séparation pendant des siècles du corps et de l'âme, et qui persiste encore aujourd'hui.

On a pourtant bien tenté de tordre le cou à une telle croyance. Freud avait déjà perçu l'interaction du corps et de l'âme. Au XXe siècle, un grand nombre d'hommes et de femmes de médecine s'ouvrirent à cette vision globale. Ce fut un petit pas en direction de l'âme, à laquelle on prêtait davantage d'attention.

Il y eut, entre-temps, toute une époque quelque peu aventureuse. Il y a quelques années de cela, la médecine psychosomatique connut une mode qui consistait à imputer un fort caractère symbolique aux maladies. On cherchait derrière les maladies et les symptômes des détresses et besoins spirituels refoulés qui voulaient s'exprimer à travers les organes. Les choses allèrent si loin que l'on interpréta un cancer du col de l'utérus comme un désir inconscient de maternité, des vertiges comme un indice que le monde de la personne concernée tournait peut-être trop rapidement, ou un cancer comme la conséquence d'une vie « non vécue[48] ». Des médecins dépassèrent tellement les bornes qu'on leur retira leur accréditation professionnelle.

On assiste aujourd'hui à l'émergence d'une compréhension beaucoup plus rationnelle et étayée de la dualité entre le corps et l'âme. De nos jours, ce devrait être clair pour chaque médecin et chaque psychologue : les personnes souffrant de maladies physiques peuvent être également psychiquement malades, et les personnes souffrant de maladies psychiques peuvent être également physiquement malades.

L'âme et le corps se retrouvent ainsi progressivement – également grâce aux successions de nouvelles découvertes. La science se frotte parfois les yeux, éberluée par toutes ses découvertes sur l'influence des sentiments. On pourrait pratiquement parler de « nouveaux temps modernes » pour l'âme, car les vérités et les évidences sont, une fois de plus, soumises au banc d'essai. De nouveaux résultats issus de la recherche nous contraignent à revoir notre approche. Il devient de plus en plus évident que l'âme est derrière nettement plus de maladies qu'on ne l'a jamais pensé – et ce, pas symboliquement, mais très concrètement.

Il ne s'agit, en fait, pas de nouvelles découvertes, mais de redécouvertes. On pourrait considérer que l'âme retrouve dans la médecine le statut que le philosophe Platon lui accordait déjà vers l'an 390 avant Jésus-Christ : « La plus grande erreur dans le traitement des maladies consiste à avoir des médecins pour l'âme et des médecins pour le corps, alors que ces deux domaines sont indissociables. »

Corps et âme : une équipe bien rodée

Notre cerveau reçoit constamment des signaux des organes internes. La tête semble quelque peu éloignée du foie, de la bile ou des intestins, mais cette impression est fausse. Elle est parfaitement au courant de ce qu'il se passe à l'intérieur de notre corps. La moindre excitation, chaque battement du cœur, son rythme instantané, tout est enregistré. Notre cerveau sait tout des processus chimiques au sein de l'appareil digestif, et notre système immunitaire lui envoie en continu des informations sur tout ce qui se bouscule dans notre corps, si tout est à sa place ou s'il convient de réagir. Et si quelque chose ne va pas ou doit être réparé, l'âme réagit aux messages du corps et adapte en conséquence notre comportement : on décommande un rendez-vous parce qu'on ne se sent pas très bien, on se couche un peu plus tôt ou ressent le besoin de s'apaiser un peu. Lorsque quelque chose cloche dans notre corps, l'âme se fait la complice de ce dernier et tente d'aider, dans toute la mesure du possible. On a tout intérêt à être attentif à ses signaux.

Leur collaboration est tout aussi bien réglée dans l'autre sens : s'il est un mécanisme sur lequel le travail d'équipe du corps et de l'âme est particulièrement visible, c'est bien l'axe du stress précédemment évoqué. Celui-ci s'étire à travers la tête et dans tout le corps et n'est, en fait, rien moins que l'appareil exécutif de l'âme. L'âme provoque les sentiments de peur et de stress, auxquels le corps réagit et répond. Notre âme stimule constamment nos organes et elle entretient un rapport particulier avec chacun d'eux. Elle a toutefois un rapport particulièrement intime avec l'un d'eux : le cœur.

Un cœur et une âme dans la psychocardiologie

Le *tako-tsubo* est un piège à poulpe traditionnel au Japon. Il a l'apparence d'un vase quelconque : un récipient en terre cuite, un peu ventru en bas, un goulot resserré en haut. Dans le meilleur des cas, c'est, pour l'homme, la perspective d'un bon repas, et, dans le pire des cas, pour la pieuvre, un piège dans lequel elle introduit la tête qu'elle ne parvient plus à ressortir.

Si je l'évoque ici, c'est pour la raison suivante : au début des années 1990, dans une clinique japonaise, des cardiologues auscultèrent la cage thoracique d'une patiente où ils trouvèrent un cœur qui n'avait plus la forme d'un cœur, mais celle d'un tako-tsubo. Le muscle cardiaque était gonflé comme un ballon, et le sang ne s'écoulait plus.

La patiente avait été hospitalisée avec tous les symptômes classiques d'un infarctus, du moins apparemment : anhélation, serrement dans la poitrine, tachycardie, douleurs consécutives à la destruction du muscle cardiaque. La cause semblait entendue. Les médecins se trouvèrent toutefois confrontés à un grand mystère lorsqu'ils voulurent confirmer le diagnostic par échographie et cathétérisme cardiaque. Les vaisseaux du cœur n'étaient absolument pas obstrués. Si la patiente avait réellement fait un infarctus, un ou plusieurs de ces vaisseaux auraient dû être bouchés ou pour le moins resserrés. Son cœur était, par contre, étrangement ballonné au niveau de la pointe. Comment chose pareille était-elle seulement possible ?

Lorsque, plus tard, on interrogea la patiente, elle dit avoir subi une grande perte personnelle avant cette attaque. Les médecins se posèrent la question suivante : le stress psychique pouvait-il avoir eu un tel effet sur le cœur de la patiente pour que ce dernier se soit à ce point déformé ? Ils décrivirent, à l'époque, ce cas sous le nom de « tako-tsubo cardiomyopathie » – et comme on put bientôt le constater, ce n'était pas un cas isolé. Ces infarctus tako-tsubo font, de nos jours, l'objet de recherches très poussées. On leur a entre-temps donné un autre nom, un peu plus romantique : le *broken heart syndrom* – le « syndrome du cœur brisé ».

Les hommes et les drames. La littérature s'en est depuis longtemps emparée – et, entre-temps également, un très grand nombre de médecins. Ce diagnostic est de plus en plus fréquemment établi ces dernières années. Selon les statistiques, 2 % des infarctus s'avèrent être des infarctus tako-tsubo. Les coupables sont, une fois de plus, les hormones du stress. Elles peuvent avoir été libérées en raison d'une situation professionnelle pénible et durable, mais aussi par le stress psychique, suite à des événements dramatiques, comme un deuil ou une séparation. On s'est aperçu que le ventricule gauche est doté d'un très grand nombre de récepteurs pour lesdites « catécholamines », dont également l'adrénaline et la noradrénaline. Le sang d'une personne très stressée est saturé de ces substances. Elles peuvent tellement affoler le cœur que son travail en est chamboulé au point de provoquer chez lui une crampe. Il est également possible que les hormones du stress perturbent la teneur en calcium dans le cœur. La plupart d'entre nous connaissent le calcium en tant qu'élément de construction important de la substance osseuse, mais il joue également un grand rôle en tant que générateur de rythme dans le cœur. Lorsque son travail est perturbé, le cœur perd le rythme et peut faire une crampe. Le ventricule concerné se ballonne alors.

L'infarctus tako-tsubo n'est que l'une des nombreuses maladies cardiaques dans lesquelles l'âme joue un rôle important. On sait aujourd'hui qu'elle est derrière les troubles du rythme cardiaque –notamment le « flutter auriculaire » –, la tension et la maladie coronarienne. Une nouvelle discipline s'occupe des interactions entre les deux organes : la psychocardiologie assume le lien entre la médecine cardiologique interniste et la psychologie, entre le cœur et l'âme. Elle ne prend pas en compte l'un ou l'autre, mais les deux. La liaison ne va pas uniquement de l'âme vers le cœur, mais également dans le sens inverse.

Une personne qui souffre d'une maladie cardiaque peut sombrer dans une terrible souffrance psychique, connaître de grandes peurs ou tomber dans une grave dépression. Celles qui, par exemple, ont surmonté la pose d'un *by-pass* ont certes un cœur de nouveau en capacité de fonctionner, mais l'ensemble du processus de la maladie laisse, d'une manière générale, d'importantes séquelles sur leur âme. Après une opération au cœur, certains patients s'attendent littéralement à vivre heureux, satisfaits et insouciants – c'est un fait que tout a été réparé. Mais, en réalité, ils se plaignent souvent, ensuite, d'avoir peur de mourir, d'être anxieux, d'avoir des angoisses existentielles. Ils se plaignent également des séquelles de l'expérience traumatisante du processus préopératoire, des soins intensifs et de la douleur.

La psychocardiologie prend également en compte l'âme. On observe qu'un patient se remet plus rapidement s'il est suivi par un psychologue professionnel. La meilleure des thérapies consiste à aider le patient à devenir un *patient responsable.* En effet, tout ce que le patient ne comprend pas –et, dans une opération du cœur, c'est énorme – lui fait excessivement peur, et c'est précisément ce qui empêche le processus de guérison. J'entends si souvent dire dans mes consultations : « Je ne sais pas ce qu'il se passe. » Simultanément, d'autres personnes sont maintenues dans le système de soins purement somatiques dans le but d'établir des diagnostics aussi complets qu'en partie inutiles. Également parce que le système de santé y gagne beaucoup d'argent.

Lorsque les personnes concernées connaissent bien leurs fonctions corporelles et savent ce qui les inquiète et ce qui les apaise, elles ont le sentiment de contrôler leur état et de pouvoir l'influencer. Cela réduit le stress, la peur et lesdites « sensations physiques », comme la tachycardie ou les palpitations, qui peuvent évidemment apparaître sans pour autant annoncer quelque chose d'horrible.

Les maladies chroniques de notre époque

Plus on en apprend sur l'interaction du corps et de l'âme, plus il devient évident que nous devons fondamentalement revoir notre approche de l'apparition des maladies cardiaques. Les maladies cardiovasculaires occupent la première place des maladies physiques. Et si leur cause était nettement plus souvent psychique qu'on ne l'a cru jusqu'à présent ? Et si l'âme était derrière l'une des maladies mortelles de notre époque : la maladie coronarienne ?

En 2014, 70 000 personnes décédèrent de cette maladie chronique dans la seule Allemagne. Elle fut longtemps considérée comme une sorte de « maladie d'usure ». Notre cœur est entouré d'un réseau de délicats vaisseaux : les vaisseaux coronariens. En prenant de l'âge, ils peuvent devenir plus étroits, parce qu'un mélange de graisses, de calcaire et de cholestérol – lesdites « plaques » – se dépose sur leurs parois internes.

On pourrait prosaïquement considérer les vaisseaux de notre corps comme des tuyaux d'approvisionnement – avec une différence toutefois : ils ne sont pas rigides comme les tuyaux d'approvisionnement de la ville. Ils réagissent de manière très flexible à nos besoins instantanés. Si le corps est paisible, les parois sont souples et détendues. En cas de tension, ils se contractent afin de pouvoir pomper plus rapidement davantage de sang à travers les organes. Les vaisseaux rétrécis par des plaques rencontrent alors un problème : ils peuvent être si étroits qu'ils sont totalement ou partiellement obturés. C'est dramatique : le cœur est alors mal irrigué, voire plus du tout. Dans une forme atténuée, c'est horriblement douloureux, et on parle d'une *angina pectoris*, un symptôme très typique de la maladie coronarienne. À un stade plus critique, les vaisseaux peuvent être complètement obturés, et le pronostic vital du patient est engagé : il s'agit alors d'un infarctus aigu.

Depuis des décennies, on considère la maladie coronarienne comme une fatalité liée à notre civilisation et à notre âge. Nous connaissons tous les conseils à suivre : ne pas fumer, se nourrir sainement, bouger suffisamment. Mais après tout ce que l'on sait aujourd'hui, il conviendrait d'ajouter : avoir eu une enfance agréable. Il est entre-temps avéré que de pénibles expériences pendant l'enfance favorisent l'émergence et l'évolution de la maladie coronarienne au moins autant que le fait de ne pas respecter ces trois recommandations. On peut même mettre en évidence une relation proportionnelle de cause à effet : plus une personne a fait de mauvaises expériences pendant son enfance, plus elle est exposée au risque de développer une maladie coronarienne. Celle-ci évolue nettement plus rapidement chez un patient dépressif que chez une personne psychiquement saine, et elle peut s'achever par un infarctus. Une forte dépression double pratiquement le risque d'infarctus.

Comment expliquer un tel phénomène ?

Il n'y a, en réalité, pas une cause, mais plusieurs. D'une part, les patients dépressifs ont souvent des valeurs élevées d'hormones du stress auxquelles le cœur réagit comme décrit précédemment. C'est la composante psychique. Mais il existe, d'autre part, une cause comportementale, liée au comportement de l'individu concerné. Comme nous l'avons vu dans le deuxième chapitre, les patients avec un passé chargé sont davantage susceptibles d'adopter des stratégies inappropriées. Ils fument plus souvent, boivent davantage ou se nourrissent moins bien, bougent trop peu et ont parfois peu de bonnes relations avec des tiers – exprimé autrement : ils cumulent les facteurs typiques de risque de maladie cardiaque.

Wilhelm Busch l'exprimait déjà clairement : « Celui qui a des soucis, a aussi de la liqueur. » C'était au XIXe siècle. Aujourd'hui, on en sait davantage sur le sujet.

Digression : l'étude ACE

Au milieu des années 1980, le médecin américain Vincent Felitti était persuadé d'avoir trouvé « le Saint Graal » : il avait mis au point un programme grâce auquel des personnes très obèses pouvaient perdre énormément de poids en peu de temps. Felitti traitait ses patients par groupes et il pouvait littéralement les voir fondre. Il était également persuadé de bientôt pouvoir observer chez eux le bonheur reconquis, lorsqu'ils auraient retrouvé leur poids idéal. N'est-ce pas de cela que rêve toute personne obèse ?

Il y avait, dans l'un de ces groupes, une jeune femme qui avait perdu nettement plus de 50 kg. Elle se stabilisa brièvement à ce poids – puis grossit de nouveau très rapidement, si bien qu'elle fut finalement plus grosse qu'au début du programme. Felitti en fut déconcerté. Il parla beaucoup avec la jeune femme, et celle-ci lui confia avoir été harcelée par un collègue pendant sa phase de minceur. Cela lui avait rappelé son enfance où elle avait été agressée sexuellement.

Elle s'était de nouveau rabattue sur la nourriture pour contourner le problème.

On attribue souvent au manque de discipline les problèmes de nourriture et de surpoids. Felitti se demanda toutefois si ces problèmes ne pouvaient pas éventuellement avoir une tout autre signification. Il étudia les biographies de ses autres patients et s'aperçut que nombre d'entre eux avaient tenté d'atténuer des sentiments comme le stress ou la détresse en buvant et fumant plus que de raison avant, un jour, de se rabattre sur la nourriture comme stratégie de substitution. Il s'avéra que, chez un certain nombre de patients, le surpoids n'était pas du tout le problème dominant, mais un traumatisme d'enfance qu'ils portaient en eux.

Certaines personnes mangent trop pour réguler leurs sentiments, alors que pour d'autres, le résultat – le surpoids – remplit une fonction. Ce peut être, par exemple, une sorte de protection. La jeune femme que Felitti avait finalement encouragée à revoir sa façon de penser lui dit que son surpoids faisait d'elle une personne invisible et disgracieuse – et c'est justement ce qu'elle recherchait : passer inaperçue et ne plus jamais être victime d'une agression sexuelle.

L'excès de nourriture, mais aussi le surpoids, peut parfois être une tentative de se soigner soi-même. Un tel cas pouvait-il être fréquent ? Se pouvait-il que, par leur comportement néfaste, des personnes poursuivent un but utile, une sorte d'automédication pour l'âme, mais qui n'est toutefois elle-même pas sans conséquences sur le corps et l'âme ?

La question taraudait de plus en plus Felitti qui, quelques années plus tard, eut l'opportunité de l'étudier à grande échelle : il dirigea avec Robert Anda une étude commandée par un institut américain, l'US Center for Disease Control and Prevention. Felitti interrogea 17 000 clients d'une importante caisse maladie. Les assurés étaient principalement des Blancs, avec un bon niveau d'éducation, issus des couches moyenne et inférieure de la classe supérieure, et ils avaient entre 19 et 92 ans.

Pendant cette étude – « Adverse Childhood Experiences Study » (étude ACE) –, on s'intéressa de près à l'état de santé de ces personnes et releva des données détaillées concernant d'éventuels traumatismes d'enfance, pour déterminer s'ils avaient été victimes de violences, d'abus sexuels ou de négligences, et si oui, dans quelle mesure. On attribuait 1 point ACE à chaque forme de ces mauvaises expériences.

L'étude fit ressortir des résultats étonnants. D'une part, le nombre des personnes ayant subi des expériences traumatisantes était extrêmement élevé – pratiquement 67 % des participants avaient coché 1 point ACE. 12,5 %, soit 1 sur 8, révélèrent même 4 traumatismes d'enfance ou plus.

D'autre part, la relation entre les traumatismes psychiques de l'enfance et les maladies corporelles à l'âge adulte était plus qu'évidente : les personnes avec plus de 7 points ACE présentaient un risque 3 fois plus élevé de cancer des poumons, et 3,5 fois plus de risques d'infarctus. Avec 6 traumatismes d'enfance et plus, leur état de santé était à ce point dégradé que leur espérance de vie était de vingt ans plus courte que chez une personne n'ayant pas fait de telles expériences horribles. 20 % des personnes ayant à surmonter 1 point ACE souffraient de dépression. Ce taux montait à 60 % chez les personnes ayant coché plus de 4 points ACE. Toutes les personnes avec 5 points ou plus prenaient des antidépresseurs.

Les résultats étaient très probants : plus une personne cumulait de points ACE, plus son état de santé était dégradé. Les types suivants de comportements et de maladies semblent résulter de traumatismes d'enfance :
- Abus d'alcool,
- MPOC (maladie pulmonaire obstructive chronique),
- Dépression,
- Prise de drogues,
- Maladies cardiaques,
- Maladies hépatiques,
- Risques de violences sur le partenaire,
- Changements fréquents de partenaire,
- Tabac,
- Tentatives de suicide,
- Grossesses précoces.

Les souffrances psychiques rendent malade psychiquement, cela, on le savait déjà avant l'étude ACE. Les résultats de cette étude montrent toutefois très clairement autre chose : les souffrances psychiques rendent également malade physiquement. Les expériences traumatisantes de l'enfance pèsent sur l'individu toute sa vie et augmentent le risque de divers problèmes sanitaires et sociaux. On en sait désormais nettement plus sur les relations précises de cause à effet.

L'étude ACE a provoqué un certain nombre de réactions aux États-Unis – même si elles furent poussives. On organisa, dans tout le pays, des campagnes pour expliquer l'influence des traumatismes d'enfance et sensibiliser la population. Diverses études ont aussi été menées en Allemagne pour mettre en évidence les effets d'une enfance difficile sur la santé. Il est entre-temps avéré que les conditions pour une maladie coronaire sont posées dès l'enfance[49].

On utilise, dans un certain nombre de pays, des questionnaires s'appuyant sur l'étude ACE pour des opérations de dépistage, afin de pouvoir aider, à un stade précoce, les personnes à risques. Un certain nombre de scientifiques ont travaillé à une version allemande pour l'Allemagne. Elle n'est toutefois pas encore utilisée sur l'ensemble du territoire national.

Comment les impulsions nous chassent

Les personnes qui boivent, fument ou mangent trop sont-elles tout simplement moins capables de se maîtriser ? Oui, c'est bien cela. Ce n'est toutefois pas parce qu'elles sont moins disciplinées, mais parce que leur neurobiologie les en empêche.

Nous sommes constamment soumis à la tentation. Un carré de chocolat, un verre de vin ou le cinquième épisode d'une série sur Netflix. Chaque fois que nous pensons « Dois-je ou ne dois-je pas ? » deux systèmes s'affrontent dans notre tête : le *nucleus accumbens*, qui est notre système de récompense, et le *ventrale tegmentum*, dans le cortex préfrontal. Le premier dit quelque chose comme : « Allez, fais-toi plaisir. » Et le second rétorque : « Non, bas les pattes, ce n'est pas raisonnable. » Le premier veut constamment que nous fassions quelque chose qui nous est agréable, le second préfère que nous ne le fassions pas si cela dessert un but plus important. Les deux systèmes se combattent constamment pour le pouvoir.

Le préfrontal – la partie plutôt raisonnable – gagne chez certaines personnes, alors qu'il tend à perdre chez d'autres où il est moins bien formé. Le *cortex préfrontal* peut en effet être affaibli dans certaines conditions, par exemple, par de mauvaises expériences pendant la petite enfance, lorsqu'un bombardement constant d'hormones du stress tue ses cellules alors qu'elles sont encore en plein développement.

Un cortex préfontal de plus faible constitution se traduit par un moins bon contrôle des impulsions. Le combat pour le pouvoir est nettement moins rude et s'achève le plus souvent en faveur du système de récompense. Les personnes qui ont connu des expériences pénibles dès la petite enfance ne se comportent pas si mal sans raison, mais parce que ces horribles expériences ont attaqué en profondeur leur neurobiologie.

Et pourtant, le comportement n'est pas l'unique responsable de l'apparition des maladies chroniques. Le traumatisme

La pyramide

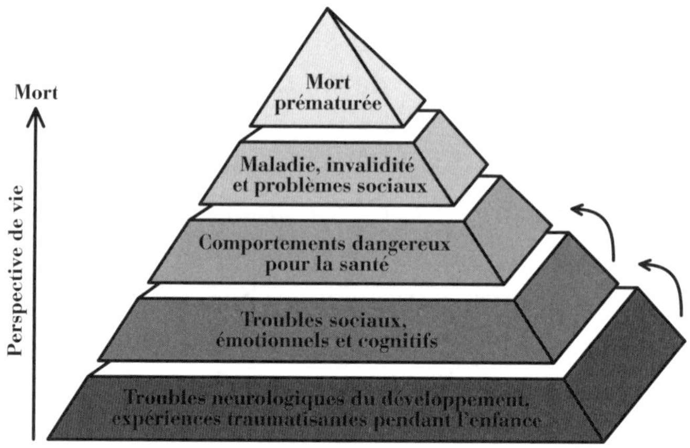

Un traumatisme modifie la physiologie, c'est-à-dire la structure de notre système nerveux. Cela se traduit par un trouble social, émotionnel et cognitif qui entraîne à son tour un comportement dangereux pour la santé – pouvant aller jusqu'à la maladie et à la mort prématurée.

lui-même semble également les favoriser. Le risque de maladies coronariennes est multiplié par 3,6 dans les cas extrêmes d'abus sexuels et de négligence. Si l'on prend en compte, dans les analyses statistiques, les habitudes alimentaires, la pratique sportive, ainsi que l'âge et le sexe, cette valeur ne descend qu'à 3,1. Au bout du compte, le facteur principal est : le traumatisme d'enfance.

La recherche est encore en train de décrypter le mécanisme exact, mais on dispose déjà de certains résultats. Les principales coupables sont, de nouveau : les hormones du stress. À des doses massives, elles ne se contentent pas de modifier durablement l'axe du stress, elles peuvent favoriser la coagulation du sang. Les caillots de sang se forment alors plus rapidement, ce qui accroît les risques d'infarctus ou d'accident vasculaire cérébral. Les parois des vaisseaux sanguins des personnes souffrant d'une longue dépression peuvent se modifier au point de ne plus être en mesure de se dilater et de se détendre pendant les phases de repos, mais elles peuvent également durcir, devenant ainsi un facteur supplémentaire de risque d'artériosclérose. Dans de telles circonstances, les plaques adhèrent particulièrement bien, et elles constituent la première pierre d'une maladie coronarienne.

L'effet direct du psychisme sur l'organisme semble être si fort que, dans certains cas, on peut l'estimer plus important que celui d'un éventuel comportement malsain, par exemple, un excès de nourriture. Des études ont démontré que chez des personnes obèses avec un indice de masse corporelle supérieur à 30, mais non dépressives, la morbidité globale ne s'élève pas de manière significative. Elle est, en revanche, multipliée par trois en cas de dépression. La dépression est visiblement au moins aussi dangereuse pour le cœur qu'un mode de vie malsain.

Notre âme et le système immunitaire

Le système immunitaire est un autre système organique avec lequel l'âme communique en permanence et collabore très étroitement. Cette notion n'est toutefois que peu ancrée dans notre vision de la chose. On entend plutôt rarement prononcer une phrase comme : « J'ai le système immunitaire noué. » Cela tient peut-être au fait que le système immunitaire n'est pas un lieu central, comme le cœur, mais un réseau complexe tissé dans tout notre corps. Il a ses antennes, ses collaborateurs et ses commutateurs dans tout l'organisme.

La moelle et le thymus, par exemple, gèrent la formation de certaines cellules immunitaires. La rate stocke des cellules dévoreuses qui peuvent attaquer directement les agents pathogènes. La paroi de l'intestin abrite un très grand nombre de cellules qui produisent des anticorps et sont capables d'identifier les germes et les substances étrangères, de les marquer, de les détruire, et, en outre, d'en remarquer les caractéristiques afin de pouvoir réagir plus rapidement la fois suivante. Cela ne représente toutefois que quelques-unes des nombreuses unités organisationnelles du système immunitaire. Le système immunitaire est, en outre, doté de capacités que certains scientifiques considèrent comme absolument comparables à celles du cerveau : il a une mémoire, il est capable d'apprendre et traite les excitations de l'extérieur – parfois également, par une sorte de réflexe, par exemple lorsqu'il doit immédiatement former des antigènes en réponse à une excitation. Le cerveau et le système immunitaire ne sont pas uniquement semblables dans certaines missions, ils forment un duo inséparable, parce qu'ils communiquent constamment entre eux et s'influencent mutuellement.

La plupart d'entre nous ont cette vision simplifiée du travail du système immunitaire : des virus ou des bactéries s'introduisent dans notre corps, le système immunitaire s'en rend compte, il fabrique des cellules immunitaires et nous protège ainsi contre l'infection. C'est une vision résolument unilatérale de la chose. L'autre vision est la suivante : le cerveau est systématiquement et constamment tenu au courant de tout individu louche qui en veut à notre santé, et ce, pas uniquement parce qu'il est le patron, mais parce qu'il sait se rendre utile en cas d'urgence.

Lorsque le système immunitaire demande l'aide du cerveau, il le fait, par exemple, par le biais d'une substance appelée « interleukine 1 ». Les interleukines sont des messagers secrétés par notre système immunitaire lorsqu'il y a une inflammation dans le corps. En fait, divers globules blancs communiquent entre eux par le biais de ce messager et se concertent pour déterminer ce qu'il convient de faire. Mais il y a quelqu'un d'autre qui écoute cette communication, le cerveau. S'il repère une interleukine 1 dans le flux sanguin, il est au courant: « Tiens, une inflammation ! » Et il en connaît aussitôt la gravité au vu de la concentration. Et maintenant, le cerveau veut absolument aider, par exemple en secrétant du cortisol. Dans ce cas, le cortisol n'assume pas la fonction de nous préparer pour le combat ou la fuite, il veut éviter que la glycémie baisse dans le sang. Il fait en sorte que le glucose, à savoir le sucre facilement utilisable, passe rapidement des cellules dans le flux sanguin, parce que le corps a maintenant besoin de davantage d'énergie. C'est très utile lorsque nous avons de la fièvre ou lorsque nous sommes réellement en danger et que nous devons nous défendre. Nous disposons alors de davantage de force grâce à cet apport supplémentaire en glucose. Dans la réalité actuelle, lorsque nous ne devons ni fuir ni combattre, parce que le danger n'est pas un animal féroce, mais un rendez-vous, c'est malheureusement cette fonction du cortisol qui nous fait grossir. Nous n'avons absolument pas besoin de cette énergie supplémentaire, et l'excès de glucose dans le sang fait appel à l'insuline. Cette dernière veut se débarrasser du sucre et le repousse dans les dépôts de graisse.

Le taux de cortisol

Lorsque nous avons de la fièvre et que nous n'avons aucun appétit pendant un certain temps, le cortisol est à nos côtés et a un effet bénéfique en cas de maladie. Maintenir le taux de sucre dans le sang n'est qu'une mission du cortisol. Le cortisol sait également bien réguler le système immunitaire. La médecine utilise également cette propriété pour atténuer les réactions excessives du système immunitaire en réponse à une allergie, une éruption cutanée ou une inflammation. Mais tous ceux qui ont déjà pris, une fois, une préparation ou un onguent à la cortisone – c'est ainsi que s'appelle la forme synthétique du cortisol – connaissent les recommandations des médecins : ne pas utiliser trop longtemps, elle pourrait avoir de sérieux effets secondaires. C'est ainsi avec le cortisol : un peu, c'est super ; trop, c'est toujours moins bien. Cela vaut d'ailleurs pour la plupart des choses.

Le cerveau non plus n'en veut pas trop et il refrène, pour cela, le système immunitaire pour s'en préserver. La réponse du système immunitaire aux inflammations et au stress psychique en est un peu atténuée. Cela abaisse, certes, réellement la sécrétion de cortisol, mais provoque un autre problème : il ne nous est, dès lors, plus aussi facile de nous défendre contre les intrus. C'est la raison pour laquelle le stress nous rend si sensibles aux infections.

L'« interleukine 6 » est un autre messager qui peut devenir problématique. Elle est également libérée à l'occasion d'inflammations – mais également d'un stress psychique important. Lors de consultations, on s'est rendu compte que les personnes qui soignent des proches pendant des années ont en partie des valeurs très élevées d'interleukine 6. Il en est de même chez les patients dépressifs. L'interleukine 6 n'est toutefois pas uniquement un messager, c'est aussi ce que l'on appelle une « cytokine pro-inflammatoire ». Elle a la propriété de provoquer des inflammations dans l'organisme. L'activité immunitaire exerce à son tour un effet sur l'âme. On l'a découvert derrière des souffrances qui ont souvent laissé très perplexes les patients et les médecins, ledit *sickness behavior*.

Les individus concernés se plaignent d'épuisement, d'inappétence, d'insomnie, de tristesse et de manque d'intérêt. Avec de tels symptômes aussi peu spécifiques, la vie n'est pas simple pour le patient. On les a en effet longtemps considérés comme un signe de faiblesse d'un organisme malade. Au cours des dernières décennies, il a toutefois été démontré que ces symptômes similaires à ceux de la dépression pouvaient être une adaptation ciblée de l'organisme malade désireux de conserver le plus possible d'énergie pour guérir. Ce processus est provoqué par un système immunitaire affaibli et la production d'interleukine 6.

Cela peut faire que nous nous sentons très malades – et également que nous le devenons réellement. Lorsque, en raison d'un trouble chronique, de l'interleukine 6 circule sur le long terme dans le sang, cela endommage éventuellement des cellules du corps, favorise la mutation maligne de cellules et refrène paradoxalement les fonctions immunitaires censées nous protéger. Des maladies inflammatoires chroniques s'installent alors, auxquelles appartient aujourd'hui toute une palette de maladies notamment liées à l'âge : des maladies auto-immunes comme l'arthrite et les inflammations des articulations, la maladie de Bechterew, la goutte et les cancers.

Il existe un tel nombre de maladies qui reposent sur une communication perturbée entre l'âme et le système immunitaire qu'une nouvelle discipline s'y consacre : la psycho-neuro-immunologie. On peut espérer qu'elle va apporter encore un très grand nombre de précieuses contributions à la psychosomatique.

Tout n'est qu'illusion ?

C'est une tragédie quotidienne : des personnes se plaignent de maux de dos, de ventre, de tête ou d'articulation, elles se sentent fatiguées et épuisées, ont des troubles cardiaques et respiratoires, des problèmes gastro-intestinaux ou des vertiges – et aucune médecin ne parvient à en détecter une origine organique claire. Un jour ou un autre, l'une d'elles entend parler de « troubles somatoformes ». Ceux-ci appartiennent, avec la dépression et les troubles anxieux, aux maladies psychiques les plus courantes en Allemagne.

80 % de la population développera au moins temporairement l'un de ces symptômes. Les femmes sont deux fois plus concernées que les hommes. D'une manière générale, soit les troubles disparaissent d'eux-mêmes au bout d'un certain temps, soit l'individu concerné n'y prête plus vraiment attention. Chez certaines personnes, ils persistent plus longtemps et peuvent altérer de manière significative leur quotidien.

Mais qu'ont donc ces personnes, si on ne peut rien diagnostiquer physiquement ? S'imaginent-elles tout cela ? Sont-elles des petites natures ? Non, rien de tout cela. Elles sont toutefois en grand danger, car constamment confrontées à de tels préjugés, si, qui plus est, elles ne commencent pas elles-mêmes à le penser.

Une partie du problème tient au fait que voulons toujours connaître l'origine précise des maladies : si j'ai mal quelque part, c'est qu'il y a une raison pour cela. Une « vraie » raison, comme une fracture, une blessure, une inflammation ou un organe défaillant. Dans les troubles somatoformes, les origines sont très différentes de ce que nous pouvons nous imaginer à travers nos modèles de causes et d'effets. Parfois, le déclencheur de la maladie est une information qui s'est glissée là où elle n'a rien à faire.

Tout d'abord, quelques chiffres hallucinants : nos organes sensuels transmettent environ 20 millions de bits au cerveau – par seconde. Pendant la même période, le cerveau n'en traite consciemment que 40 bits environ. Seule une partie réellement extrêmement faible des choses qui se déroulent en nous et autour de nous atteint ainsi notre conscience. Nous n'enregistrons pas uniquement ce qu'il se passe dans notre environnement, mais aussi à l'intérieur de notre corps. Ça gargouille, glougloute, palpite et digère. Notre corps est constamment en action. Il se montre toutefois très discret et nous fiche la paix avec la plus grande partie de son énorme travail. Bien que les vaisseaux sanguins de la moitié gauche de notre fessier soient complètement aplatis parce que nous sommes assis depuis longtemps sur une chaise dure, il n'en fait pas toute une histoire et nous envoie juste un petit signe très discret : « Merci de bien vouloir répartir autrement votre poids.» C'est un événement annexe que nous ne remarquons même pas vraiment, et nous continuons à faire ce sur quoi nous sommes concentrés. Et c'est ainsi des milliers de fois par jour.

Quelque chose à l'intérieur de notre corps peut cependant parfois s'immiscer au centre de notre attention et s'y fixer durablement sans y être invité. Cela peut être, par exemple, le cas à l'occasion d'une situation particulièrement pénible. Quelqu'un doit présenter un compte-rendu important devant un public très nombreux et son corps réagit à sa seule évocation par des processus en fait très normaux: son cœur bat plus vite, il devient tendu ou son estomac se noue. Un facteur supplémentaire se manifeste également à de telles occasions, la «stimulation somato-sensorielle». Le stress et l'anxiété peuvent mettre un homme dans un état tel qu'il observe son corps avec une acuité accrue. Cette observation exacerbée de soi-même altère la perception d'éventuelles sensations corporelles infondées. C'est-à-dire que nous en ressentons plus fortement l'intensité et que nous en faisons une interprétation erronée.

Il se peut que quelqu'un qui n'accorde normalement aucune attention aux battements de son cœur soit soudain inquiet en l'entendant battre plus fort dans sa poitrine. «Est-ce bien normal? Il ne faudrait pas que ce soit quelque chose de sérieux», se demande-t-il alors. C'est le premier pas vers la spirale infernale de l'observation et de l'anxiété: plus on prête attention à ses troubles, et plus ceux-ci gagnent en intensité.

Lorsque quelqu'un perçoit des symptômes inquiétants sur lui-même, il fait l'unique chose logique: il veut en connaître les raisons et va consulter un médecin. Si ce dernier ne trouve rien, le patient n'est malheureusement en aucun cas tranquillisé, il s'inquiète au contraire davantage et va voir un spécialiste ou passe d'un médecin à un autre. Et soudain, ses symptômes peuvent occuper une place prépondérante dans sa vie et y jouer un rôle très important.

Afin que les symptômes n'empirent pas, l'individu commence à se ménager. Il évite les activités sportives pour, par exemple, atténuer les douleurs ou ne pas mettre son cœur trop à l'épreuve. Ce peut être bon sur le court terme, mais se traduire sur le long terme par une mauvaise condition physique, la perception erronée de nouveaux symptômes, ainsi que l'apparition de nouvelles souffrances psychiques. Les douleurs physiques peuvent, sur le long terme, entraîner une détresse psychique.

Les douleurs inexpliquées

L'une des plaintes les plus courantes parmi les troubles stomatoformes est les *douleurs inexpliquées*. Les douleurs indéfinissables sont quelque chose de particulièrement vicieux, car nous espérons avoir une cause précise pour chaque douleur. Cela a un peu à voir avec notre vision de l'apparition de la douleur.

À première vue, la douleur semble être quelque chose de relativement simple. On marche sur un clou, et, parce que nous avons des milliers de récepteurs de la douleur dans chaque millimètre carré de notre peau, nous ressentons la douleur à l'endroit où le clou a pénétré dans la peau. Mais la réalité est un peu différente : la douleur n'apparaît pas à cet endroit, mais dans le cerveau. Une partie de notre matrice de la douleur se situe dans le système limbique, plus précisément, dans l'*anterioren gyrus cinguli*, mais également dans le « lobe insulaire ». Une autre partie se trouve dans une circonvolution cérébrale du lobe pariétal. Cette circonvolution est également appelée « cortex somato-sensoriel». Chaque région du corps y est dessinée sur une carte mentale.

Lorsque nous avons mal quelque part dans le corps, nous savons situer la douleur grâce au cortex somato-sensoriel. Nous en ressentons l'intensité grâce à l'activité neuronale dans l'*anterioren gyrus cinguli* et le lobe pariétal.

Dans certains cas, la douleur dépend moins de la cause que de la manière dont le cerveau traîte l'excitation perçue. Le conduit nerveux entre le gros orteil et la matrice de la douleur n'est, par ailleurs, pas aussi solide que le réseau de fibre optique entre Mannheim et Stuttgart. Il est très complexe, tributaire du travail des neurotransmetteurs, et, comme tout dans notre corps, susceptible de connaître des défaillances. Il est donc possible, dans certaines circonstances, qu'une banale excitation sur notre peau soit interprétée par notre cerveau comme une tentative de dépeçage.

Nous voyons toujours, dans la douleur, un symptôme, l'expression d'une maladie. La douleur elle-même peut toutefois évoluer en maladie. Elle peut apparaître sans origine identifiable ou être provoquée par une excitation trop insignifiante pour suffire à provoquer à elle seule une douleur aussi intense. C'est alors que commence, pour un grand nombre de personnes, une odyssée crispante à la quête de la véritable cause et du bon traitement.

Certains patients peuvent avoir consulté des dizaines de fois, parfois même avoir subi plusieurs opérations, avant que l'on se rende enfin compte que c'est l'âme, le problème, et non le corps. Dans le tiers des cas, il s'avère que la dépression et l'anxiété sont à l'origine des maux de dos, de nuque ou d'épaule.

Point n'est besoin d'être Dr House pour remonter le cheminement de la maladie. Que nous ayons mal au dos en période de stress n'a rien d'étonnant : lorsque nous sommes tendus, nos muscles se contractent. Des muscles durs sont douloureux, nous adoptons des positions qui les ménagent, et les choses ne font qu'empirer.

C'est le cheminement le plus simple. La recherche s'intéresse toutefois actuellement à une autre voie : les personnes victimes de harcèlement se plaignent souvent de maux de dos, de nuque et d'épaule. Mais la tension douloureuse des muscles due au stress n'en est pas l'unique cause. Le *gyrus cinguli* évoqué précédemment joue ici visiblement un rôle. Des scientifiques californiens ont découvert, il y a quelques années de cela, que cette zone est activée chez une personne qui se sent exclue. Les cellules nerveuses de cette zone réagissent autant à l'exclusion sociale qu'aux excitations douloureuses. Il peut ainsi arriver qu'une personne ressente des douleurs physiques, alors que c'est son âme qui est, en fait, touchée.

Il existe encore d'autres causes à l'origine des douleurs inexpliquées. Normalement, une douleur passe, dès lors que sa cause a été soignée. Mais elle ne disparaît en réalité pas toujours complètement. Notre corps mémorise parfois la douleur comme étant un mauvais souvenir. Chaque corps dispose d'une « biographie des douleurs », autrement dit d'une mémoire des douleurs. Ce phénomène est particulièrement clair avec lesdites « douleurs fantômes ». Une étude réalisée par la clinique universitaire de Bonn[50] a mis en évidence qu'environ 75 % des personnes amputées souffrent de douleurs du membre absent. Leur origine est à remettre simultanément sur le compte des nerfs du moignon – « au chômage », mais constamment excités – et sur celui de la mémoire de la douleur qui se souvient des douleurs ressenties avant et pendant l'amputation et continue à émettre des informations douloureuses.

On pressent un mélange de ces deux phénomènes par exemple dans la maladie douloureuse, aujourd'hui encore mystérieuse, appelée « fibromyalgie ». Le patient souffre le martyre. Des points extrêmement sensibles à la pression – lesdits *tender points* – se forment au niveau de l'insertion des tendons, parfois également sur les muscles, et, bien qu'il soit impossible d'en détecter une origine organique, le moindre contact sur ces points provoque de très fortes douleurs. La fibromyalgie est aujourd'hui considérée comme une maladie rhumatismale psychosomatique. Et, de fait, un grand nombre des personnes concernées souffre de dépression. Il est, par contre, très souvent difficile de déterminer ce qui, de la douleur ou de la tristesse, s'est manifesté en premier. Les deux facteurs sont conditionnés l'un à l'autre et s'accentuent mutuellement.

Toute douleur chronique est un facteur de stress qui provoque à son tour des tensions musculaires douloureuses – un cercle vicieux qui entretient la maladie douloureuse et fait désespérer les patients, voire provoque souvent chez eux une dépression.

La douleur remplit parfois une fonction chez le patient : il est ainsi l'objet de l'attention des autres, et ils s'occupent de lui. Ils le délestent peut-être de certains travaux, il peut s'affranchir de responsabilités, et cela le soulage. C'est la raison pour laquelle il est important de prendre les douleurs au sérieux et d'en trouver l'origine. Les douleurs sont vraiment bonnes et utiles pour une chose : elles attirent notre attention sur quelque chose.

Peut-être pas sur une maladie corporelle dont on recherche depuis si longtemps, en vain, la cause, mais sur quelque chose d'une tout autre nature : notre âme.

De la nécessité de prendre l'âme au sérieux

L'âme donne parfois l'impression de tout faire arbitrairement. Elle ne fait pourtant que ce qu'elle a appris. La douleur nous envoie parfois dans un voyage extraordinairement passionnant : un voyage en nous-mêmes et vers tout ce sur devant quoi nous préférerions fermer les yeux. Mais l'âme n'a de cesse de se manifester à nous. Elle tente de nous obliger à la prendre au sérieux et à nous consacrer à elle – parfois par le biais de souffrances psychiques, parfois également physiques, parfois les deux.

Cela peut avoir un petit air d'intrigue hollywoodienne : on doit se confronter à son côté le plus sombre et l'affronter pour y voir globalement plus clair dans la vie. Cette théorie est plus profonde qu'on ne le pense. C'est une nécessité neurologique. Elle part d'une unité fonctionnelle dans notre cerveau qui est étroitement liée au système limbique et à notre âme : cette unité, c'est le « cortex cingulaire antérieur », que nous appellerons plus simplement le

« CCA ». Le chercheur en psychothérapie Klaus Grawe a mené des recherches approfondies sur le CCA et il en est arrivé à la conclusion que cette unité est toujours active lorsqu'elle ressent une forme d'« inconsistance » : ce peut être une situation désagréable, un conflit, mais également des douleurs ou une charge psychique. Grawe est persuadé que le CCA est investi d'une mission très spéciale : il ne se contente pas d'enregistrer l'inconsistance, il est également là pour que la personne consacre explicitement toute son attention à l'origine de l'inconsistance. Le CCA doit donc, de ce fait, nous aider à trouver qui ou quoi a provoqué cette situation désagréable. Cette démarche est très appropriée dans le contexte de notre besoin de base de contrôle. Lorsque la personne concernée connaît la cause de sa souffrance, elle peut adopter une position saine vis-à-vis de cette souffrance et reconquérir une forme de contrôle.

Et c'est précisément cela qui est très souvent impossible. En effet, le patient dépressif se trouve parfois dans un état où son CCA ne répond absolument plus aux excitations. On ignore encore exactement pourquoi il est si inhibé. Dans cet état, il semble toutefois vouloir éviter de se confronter consciemment aux difficultés. Les patients dépressifs rabâchent certes sans cesse leurs problèmes, mais ils ne parviennent pas à atteindre le cœur de leur cause et à trouver d'eux-mêmes une solution.

Selon la théorie de Grawe, le CCA cesse régulièrement de travailler parce qu'une personne confrontée à l'inconsistance réagit très souvent par le refoulement, c'est-à-dire lorsqu'elle nie constamment ses problèmes, les repousse, les minimise et ne parvient pas à y réfléchir de manière constructive.

Ce cheminement occulte ce que le CCA attend de nous : confrontation et contrôle. Au lieu de cela, les problèmes non résolus et repoussés agissent sans cesse sur nous – sous la forme de douleurs physiques ou psychiques.

Ne pas nous confronter aux problèmes nous épargne peut-être, pour un temps, des efforts, mais nous nous privons dans le même temps de l'importante possibilité de prendre en compte sciemment nos problèmes pour en assumer une gestion responsable. Nous nous privons de la chance d'aller mieux et de reprendre notre vie en main.

Si la nature se donne la peine de concevoir de surcroît une fonction qui murmure à notre âme : « Cherche et consacre-toi aux choses qui te blessent », c'est plus qu'un appel du pied.

CHAPITRE V

L'équilibre

Comment l'âme trouve du soutien

La thérapie : une expédition en soi-même. Je souhaiterais ne pas avoir à le dire, et pourtant : avoir une discussion avec soi-même est éprouvant. Cela en vaut-il la peine ? Absolument !

Tant de gens se battent et souffrent, refoulent et compensent, tentent, d'une manière ou d'une autre, de se sauver efficacement – et ils trébuchent. Et tant de gens osent faire la démarche décisive de se faire aider par un professionnel, souvent trop tard. Bien qu'il existe, pour les souffrances psychiques, un très grand nombre de traitements aussi appropriés qu'extrêmement efficaces, des personnes supportent pendant des années, voire des décennies, des douleurs physiques et psychiques. Ils endurent la dégradation progressive de leur état et finissent souvent par être au bout du rouleau.

« Surtout ne pas être de ceux qui sont incapables de prendre leur vie en main. » Ce préjugé a la vie dure. On n'est pas idiot, fou ou indigent d'esprit tout de même ! Ces attitudes constituent déjà souvent une partie du trouble. Un grand nombre de personnes ont dû apprendre dès leur enfance ou leur jeunesse à se débrouiller toutes seules – peut-être parce qu'elles n'avaient personne de fiable pour les aider, parce que les parents ne pouvaient pas leur procurer sollicitude et soutien à cause de leur travail ou parce qu'ils étaient dépassés par la situation, ou malades. Ou encore parce que ces personnes de référence étaient arbitraires et, de ce fait, peu fiables et dangereuses. Et assez souvent même explicitement nocives et destructrices. Beaucoup de gens ont, en outre, vécu l'exemple de personnes qui devaient être fortes. Ne pas avoir besoin des autres dénote un fort caractère, même si cette voie mène droit à la souffrance. On entend alors souvent des phrases comme : « Je dois me débrouiller tout seul » ou « Je ne dois être à la charge de personne ». Elles reflètent la vision dramatique d'elles-mêmes de certaines personnes.

Ces phrases impitoyables sont précisément les leitmotivs des gens qui vivent dans des familles pour lesquelles une apparence intacte et nette compte davantage que les personnes au sein de la famille elles-mêmes et qui ont adopté le principe de survie du « combattant solitaire ». Pour elles, l'idée de chercher de l'aide frise l'absurdité et est souvent considérée comme un échec total.

On peut pourtant voir les choses tout autrement : toute personne qui franchit le seuil de mon cabinet montre au plus tard à cet instant qu'elle peut envisager pour elle-même une vie meilleure et plus saine. Que cela vaut visiblement le coup de prendre soin de soi et, de ce fait, de trouver le courage de le faire. Chapeau bas !

Une thérapie est un travail. Et c'est précisément au début qu'elle est douloureuse, car on peut tomber sur des choses que l'on aurait préféré ne jamais vouloir découvrir. Il est très vraisemblable que l'on traversera des sentiments de tristesse, de désespoir, de colère et d'impuissance, et que l'on se demandera alors si on a eu vraiment raison de vouloir suivre une thérapie.

Mais il est une chose que j'ai régulièrement vécue: le soulagement et la prise d'influence qu'un patient acquiert pour lui-même lorsqu'il assume sa vie. Les personnes qui ont suivi une thérapie se prennent davantage au sérieux et se comportent plus dignement vis-à-vis d'elles-mêmes et des autres. D'aucuns le décrivent ainsi: «Je me sens comme si j'étais devenu un autre homme, un homme plus libre.»

Se connaître soi-même – savoir comment on fonctionne, ressent et réagit – signifie avoir un mode d'emploi pour soi, un mode d'emploi que l'on peut transmettre également aux autres. Cela veut dire ne plus se sentir impuissant et désemparé. On ne devient pas un autre être humain grâce à une thérapie, mais il est, par contre, possible de trouver une autre voie, plus saine, pour savoir comment se comporter avec l'être que l'on est. Mais, d'ailleurs, comment agit une thérapie?

Action

Comment fonctionne la thérapie? Bien, on a là deux personnes qui discutent, et au bout du compte, l'une d'elles s'est débarrassée de ses souffrances psychiques. En parlant?

Que l'on puisse être sceptique est tout à fait compréhensible. Il n'y a, sur cette terre, aucune autre thérapie dans laquelle le patient est soigné par la parole. Et pourtant: il ne fait aucun doute que la psychothérapie est une méthode très efficace contre les troubles psychiques.

Ce n'est, heureusement, pas uniquement mon opinion, parce que je le vis chaque jour dans mon cabinet. La recherche se préoccupe aussi, très intensément depuis des décennies, de savoir si cette thérapie est efficace ou non, et si oui, comment. Ladite « recherche sur les résultats » se donne pour but de déterminer si la psychothérapie est finalement efficace, alors que la « recherche sur les processus » compare les différentes méthodes de thérapie pour déterminer laquelle est la meilleure.

Ce serait si simple si l'on pouvait si facilement présenter la meilleure, un peu comme dans *UFC-Que choisir* ! Mais le clou de l'affaire est que, jusqu'à maintenant, la recherche sur les résultats n'est parvenue à aucun résultat probant.

Un petit détour par *Alice au pays des merveilles* me semble ici indispensable.

L'hypothèse du dodo

Dans le livre de Lewis Caroll, Alice et un tas de créatures toutes plus étranges les unes que les autres organisent une course. Les règles ne sont pas vraiment conventionnelles : chacun a le droit de courir comme il l'entend à l'intérieur d'un cercle. Au bout d'une demi-heure, le dodo – qui occupe dans le livre un rôle central – siffle la fin de la course. Les participants souhaiteraient, bien entendu, savoir lequel d'entre eux a gagné. Après avoir mûrement réfléchi, le dodo décrète : « Tout le monde a gagné, tout le monde a un prix ! »

Cet oiseau joue un rôle dans la recherche sur la psychothérapie, dans la mesure où le résultat d'un travail global sur les études comparatives des méthodes de psychothérapie fit beaucoup parler de lui sous le nom de *Dodo Bird Verdict.* On baptisa ainsi cette hypothèse parce que le jugement des divers processus de psychothérapie en arriva à la même conclusion que le dodo dans le conte : « Tout le monde a gagné, tout le monde a un prix. » Ou, adapté au contexte :

« Toutes les formes de thérapie ont gagné, toutes aident (plus ou moins) bien le patient. »

Mais comme cela est-il possible ? Cela aussi, on le sait très bien, aujourd'hui.

Les éléments de guérison

Une thérapie semble être systématiquement efficace dès lors qu'elle s'appuie sur des « éléments de guérison » déterminés – il importe alors peu que le patient consulte ensuite un psychanalyste ou un chamane, ou qu'il suive une thérapie primale. Le spécialiste du cerveau et neurobiologiste allemand Gerhard Roth a décrit quatre facteurs déterminants pour ces éléments de guérison :

1. Il doit y avoir une relation de confiance entre le thérapeute et le patient. Le patient doit avoir un sentiment positif quant à la compétence du thérapeute et à sa volonté de l'aider et de le soutenir. Et le thérapeute doit démontrer un réel intérêt pour la souffrance du patient.
2. Le traitement doit avoir lieu dans un cadre de type clinique thérapeutique appropriée et reconnue, qui propose un refuge contre les exigences et les diversions du quotidien et dégage une aura de pratique scientifique de la médecine. C'est peut-être la raison pour laquelle nombre de cabinets ont une apparence très classique, avec deux fauteuils confortables qui se font face ou – chez un psychanalyste – un canapé rouge. Il paraît évident qu'un thérapeute peut être aussi bon qu'il veut, mais si son cabinet, situé dans une cave sombre, sent le renfermé, celui-ci ne dégage vraisemblablement pas une « aura de pratique scientifique de la médecine ». Un cabinet ne doit

toutefois pas être trop stérile, car la froideur crée de la distance, alors que la chaleur favorise la proximité.

3. Le traitement repose sur une théorie explicite de traitement ou un mythe de traitement étayé par une philosophie optimiste de la nature humaine. Cela permet au patient de disposer d'un schéma explicatif approprié à son trouble individuel, ainsi que de la méthode de traitement appliquée.
4. Le traitement suit un plan, mis au point avec le patient, qui désigne des buts thérapeutiques. Des actions déterminées que le patient exécute avec le thérapeute, ou encore seul.

L'alliance thérapeutique

Outre tous ces éléments de guérison, une autre chose, encore plus importante, doit être instaurée pour que la thérapie soit un succès : un pacte de travail. Les thérapeutes parlent d'une « alliance thérapeutique ». Celle-ci définit le rapport professionnel entre le patient et le thérapeute quant à la confiance, la sécurité, la fiabilité et la relation positive.

Le premier et difficile processus pour le patient consiste à développer envers le thérapeute un sentiment de confiance relatif à ses compétences, son mode de progression et son contact. Le thérapeute doit, pour sa part, être en mesure de ressentir la sensibilité du patient, de le comprendre et de l'accompagner avec empathie. Ce discours peut paraître banal, mais cette interaction révèle réellement quelque chose de très important de la thérapie : cela crée son mécanisme d'action proprement dit, c'est-à-dire la raison pour laquelle les thérapies fonctionnent, quelle que soit la méthode pour laquelle on a opté. Pour comprendre ce mécanisme, il convient de se remémorer une nouvelle fois le travail du cerveau.

La plasticité neuronale

Bien que le phénomène soit extrêmement logique, on l'a très longtemps considéré comme quasiment impossible : un cerveau, pensait-on, croît surtout pendant l'enfance, il s'y passe encore un certain nombre de choses pendant la puberté, et, à un certain moment, il arrête sa croissance puis ne fait que régresser. On sait aujourd'hui qu'il en va, heureusement, tout autrement.

Notre cerveau n'arrête jamais de se modifier. On peut dire qu'il n'est pas achevé jusqu'à notre mort. Il a les capacités biologiquement avérées de se modifier et de s'adapter constamment à travers l'apprentissage et les expériences, ainsi qu'à travers les modifications de son environnement. Les neurologues appellent cette caractéristique la « plasticité neuronale ».

Il ne peut d'ailleurs pas en être autrement si l'on considère l'évolution de notre espèce : c'est, en effet, précisément cette capacité d'adaptation du système nerveux qui nous a permis de traverser des millions d'années d'évolution. Il serait tout de même étrange que le cerveau ait tout simplement désactivé cette capacité.

Et c'est également ce mécanisme qui agit lorsqu'une personne suit une thérapie. Les troubles psychiques ne sont, en effet, pas uniquement d'étranges aspects de la personnalité. Ils reposent en général sur des réseaux, des structures et des processus mal orientés dans notre cerveau, parce que des expériences, des modes de pensée et de comportement ont agi si longtemps et si massivement sur eux qu'ils se sont modifiés en conséquence.

C'est ce qui offre au patient de grandes chances et possibilités au cours de sa thérapie : si ça marche dans un sens, ça doit marcher dans l'autre. Les expériences faites pendant la thérapie peuvent, en effet, modifier le tracé ou inculquer un nouveau tracé aux liaisons neuronales, qui généreront alors un autre comportement, une autre manière de ressentir et de penser.

Il y a quelques années de cela seulement, on imaginait encore pouvoir, en quelque sorte, effacer les contenus antérieurs. Il existait une théorie selon laquelle on « effaçait » quasiment les expériences pénibles en se confrontant à elles. Il en existe aujourd'hui une nouvelle version : la gomme pour l'âme n'existe pas. On ne peut pas tout simplement effacer des expériences et des vécus pénibles. Mais on peut les « écraser », réécrire par-dessus, ou les remplacer par le biais de l'*apprentissage*. Ils ne disparaissent donc pas, mais on peut leur superposer des expériences et des attitudes positives plus fortes, jusqu'à ce que ces dernières prennent le dessus.

La condition et le début de tout nouveau tracé neuronal est l'activation de ce qui doit être tracé – et il ne faut jamais cesser de l'activer. Il faut souvent évoquer de nouveau tout ce que le patient souhaiterait penser, ressentir et faire autrement.

Dans le cadre d'une thérapie et au moyen d'exercices pour l'acquisition d'une nouvelle attitude, on peut accumuler des expériences positives de la vision toxique de soi « Je suis un incapable, je suis un raté». Cela permet la constitution d'une vision de soi plus constructive et plus confiante qui remplace l'ancienne. «J'ai fait de mon mieux, je suis bien comme je suis.» Le changement se fait prioritairement par l'action, et non par la pensée. Mais cela a une influence positive énorme sur la pensée et le ressenti.

Pendant qu'un nouveau chemin est aplani, un ancien se referme. C'est au moins aussi important – et c'est précisément ce que fait la thérapie. On peut comparer ce processus avec une route goudronnée et très fréquentée. Dès que cette dernière n'est plus utilisée, la nature reprend ses droits.

Mais, dans le meilleur des cas, la thérapie provoque une autre chose décisive: comme décrit dans le chapitre III, les personnes anxieuses ou dépressives ont souvent une amygdale excessivement active. Des études ont démontré que cette zone était particulièrement active chez les personnes confrontées à des phrases qui reflétaient leurs souffrances. Les participants à l'étude étaient alors émotionnellement, mais également neurobiologiquement immergés dans l'événement douloureux. On les ausculta de nouveau quinze mois après la thérapie – l'activité des zones du cerveau concernées ne se distinguait pratiquement plus de celle des personnes du groupe de contrôle. Les aires du cerveau s'étaient apaisées avec la thérapie. Plus la relation entre le patient et le thérapeute était bonne, plus ce processus semblait se dérouler facilement. Mais pour quelle raison?

Cela tient au fait qu'une bonne alliance thérapeutique active l'un de nos besoins les plus centraux: le système de liaison. La plupart des personnes souffrant de troubles psychiques ont fait de mauvaises expériences dans ce domaine. Leur besoin de liaison est de nouveau stimulé au cours de la thérapie. Les patients se rendent simultanément compte qu'ils sont visiblement capables de créer et d'entretenir des liens par eux-mêmes, et ceci leur donne de l'assurance pour les situations ultérieures. Des paroles amicales et encourageantes, une interaction en toute confiance, rire ensemble et s'entraider, mais aussi la communication non verbale, comme une manifestation d'attention, un regard, un geste ou une mimique, stimule le système de nos opioïdes endogènes, de sérotonine et d'ocytocine. On a remarqué le même processus lors de l'échange de secrets. Et on échange une belle quantité de secrets pendant une thérapie !

L'ocytocine ne se limite pas à faire en sorte que la personne se sente momentanément bien, son action peut être nettement plus durable. Elle met simultanément en branle une réaction en chaîne d'autres assistants qui œuvrent pour la guérison de l'âme : elle s'assure que des opioïdes endogènes sont sécrétés, ce qui atténue les douleurs physiques et psychiques et limite de manière significative la libération des hormones du stress. Le patient se sent moins accablé, et son corps l'est également moins. Dans cet état, il lui est plus facile de ne plus se focaliser sur les événements néfastes et de cesser progressivement de ruminer sur sa situation désespérée. Il peut prendre ses distances avec sa souffrance, ce qui provoque une spirale ascendante. Et ce sera toujours plus facile avec le temps.

La libération d'opioïdes endogènes et de sérotonine favorise la formation de nouvelles cellules nerveuses dans les « ganglions de la base », qui facilitent l'« écrasement par apprentissage » des expériences passées. Ces ganglions régulent des fonctions importantes : la motricité, la cognition et le système limbique ainsi que la planification par étapes, avec pensées anticipatrices et création d'attentes. Dans le meilleur des cas, cette planification n'aboutit pas aux catastrophes d'autrefois, mais se fait dans les nouveaux tracés imprégnés d'assurance de soi.

L'auto-thérapie

Il n'est pas facile de refaire le tracé des structures neuronales, et notamment des structures les plus néfastes et les plus insistantes. Leurs tracés sont résistants, et elles fonctionnent en outre automatiquement. Celui qui souhaite se changer par lui-même, parce qu'il sent ses problèmes, a certes une bonne perception, mais, dans la plupart des cas, il retombera constamment dans les structures aux tracés les plus résistants. C'est d'ailleurs pour cette raison que l'on trouve tant d'ouvrages spécialisés sur le développement personnel en librairie. Ils contiennent des milliers de superbes méthodes qu'il est malgré tout quasiment impossible de mettre en œuvre de son propre chef au quotidien. C'est la raison pour laquelle il est préférable de recourir à un thérapeute.

Les coûts : les caisses d'assurance maladie allemandes et ce qu'elles paient

Il existe une très vaste palette de thérapies, mais les caisses de maladie allemandes n'en remboursent que les trois formes à l'efficacité la mieux avérée.

La thérapie comportementale

Nous pensons, ressentons, agissons sans cesse, que ce soit bon pour nous ou non. Nous espérons toujours le meilleur, mais ne l'obtenons que beaucoup trop rarement. Nous ne pouvons même pas donner une orientation positive à notre pensée par le seul fait de le souhaiter. Ou nous nous conformons aux souhaits et aux exhortations des autres. « N'aie donc pas toujours des pensées aussi négatives ! » s'entendent dire nombre de patients, et ça ne marche pas. Le cœur de cette méthode s'oriente sur ce que nous faisons. Pas juste comme cela, mais avec le soutien de la thérapie comportementale grâce à laquelle nous travaillons à l'acquisition d'un autre comportement, plus bénéfique pour la santé, qui se trouve au-delà des sentiers habituels. Si la nouvelle manière d'agir stimule le patient, sa manière de penser et son ressenti connaissent également une évolution positive, telle qu'il la souhaite lui-même et telle que la souhaitent également pour lui les proches qui l'aiment. Son comportement est alors en accord avec les buts de la thérapie qu'il s'est lui-même fixés au début du traitement.

Si nous partons du principe que ce sont nos convictions de base, nos schémas, nos besoins de base insatisfaits, nos appréciations et nos expériences qui sont à l'origine de notre trouble, il convient dans un premier temps de les comprendre. La souffrance de chaque personne ayant des origines résolument individuelles, il nous faut les rechercher. C'est souvent un travail de détective qui englobe des diagnostics tests, une exploration des symptômes et du profil biographique, ainsi que des analyses des situations difficiles. Ce qu'il en ressort est au moins aussi important que le fait que le patient puisse comprendre comment, pourquoi et pour quoi il est devenu ainsi.

La prochaine grande étape : on s'occupe de la perception et de la prise de conscience de la vision que nous avons de nous-mêmes et des autres, de nos schémas d'évaluation, ainsi que des conclusions que nous en tirons constamment et auxquelles nous orientons notre action, ainsi que les raisons pour lesquelles ce n'est parfois pas précisément l'idéal pour nous.

Le travail thérapeutique consiste ensuite à créer quelque chose de nouveau à partir de ce que le patient perçoit dans diverses situations – et ce, dans tous les domaines : pensées, avec les évaluations afférentes, attitudes envers soi et les autres, points de vue, sentiments et impulsions pour agir. L'apprentissage de nouveaux modèles comportementaux raisonnables et sains se fait à l'aide d'exercices de comportement, de la transmission de techniques de relaxation pour réguler la tension, de la curiosité, ainsi qu'en essayant un grand nombre de choses. Essayer des choses nouvelles fait alors partie du travail quotidien.

Les exercices de confrontation sont ensuite exécutés lorsqu'il s'agit de situations qui déclenchent la peur : parfois *in sensu*, c'est-à-dire dans une situation imaginaire ; parfois *in vivo*, donc dans la vraie vie. À travers ces exercices, le patient devient moins sensible aux situations difficiles liées à de fortes craintes. Cela atténue son sentiment de peur et modifie simultanément son vécu intérieur et ses convictions, par exemple dans le sens où il parvient à se rendre seul dans un bistrot pour y savourer sereinement un café.

Avec le temps, le patient y prend même du plaisir et imagine lui-même des exercices qui lui étaient auparavant difficiles pour se mettre à l'épreuve. Il gagne ainsi en confiance, en est fier et se sait efficace.

Une relation stable, ouverte, sûre et stimulante est capitale pour de tels exercices et est de ce fait de toute première importance sur le plan de la thérapie comportementale. On lui laisse énormément de temps et d'espace pour qu'elle puisse se développer. C'est, en effet, la condition sine qua non pour pouvoir aborder des thèmes difficiles ou réaliser des exercices de confrontation. Elle est comme le filet et le faux plancher qui peuvent rattraper le patient en cas de difficulté.

Des changements positifs sont souvent perceptibles après peu de temps. Il convient toutefois de ne laisser aucune place aux vieilles structures qui veulent constamment reprendre le dessus et de conforter chez le patient le sentiment de prise en charge saine de soi-même, jusqu'à ce qu'il soit de nouveau « maître en sa demeure ».

Les patients trouvent cette forme de thérapie fiable et, parce qu'ils y exercent eux-mêmes une influence, maîtrisable. En outre, son déroulement, à l'intérieur comme à l'extérieur, est compréhensible et concevable, ce qui leur donne un sentiment de sécurité. On travaille des modèles d'explication sur la manière dont le trouble individuel est apparu, sur ce qui l'entretient et sur ses déclencheurs particulièrement vicieux. On puise dans les ressources et on les utilise afin de produire les changements souhaités par le biais des exercices.

Le traitement dure entre trois mois et trois ans – en fonction de la fréquence des entretiens individuels et du nombre de séances autorisées. On compte généralement avec une ou deux séances par semaine. Le patient et le thérapeute sont assis face à face et interagissent souvent. Ils discutent, par le menu, des exercices qu'ils font ensemble ou que le patient exécute seul.

Il existe fondamentalement deux courants de thérapie comportementale. La « thérapie comportementale standardisée » dans laquelle on met en place des programmes déterminés ou des concepts spécifiques au trouble, par exemple, la *dialectical behavior therapy* (« thérapie comportementale dialectique ») pour les troubles *borderline* ; ou l'« entraînement aux compétences sociales », pour la phobie sociale. Et la « thérapie comportementale intégrative » dans laquelle un patient est perçu et compris dans sa globalité, avec son vécu intérieur et ses propos sur sa vie, et où ceux-ci lui sont explicables.

Je suis thérapeute comportementale parce que ce concept me convainc et que j'en constate chaque jour l'effet bénéfique sur les patients. Je me réjouis toutefois énormément que les diverses écoles ne soient plus aussi irrémédiablement séparées qu'autrefois. Que diverses considérations de la psychologie profonde, mais aussi l'analyse, s'y immiscent est très bénéfique pour le patient.

La possibilité d'une prise d'influence propre, qu'un patient puisse devenir son propre thérapeute et de plus en plus indépendant, est une chose que je soutiens et à laquelle je participe volontiers activement et créativement. Et je me réjouis lorsque j'entends ceci : « Madame Wery von Limont, je pense ne plus avoir besoin de vous. »

La psychanalyse

Cette méthode suit encore les théories originales de Sigmund Freud. En psychanalyse, on se met tout simplement à bavarder – et n'y voyez aucune intention de dénigrement de ma part. Le patient décrit tout ce qui lui passe par la tête et ce qu'il perçoit intérieurement. L'analyste n'évalue pas et ne juge pas ce qu'il dit, mais il l'interprète. Il prend en compte autant ce qu'il dit, que la manière dont il le dit, ainsi que le comportement du patient envers lui. Il émerge, au cours du traitement, une sorte de modèle dans lequel il peut voir comment le patient compose avec lui-même et avec les autres.

Le patient – que l'on appelle « l'analysé » – est couché sur le classique sofa rouge qui, bien sûr, ne doit pas être rouge. L'analyste est assis derrière lui de manière à ce qu'il n'y ait pas de contacts visuels. Il écoute avec une « attention d'une amplitude constante» et communique les résultats qu'il a obtenus pendant le processus psychanalytique.

Le traitement dure souvent entre trois et cinq ans, soit en moyenne trois cents heures de thérapie ou plus. Il convient de respecter scrupuleusement le rythme des séances, qui est d'environ trois à cinq par semaine. Les changements se manifestent plus lentement qu'avec une thérapie comportementale, si bien que les caisses de maladie allemandes ne voient pas d'un bon œil les coûts afférents à une psychanalyse.

Toutes les écoles s'accordent entre-temps pour dire que le développement pendant l'enfance est déterminant pour la formation de la future personnalité et que c'est bien souvent là qu'il faut chercher les origines des troubles psychiques et comportementaux.

La psychologie profonde

Au fil des nombreuses décennies, la psychanalyse selon Sigmund Freud a, comme un tronc d'arbre, produit un grand nombre d'embranchements et de prolongements. La psychologie profonde est l'une de ces ramifications. Dans cette école, on part du principe que l'«inconscient dynamique» représente le facteur important de la souffrance psychique. Elle affirme qu'un grand nombre des processus mentaux se déroule inconsciemment à l'intérieur d'un être humain. La partie «inconsciemment dynamique» de ces processus est considérée comme «alogique» (c'est-à-dire «non logique»), contradictoire et/ou temporellement en désordre.

Au cours du traitement, on détecte et considère explicitement les conflits inconscients, qui déterminent également la relation avec le psychothérapeute. Les thérapeutes qui travaillent avec cette méthode aident le patient à trouver les facteurs inconscients de ses troubles psychiques. Ils le soutiennent également dans la résolution de ses conflits. Il devrait ainsi lui être possible d'atteindre une conception de la vie plus saine et moins pénible.

Les entretiens requièrent du patient une très grande sincérité et une très grande confiance dans le thérapeute. La prise en compte des conflits n'est pas limitée dans le temps et englobe aussi bien les conflits de l'enfance et de la petite enfance que les conflits actuels. Le patient et le thérapeute travaillent en s'orientant vers un but. Ils discutent ensemble des buts et des points forts avant et pendant le traitement. Ils sont assis face à face et sont dans l'échange. Le traitement peut durer entre trois mois et trois ans en fonction de l'intervalle entre deux séances. On en prévoit généralement une à deux par semaine.

Dans ce traitement, ce n'est pas le *symptôme* qui prime, mais le *regard profond sur les origines*. Un être humain peut continuer à se développer et s'épanouir dans de bonnes conditions, par exemple, sous l'effet de sollicitude valorisante, de sincérité et d'acceptation.

Les haies : les obstacles sur la voie de la thérapie[1]

Les thérapies sont efficaces, et, en Allemagne, les caisses de maladie payent les soins de trois écoles de thérapie. Du moins en théorie. Elles ont en effet théoriquement une obligation légale de prise en charge, telle que prévue par la législation sociale, en vertu de laquelle le patient est libre de choisir son médecin, également son psychothérapeute. Cela n'est toutefois pas valable pour tous les thérapeutes.

La plupart des gens en quête d'une place de thérapie partent du principe que toute personne arborant sur sa façade la plaque « Psychothérapeute » est habilitée à établir des factures aux caisses de maladie officielles. Ce n'est pas le cas. Le titre de « psychothérapeute » n'est pas protégé et n'atteste que dans une certaine mesure de la qualification

1. Ce chapitre est intéressant pour tous les lecteurs, même francophones ; néanmoins il est spécifique à l'Allemagne.

du praticien. Ne sont protégés que les titres de « psychothérapeute psychologique » (PP) et « psychothérapeute pour les enfants et la jeunesse » (KJP). Ils sont considérés comme des médecins et on peut les régler par le biais de sa carte d'assuré, exactement comme un ORL. C'est du moins la théorie, la réalité est un peu plus complexe.

Il n'existe en fait qu'un nombre restreint de psychothérapeutes psychologiques en mesure de facturer avec les caisses d'assurance maladie officielles. Et c'est encore un doux euphémisme. Plus prosaïquement : il y en a beaucoup trop peu. Non pas qu'il y ait pénurie de thérapeutes, mais leur rattachement à une caisse est strictement contrôlé par une commission de l'Association des médecins de caisse maladie. Certains de mes collègues déménagent même dans un autre Land dans le but d'y obtenir un rattachement à une caisse. Les psychothérapeutes psychologiques ont certes le droit d'ouvrir un cabinet et de recevoir des patients sans être rattachés à une caisse, mais ils ne peuvent en aucun cas facturer leurs prestations à une caisse officielle. Ils ne peuvent donc soigner que des patients privés ou des gens qui veulent et peuvent supporter eux-mêmes le coût d'une psychothérapie. Trouver une place pour être soignés par un « thérapeute rattaché à une caisse » est un véritable défi pour les patients. Et un grand nombre de ceux qui y parviennent en tirent un considérable bénéfice thérapeutique : celui de s'être pris en main, eux-mêmes et leur santé.

On trouve beaucoup de thérapeutes rattachés à une caisse dans les grandes villes et les zones urbaines, et l'Association des médecins de caisse maladie considère qu'ils sont suffisamment nombreux pour couvrir les besoins. Ce serait magnifique et les patients ne devraient alors pas attendre six mois ou plus pour obtenir un rendez-vous. Les thérapeutes rattachés à une caisse maladie sont tenus de proposer une « consultation préliminaire » aux personnes désireuses de suivre une thérapie. Cette rencontre est exclusivement dédiée à un premier diagnostic.

Les directives régissant la psychothérapie prévoient l'obligation pour le patient de se rendre à une telle consultation préliminaire chez un psychothérapeute, indépendamment du fait qu'il puisse ou non être ultérieurement suivi par ce dernier. Une consultation préliminaire chez un thérapeute de caisse maladie ne garantit malheureusement pas la poursuite du traitement chez celui-ci.

Dans certains cas, le patient doit confier à plusieurs reprises ses états d'âme, des parties de sa biographie et de ses plaintes, à des praticiens successifs, afin que ceux-ci puissent établir un diagnostic.

Le patient doit parfois aborder certains aspects de sa vie, et cette entrée en matière dans la thérapie peut incontestablement constituer un obstacle de taille. Elle est même susceptible de provoquer chez lui un nouveau traumatisme et de faire considérablement empirer son état. Lors de la consultation préliminaire, ce dernier doit impérativement se ménager et veiller aux informations qui l'affectent, afin de ne pas mettre d'entrée de jeu sur la table tous les thèmes dans leur globalité dramatique. On attend du patient qu'il se protège lui-même et ne révèle pas davantage d'informations qu'il ne se l'autorise en lui-même.

Ce à quoi vous devriez faire attention dans le choix d'une thérapie

Le patient devrait, ici, être sur le qui-vive. Le premier entretien n'est pas là uniquement pour que le thérapeute regarde le patient – le contraire est aussi vrai. Il convient, ici, de faire connaissance, et surtout de se demander : « Ai-je la sensation de pouvoir faire confiance à cet homme ? » « Est-ce que je me sens compris ? » « Ai-je confiance en sa méthode ? » « S'occupe-t-il correctement de moi ? »

Les thérapeutes ne sont malheureusement pas systématiquement empathiques. « Ne faites donc pas de tels chichis ! » dit un jour une thérapeute à une patiente lors du premier entretien alors que cette dernière évoquait les abus sexuels qu'elle avait subis pendant quinze ans de la part de son père. Le traumatisme remontant à plus de quarante-cinq ans, la thérapeute pensait pouvoir minimiser la chose, ce qui n'était absolument pas le cas de l'âme de la patiente. Cette dernière pensa même un temps porter plainte, mais elle n'en eut pas l'énergie. Il lui fallut toutefois une année pour oser se mettre de nouveau en quête d'une place en thérapie.

Je ne suis pas une fanatique des exhortations qui n'ont rien à faire dans une thérapie, mais je me le permettrais néanmoins ici : prenez soin de vous et laissez tranquillement agir le premier entretien pour voir si vous vous sentez bien et entre de bonnes mains avec cette thérapie. Tout thérapeute ne convient pas forcément à tout patient. Et il est tout à fait de votre droit de lui dire : « Je ne souhaite pas continuer. » Vous n'êtes pas tenu de vous expliquer et encore moins de vous justifier. De même, un thérapeute peut très bien décliner un traitement chez un patient parce qu'il a l'impression que l'alliance thérapeutique ne se met pas en place.

Lors du premier entretien, le thérapeute conventionné est tenu de déterminer si l'état du patient est compatible avec un temps d'attente pour une place en thérapie ou s'il serait nécessaire de commencer immédiatement une intervention d'urgence. En Allemagne, vous pouvez demander à votre caisse maladie les horaires de consultation des thérapeutes.

Dans le cas d'une intervention d'urgence, vous disposez, outre des psychologues conventionnés, de services ambulatoires spécialisés dans les hôpitaux. Il n'est réellement pas simple pour un patient de s'y retrouver dans tout ce système, surtout en raison de son état de santé qui le mine grandement. Il a besoin d'un soutien pour toutes ces démarches formelles. Mettre la caisse maladie à contribution et requérir de l'aide pour ses recherches est en soi déjà un premier pas vers une vie plus saine et assumée. Il est difficile de ne pas se laisser décourager alors que l'on manque déjà souvent d'assurance en soi. Arriver à commencer un traitement s'avère souvent être un cercle vicieux infernal.

En raison de la gravité de leur maladie, certaines personnes sont quasiment dans l'impossibilité de commencer la longue et épuisante quête d'un thérapeute. Elles sont parfois si malades que les symptômes les empêchent déjà d'entreprendre quoi que ce soit. Pour les patients dépressifs, parvenir à se lever le matin, à se doucher et à se préparer un repas sont autant d'efforts louables, car tout est d'une énorme complexité pour eux. Certains patients anxieux ne sont quasiment pas en mesure de téléphoner, de quitter la maison, de prendre le métro ou le bus. Se secouer, s'occuper de ses affaires, avoir confiance dans le fait que ça ira mieux – ce n'est pas vraiment ce dont est le plus capable une personne dépressive ou anxieuse.

La personne qui a un besoin urgent d'aide peut se rendre soit dans un service ambulatoire de psychiatrie d'une clinique, soit aux urgences psychiatriques.

Les médicaments : le rôle des drogues et des « pilules du bonheur »

Beaucoup de personnes, qui connaissent les affres d'un trouble psychique, rêvent de prendre juste une pilule pour qu'ensuite tout aille bien. L'industrie pharmaceutique en rêve également. Selon l'Organisation mondiale de la santé (OMS), environ 350 millions de personnes souffrent de dépression dans le monde. Ce sont autant de clients potentiels.

L'un des best-sellers de ce secteur est ce que l'on appelle les « inhibiteurs sélectifs de la recapture de la sérotonine », ou SSRI, de leur appellation anglaise : *selective serotonin reuptake inhibitors.* En français ou en anglais, cette appellation reflète très bien le mode de fonctionnement de ces substances.

Derrière ce mode de fonctionnement se cache une logique véritablement implacable. Souvenez-vous du chapitre I, où nous avons appris que nos sentiments reposent sur le travail des neurotransmetteurs et comment ces minuscules messagers envoient des informations à travers nos cellules nerveuses. C'est cela qui décide si nous sommes joyeux, tristes ou en colère. L'un de ces messagers, constamment en vadrouille avec l'information « Je vais bien, je suis complètement détendu », est la sérotonine. Que la production en soit insuffisante ou que nous manquions de récepteurs sur les cellules nerveuses, et nous percevons cette information trop faiblement, voire pas du tout.

Les SSRI favorisent la production de ces messagers à travers divers mécanismes et leur circulation dans les cellules nerveuses. L'idée est en soi superbe. Cela ne fonctionne malheureusement pas sur tout le monde, et même les patients qui en bénéficient doivent encore attendre des semaines avant de ressentir l'effet désiré. Il faut donc avoir de la chance et de la patience, alors que, chez le médecin, on est « calibré » sur le bon médicament – sans garantie de succès, toutefois. Toujours est-il que personne ne doit s'attendre à être « heureux » grâce aux SSRI. Je connais un grand nombre de patients qui refusent de prendre ces médicaments parce qu'ils ne veulent pas qu'on les rende « artificiellement » heureux.

Certains de mes patients dépressifs maîtrisent plus facilement leur quotidien en prenant des médicaments qui égaient leur humeur et leur permettent de se confronter avec davantage d'assurance à leur vécu intérieur. Ils se sentent plus efficaces et plus forts. Cela provoque chez eux une spirale ascendante et ils parviennent lentement à remonter des abysses de la dépression.

Le patient peut avoir l'impression que c'est aux médicaments qu'il doit ces processus de changement. Mais ce n'est pas le cas. Les médicaments créent, au mieux, les conditions chimiques préalables pour que le patient puisse travailler, avec sa propre motivation, sur les processus bénéfiques de changement. Ils doivent aider un patient à être de nouveau en mesure de s'engager dans son quotidien. Les médicaments sont ici un plus indéniable.

Il arrive également parfois que les médicaments n'apportent aucun bénéfice au patient, mais que celui-ci souffre doublement lorsqu'il les prend. Un sentiment de frustration et d'impuissance se greffe, en effet, sur sa souffrance. D'autres patients ressentent des effets secondaires si forts qu'ils annulent quasiment l'effet positif du médicament.

Il arrive également que l'on ne trouve tout simplement pas le médicament adapté au patient, sachant que l'on doit généralement chercher selon le principe *trial and error*. Certaines personnes peuvent ainsi tester divers médicaments pendant un laps de temps assez long – pour un résultat on ne peut plus frustrant : aucun médicament n'agit réellement sur eux.

Environ 20 % des personnes dépressives ne répondent pas aux SSRI. Les patients se montrent, de ce fait, le plus souvent critiques lorsqu'il s'agit de prendre des substances de la psychopharmacologie, et c'est bien comme cela. Se montrer critique signifie une reprise de responsabilité, car c'est finalement le patient qui prend les médicaments, et non le médecin qui les prescrit.

Sur le principe, la seule prise de médicament, sans accompagnement psychothérapeutique, n'a que peu d'effet sur les troubles psychiques. Car ils ne guérissent pas. Les dépressions naissent de situations néfastes dans la vie – et cela, aucun médicament au monde ne peut le réparer. Les médicaments peuvent toutefois aider à surmonter des situations difficiles, à les rendre un peu plus supportables et à se confronter plus facilement aux processus thérapeutiques.

Pendant ce temps, la science travaille à la découverte de nouvelles substances. Et ce n'est parfois qu'aujourd'hui que l'on découvre les effets étonnants de certaines anciennes substances.

La kétamine : un nouveau produit miracle ?

Certaines souffrances psychiques sont si graves qu'il peut être difficile d'attendre plusieurs semaines les effets apaisants d'un médicament. L'industrie et la recherche pharmaceutiques sont sur des charbons ardents en raison des recherches actuelles sur des substances qui promettent ce qui était impossible jusqu'à maintenant : un effet apaisant immédiat.

La kétamine est l'une d'elles. C'est, en fait, un véritable serpent de mer. Les médecins de l'armée américaine l'utilisaient déjà comme sédatif et antalgique pendant la guerre du Vietnam. On s'en sert également depuis longtemps en anesthésie et en médecine d'urgence. On pensait en connaître clairement les domaines d'utilisation, et c'est peut-être la raison pour laquelle il fallut attendre un certain temps avant que les chercheurs n'en découvrent par hasard les remarquables effets sur les personnes dépressives.

Les patients atteints d'une grave dépression, et qui avaient été traités sans succès avec au moins un antidépresseur classique, montrèrent des améliorations significatives vingt-quatre heures seulement après la première prise de kétamine. On évoque également des personnes qui souffraient d'une dépression si sévère qu'ils réfléchissaient chaque jour à mettre fin à leur vie. La kétamine les soulagea de leur spleen, et elles retrouvèrent en peu de temps leur joie de vivre.

L'administration américaine pour l'autorisation de mise sur le marché des médicaments teste actuellement un procédé accéléré pour l'autorisation officielle de la kétamine dans le traitement de la dépression. Et à l'hôpital universitaire de la Charité à Berlin, on travaille également à savoir comment et sous quelle forme utiliser cette substance.

La psilocybine : le *magic mushroom* peut encore mieux faire

Une autre substance fait beaucoup parler d'elle en ce moment, et ce n'est pas une inconnue. Les êtres humains en consomment déjà depuis des décennies : la psilocybine est la substance active d'un champignon également connu sous le nom de *magic mushroom*. Les hippies en prenaient volontiers, et il jouit, aujourd'hui encore, d'une très bonne réputation en tant que drogue psychédélique pour faire la fête.

À l'issue de deux études récentes, des chercheurs ont mis en évidence un effet de la psilocybine qu'un directeur de recherche décrit comme un « état inversé de stress post-traumatique[51] ». Les patients qui ont ingéré cette substance pure dans des conditions cliniques contrôlées parlent d'« expériences on ne peut plus impressionnantes ». Ils en ont été si imprégnés et profondément touchés qu'ils en ressentirent les effets pendant des mois.

On donna aux patients des capsules de psilocybine au cours de deux séances, à une semaine d'intervalle. Les six hommes et six femmes entre 30 et 64 ans souffraient en moyenne depuis 17,8 ans d'une dépression soignée avec des substances classiques. Au même titre qu'un événement traumatique peut avoir, pendant très longtemps, la mainmise sur une personne, la psilocybine peut visiblement l'en libérer.

Une autre étude alla encore plus loin. Les chercheurs n'entendaient pas travailler sur un médicament uniquement contre les souffrances psychiques en soi[52]. Ils voulaient surtout trouver un médicament qui agisse sur les troubles consécutifs à une grave maladie corporelle. Une personne atteinte d'un cancer souffre très souvent d'états anxieux et de dépression. La question préalable à la recherche était la suivante : si des personnes souffrent déjà énormément de leur maladie corporelle, ne pourrait-on pas, au moins, les soulager de leurs souffrances psychiques ? Et l'état physique du patient ne pourrait-il pas, éventuellement, s'en trouver également amélioré ?

Comme on l'a vu, une unique dose de psilocybine peut déjà y contribuer. Les deux groupes de chercheurs qui travaillaient sur cette substance évoquèrent des succès similaires. Dans les deux groupes, le bien-être et la qualité de vie se sont améliorés chez environ 80 % des personnes testées après la prise de psilocybine. Les participants avaient certes encore peur de la mort, mais considéraient avec davantage de détachement le fait de mourir. Ils avaient généralement une vision de la vie plus positive et une spiritualité plus élevée, ce qui agit clairement sur leur bien-être en général. Cet effet perdurait encore six mois plus tard, mais uniquement chez les patients qui suivaient simultanément une psychothérapie.

MDMA : un trip contre le traumatisme

Les scientifiques ont obtenu des résultats tout à fait similaires avec la MDMA, également connue pour être une drogue qui circule dans les fêtes. La MDMA appartient structurellement au groupe des amphétamines et elle entrait dans la composition des premières générations de pilules d'ecstasy. Les pilules vendues aujourd'hui sous le nom d'« ecstasy » contiennent entre-temps un tout autre mélange de substances.

La MDMA pourrait désormais être autorisée aux États-Unis dans le traitement des états de stress post-traumatique. Elle s'avère avoir, contre ces troubles, une action qu'aucune autre substance psychopharmacologique n'a pu atteindre. Certaines personnes sont si traumatisées qu'elles ne sont pas en mesure de parler de l'horreur qu'elles ont connue ni de supporter des traitements spécifiques.

La MDMA semble avoir la capacité de mettre le patient en état de suivre une thérapie. Il a moins peur et montre une plus grande confiance dans sa relation avec le thérapeute. Il se trouve dans un état émotionnel et mental positif et est davantage en mesure de se confronter à son traumatisme et de supporter les sentiments douloureux qu'il éveille. En outre, son souvenir des événements traumatiques s'améliore, ce qui en permet la constitution d'un tableau plus complet, qui n'agit plus de manière incontrôlée sur le patient.

La kétamine et la psilocybine, mais aussi la MDMA, sont des substances très répandues en tant que drogues. Cela confirme la théorie selon laquelle la personne qui souffre psychiquement tente de faire sa propre thérapie avec des drogues. Visiblement, un certain nombre des substances souvent consommées a réellement ce potentiel. Et pourtant : ceci n'est pas un plaidoyer en faveur de la consommation de drogue ! Ce sont de toutes autres conditions, cliniquement propres, avec des substances soigneusement dosées sous le regard attentif de médecins, et non un truc frelaté venu d'on ne sait où, que l'on se met dans le corps dans les conditions d'une fête.

Pour aussi prometteurs que puissent être certains résultats de la recherche, de telles substances nouvelles ne sont là que pour atténuer les douleurs psychiques aiguës et mettre le patient en état de suivre une thérapie. On ne peut pas faire l'économie d'affronter les origines du trouble psychique – c'est même le mieux que l'on puisse faire. Et avec quelqu'un qui comprend autant que possible chaque trouble individuel.

Les spécialités des thérapeutes

Au cours de leur formation, un grand nombre de thérapeutes ressentent une plus grande fascination pour un trouble dans lequel ils souhaiteraient alors se spécialiser. Certains d'entre eux traitent volontiers les patients avec des troubles de la personnalité, d'autres ont un contact particulièrement bon avec ceux qui souffrent d'anxiété, d'obsessions ou de traumatismes. Il existe toute une palette de méthodes pour chaque profil de trouble et pour lesquelles un thérapeute peut suivre une formation complémentaire. Le catalogue des méthodes s'est étoffé au fil des années, ce qui profite énormément aux patients.

Il existe, par exemple, ladite « thérapie des schémas » pour les troubles de la personnalité, et, pour les troubles *borderline*, la « thérapie comportementale dialectique », alors que, pour les états de stress post-traumatique, on peut suivre une formation, par exemple, pour le traitement des traumatismes par l'*Eye Movement Desenzitisation and Reprocessing* (EMDR).

Lorsque quelqu'un a déjà été diagnostiqué, donc qui sait s'il souffre d'une dépression, d'un trouble anxieux ou d'un trouble de la personnalité, il peut lui être utile de tenir compte de la spécialisation du thérapeute au moment de son choix. Cela peut permettre l'instauration d'un plus fort sentiment de certitude d'être suivi par la bonne personne.

J'ai été, de bonne heure, attirée par la psychocardiologie, et ma thèse portait sur les suites psychiques et physiques de la pose d'un by-pass chez les patients. Un grand nombre de patients décrivirent clairement leurs sentiments et leurs expériences, leurs cauchemars et leurs craintes pour l'avenir dans le contexte de leur opération.

Même si, à l'époque, je ne réalisais pas de diagnostics tests psychopathologiques, je percevais mes patients comme étant fortement traumatisés. Cela conditionna quasi automatiquement le second point fort de ma spécialisation : la thérapie traumatologique. Il s'avéra, en outre, que la constitution de la personnalité des patients souffrant de troubles coronariens avait un impact important sur la maladie, mais également sur le processus de guérison. Ces trois domaines ensemble – traumatismes, constitution de la personnalité et ressenti physique – se conditionnent mutuellement, de telle sorte que je les considère comme une unité thérapeutique pour le traitement. Et cela continue à me fasciner.

Eye Movement Desenzitisation and Reprocessing (EMDR)

Une découverte riche de conséquences

De 2010 à 2012, je suivis une formation complémentaire pour la méthode dite « EMDR ». L'idée de pouvoir intervenir, sans scalpel et de l'extérieur, sur la structure du cerveau et de transformer des voies d'information destructrices et tourmentantes en paisibles chemins de randonnée me fascinait et me fascine toujours.

L'idée de cette méthode vit le jour lorsque, fin des années 1980, la jeune Américaine Francine Shapiro fit, par hasard, une découverte au cours d'une promenade. Shapiro se trouvait alors elle-même au cœur d'une grave crise existentielle, car elle devait assimiler un diagnostic de cancer.

Après une longue promenade le long d'une allée, Shapiro se sentit, pour la première fois, soudain nettement mieux qu'elle ne l'avait été depuis longtemps. On accorde depuis toujours des vertus apaisantes à la promenade, mais Shapiro sentait que c'était plus que cela. Elle avait la sensation d'avoir assimilé le diagnostic. La menace existentielle était certes encore là, mais Shapiro avait maintenant le sentiment de pouvoir la considérer sous un autre angle – sans la douleur tourmentante qu'elle avait auparavant ressentie. De même, sa tension avait disparu. Shapiro ne voulut pas se contenter de penser que c'était comme cela. Elle voulait absolument savoir ce qui était à l'origine de cette amélioration. Elle comprit soudain : peu importait *ce* qu'elle avait regardé (fleurs, cailloux, arbres), mais *comment* elle l'avait regardé.

Pendant qu'elle avait réfléchi à cette menace existentielle, ses yeux avaient constamment fait des allers-retours entre les arbres, le long de l'allée, toujours avec le même mouvement : droite – gauche – droite – gauche. Shapiro est psychologue et elle se souvint soudain ce qu'évoquaient chez elle ces mouvements : la phase « REM » du sommeil, le *Rapid Eye Movement*, le « mouvement oculaire rapide » (MOR). Cette phase qui demeure la plus mystérieuse du sommeil.

On a longtemps pensé que les mouvements des yeux étaient provoqués par une forte activité cérébrale, une phase intense de rêve, par exemple. On sait aujourd'hui que c'est le contraire : ce sont les rapides allers et retours des yeux qui activent le cerveau. Ils déclenchent une stimulation bilatérale des deux lobes cérébraux : un flux commence à circuler, invisible, entre les côtés droit et gauche. Notre cerveau semble avoir besoin de cet état pour travailler certaines choses et il se détend en le faisant. Mais pas comme nous le faisons, nous, vautrés sur le canapé jonché de miettes de pizza. Notre cerveau préfère se détendre en état d'excitation, quasiment dans un mode yoga-jogging. Ce n'est qu'alors qu'il se met en mode « traitement ». Il commence à réorganiser nos expériences, à enregistrer nos souvenirs et à consolider le contenu de notre mémoire.

Lorsque nous sommes confortablement couchés dans notre lit, le cerveau en profite pour faire le grand ménage. Il range le fourbi de la veille en chantonnant gaîment. Il range même les vieux souvenirs et les mélange avec les plans pour le lendemain qui se bousculent dans notre tête.

Notre cerveau ne parvient bien souvent pas à trouver le sommeil lorsqu'il est stressé. Nous restons éveillés ou nous nous réveillons plusieurs fois dans la nuit. Nous ressassons et n'avons que peu de phases de sommeil MOR, voire aucune. Et c'est précisément alors que nous en aurions le plus besoin que nous sommes coupés de notre important outil de travail : le cerveau ne peut plus ranger.

Shapiro ayant découvert sur elle-même qu'il était possible de provoquer une sorte de phase MOR également en étant éveillée, elle réfléchit à une méthode pour essayer de provoquer cet état sur des tiers. Elle s'adressa à un groupe de personnes qui souffraient d'un état de stress post-traumatique extrême : des vétérans du Vietnam.

La guerre était alors finie depuis quinze ans, mais en apparence seulement chez un très grand nombre de personnes. Elle continuait à faire des ravages dans la tête de ceux qui l'avaient vécue. Ce n'étaient pas uniquement des milliers de blessés qui étaient revenus de la guerre, mais également des hommes à l'âme mutilée. Et personne ne pouvait leur venir en aide. La consommation d'alcool et de drogue – pour « oublier » – était élevée. Il n'existait aucune méthode de traitement pour les séquelles traumatiques dont ils souffraient.

Shapiro fut bouleversée lorsqu'elle visita pour la première fois un centre pour les vétérans du Vietnam : elle y rencontra des hommes qui vivaient encore quotidiennement les pires horreurs de la guerre. Ils avaient constamment des flash-back, des moments pendant lesquels des fragments de souvenir mal archivés jaillissaient dans le cerveau, avec les images et les émotions torturantes. Ils étaient encore en pleine guerre.

Au vu de la violence de ces effets psychiques, la méthode de Shapiro semblait quelque peu naïve. Elle se tenait devant les anciens soldats, faisait aller et venir son index et son majeur dressés devant leurs yeux pour simuler une phase MOR. Les patients devaient alors sciemment penser à des situations pénibles.

Il se passa alors quelque chose de remarquable : au bout de quelques séances seulement, le niveau de stress des vétérans baissa significativement. Ils avaient moins de flash-back et d'accès de panique. Grâce à la stimulation bilatérale, le cerveau semblait véritablement trier différemment le contenu de leur mémoire, ce qui leur apportait un soulagement certain.

EMDR en Allemagne

En 2006, le Comité scientifique allemand de psychothérapie a reconnu la méthode EMDR comme étant une méthode scientifiquement fondée de psychothérapie pour les adultes, et, en 2013, également pour les enfants. Elle est depuis longtemps utilisée dans les traitements en hôpital des états de stress post-traumatiques. Ce n'est qu'en 2015 que les caisses maladie en assumèrent les coûts au sein d'un processus de recommandation pour les adultes en traitement individuel et en hôpital. Elle n'est autorisée que pour le traitement de l'état de stress post-traumatique.

Indépendamment de cela, je suis d'avis, comme l'association professionnelle EMDRIA, que les patients présentant d'autres troubles, associés par exemple à la peur, la panique, les douleurs, les addictions ou les dépressions, qui ne répondent certes pas aux critères de diagnostic d'un ESPT, comme les flash-back, souffrent également d'événements de la vie qui peuvent absolument être considérés comme traumatiques. Si la menace sur la vie, qu'elle soit mentale ou physique, représente un traumatisme, je peux alors affirmer que pratiquement tous mes patients présentent une situation de traumatisme dans leur contexte biographique.

La méthode EMDR serait ici un traitement aussi rapide que prometteur, également pour d'autres profils de troubles, comme les dépressions, les troubles de la peur et de la panique, les douleurs chroniques, la profonde tristesse après un deuil et les addictions.

Le processus de l'EMDR

Comment cela fonctionne-t-il ?

La première étape d'un traitement EMDR consiste à travailler sur l'intégralité du thème traumatique. Le déroulement en est clairement défini dans le but de préparer la stimulation bilatérale. On travaille autant sur tout ce qui rappelle la situation pénible au patient, que sur son attitude, ses images intérieures, ses perceptions corporelles et ses sentiments pendant qu'il l'évoque. Le patient se sent (ne se trouve pas !) alors avec toutes ses perceptions exactement dans la situation pénible du traumatisme, bien qu'il soit installé, en toute sécurité, dans le fauteuil du cabinet du thérapeute. Je lui fais face et stimule ses deux hémisphères cérébraux avec les allers-retours de mes doigts, exactement comme Shapiro l'a pensé à l'origine.

Le déroulement de la séance est structuré. Après chaque séquence de stimulation, on utilise comme nouvelle situation de départ pour la prochaine séquence la perception, les sentiments, les perceptions corporelles, les pensées et les images intérieures qui en sont ressortis. On recommence ainsi jusqu'à ce que le patient ne ressente subjectivement plus de charge psychique.

À la fin du traitement, le patient adopte une attitude détendue envers lui-même et envers l'événement : « Je suis maintenant en sécurité » ou « Je sais maintenant comment le gérer ».

Ne faire en aucun cas ce traitement sur soi-même, il doit être impérativement réalisé avec le soutien d'un thérapeute qualifié.

Imagery Rescripting and Reprocessing Therapy (IRRT)

La méthode EMDR n'est pas l'unique méthode thérapeutique pour traiter les troubles consécutifs à un traumatisme. La thérapie dite *Imagery Rescripting and Reprocessing Therapy* (IRRT) s'impose de plus en plus. Ce qui semble, au premier abord, un peu compliqué suit en fait une théorie vraiment simple sur la formation de la mémoire humaine : nos souvenirs sont nettement plus dynamiques que nous ne le pensons. Nous modifions un tout petit peu un souvenir chaque fois que nous l'évoquons. Si nous imaginons notre mémoire comme une immense bibliothèque, ce n'est pas comme si on prenait un livre, le lisait et le remettait tout simplement à sa place. Non, chaque fois que nous évoquons un souvenir, nous le corrigeons inconsciemment au vu des connaissances et expériences que nous faisons, le jour même. Cela est particulièrement le cas des livres qui nous concernent personnellement, en quelque sorte notre biographie.

Les souvenirs passent dans une sorte de Photoshop. Nous en représentons certains à travers un filtre romantique ou en accentuons les contours. Nous dessinons des papillons et des petites fleurs au bord ou les dépeignons plus sinistres qu'ils ne sont en réalité. Nous mettons en exergue certains détails et en laissons s'estomper d'autres. Nous écrivons, par endroits, une ou deux lignes. Nous comblons judicieusement les lacunes qui apparaissent.

Nous retravaillons toujours quelque peu notre biographie pendant que nous racontons. Des méthodes comme l'IRRT utilisent très sciemment ce principe. La dynamique de nos souvenirs est une grande chance. Grâce à elle, nous pouvons relier des contenus traumatiques de la mémoire avec de nouvelles interprétations. Nous pouvons, par exemple, associer des phrases comme « J'ai surmonté la situation » avec des situations dans lesquelles nous nous sentions auparavant impuissants ou désespérés.

Pendant un traitement faisant appel à l'IRRT, le patient doit, dans un premier temps, se donner la grande peine de se remémorer les situations pénibles. On passe ensuite à l'étape suivante : il les complète avec des issues ou une interprétation qui le soulagent. Si, par exemple, quelqu'un nous a battus ou maltraités, nous pouvons, *a posteriori*, soutenir ou consoler l'enfant que nous étions alors. Nous pouvons compléter les souvenirs douloureux avec des phrases comme : « Nous ne nous sommes pas comportés correctement envers toi » et « C'est fini ».

Deux systèmes importants se retrouvent de nouveau à cette occasion : l'hippocampe et l'amygdale. Il est activé, elle est apaisée. Nous exerçons de nouveau davantage de contrôle et nous nous laissons moins envahir par la peur. Si nous parvenons à associer la situation d'origine avec une nouvelle attitude et un nouveau sentiment, les sentiments comme la peur, la culpabilité, le désespoir ou la honte qui lui sont liés disparaissent également. Les chapitres que nous avons vécus demeurent certes une partie de nos archives, mais nous pouvons les compléter avec des phrases comme : « J'ai vécu quelque chose de terrible, mais je peux voir les choses en face, aujourd'hui. » Et nous les rangeons dans un autre rayonnage.

Accoler une nouvelle évaluation à un souvenir est quelque chose de très différent que tenter vainement de s'en séparer en le refoulant. Nous n'oublierons jamais les pires chapitres de notre vie. Mais nous pouvons fondamentalement changer notre image de nous-mêmes dans ce souvenir.

La sensibilisation du traumatisme

Aussi longtemps que des situations ou des pensées pénibles adhèrent à lui, l'homme ne peut que difficilement s'imaginer que sa vie puisse prendre une meilleure orientation. Une chose est certaine : ce ne sera plus comme avant et c'est bien comme cela, car c'est finalement un bénéfice du traitement. Ça peut changer. Et mes patients connaissent la phrase : « Le changement peut aussi être meilleur. »

Grâce à une psychothérapie, mes patients ont réalisé avec succès de nombreux changements concernant, par exemple, l'estime et la conscience de soi, le bonheur de reprendre prudemment contact avec d'autres personnes et le pouvoir du choix personnel des stratégies comportementales.

Une enquête en ligne de Stiftung Warentest de 2011 à laquelle participèrent quatre mille personnes donna les résultats suivants. Les trois quarts des personnes interrogées indiquèrent avoir eu, au début de la thérapie, des charges psychiques « lourdes » ou « très lourdes ». À la fin de la thérapie, 57 % dirent que leur charge psychique s'était grandement atténuée et qu'ils ne l'estimaient plus que « légère » à « très légère ». Pour 29 %, elle était « moyenne ». Globalement, ils étaient unanimes pour dire que la psychothérapie avait contribué à diminuer leurs souffrances psychiques et à augmenter leur vécu positif. Deux tiers des personnes interrogées décrivirent une plus grande joie de vivre après le traitement. 63 % décrivirent une meilleure estime de soi et 61 % pouvaient mieux gérer leur stress au quotidien. Les restrictions dans la vie quotidienne, professionnelle et familiale, ainsi que dans les loisirs avaient également nettement régressé.

Les patients affrontent courageusement leurs propres thèmes pendant la thérapie. Ils apprennent à se comprendre, à découvrir les connexités et les causes, ainsi qu'à percevoir tout ce qu'il se passe en eux, et ils s'entraînent avec zèle dans leur quête d'un meilleur sentiment pour l'avenir. Il faut pour cela beaucoup de force, d'énergie et aussi une grande tolérance à la frustration, car tout ne fonctionne pas tout de suite et il n'y a même aucune garantie que cela fonctionne. Les patients qui réussissent ainsi à imprimer un tournant à leur vie n'en méritent que davantage de respect, de reconnaissance et d'applaudissements. C'est une performance extrême, touchante, qui me motive pour persévérer dans mon travail de thérapeute.

Le garde du corps de notre âme

Les relations

En psychologie, on réalise des études depuis des décennies. Certaines ne durent que quelques heures, d'autres plusieurs mois. Des études ont pris un grand nombre d'années – une étude commencée en 1941 n'est toujours pas terminée. On peut affirmer sans ambiguïté que c'est l'une des études les plus impressionnantes qui fut jamais menée – qui dure encore actuellement.

Le psychiatre américain Robert Waldinger succéda à trois personnes à la tête du projet Harvard, qui suit, depuis plus de 76 ans, la vie de 724 hommes. On interroge chaque année les participants sur leur travail, leur vie de famille et leur santé. 60 d'entre eux sont encore en vie et participent à l'étude. La plupart de ces hommes ont 90 ans et plus. En 2015, Waldinger en tira un bilan intermédiaire qui suscita un grand intérêt. Il découvrit notamment que ce qui avait le plus agi sur ces hommes au cours de leur vie était le plus important facteur de bonne santé et de bonheur : de bonnes relations avec d'autres personnes.

Si, dans leurs jeunes années, les participants à cette étude poursuivaient d'autres valeurs, comme le bonheur, le succès et la prospérité, ils avouèrent, à un âge plus avancé, que le meilleur dans leur vie avait été d'entretenir de bonnes relations avec des tiers.

Les résultats de la recherche le confirment : les personnes qui sont plus solitaires qu'elles ne le souhaiteraient se sentent moins heureuses, leur santé se dégrade plus précocement vers le milieu de leur vie, leurs fonctions cérébrales s'amenuisent, et elles décèdent plus tôt que les personnes qui ne sont pas solitaires. Waldinger l'exprime crûment ainsi : la solitude tue.

Les relations avec les autres personnes – pour autant que l'étude ait pu le mettre en évidence – doivent toutefois être réellement bonnes et amicales. Waldinger observa également des gens qui étaient certes en couple, mais vivaient malgré tout seuls et dans la souffrance. Ce n'est pas le nombre des amis qui importe, ou le fait de vivre dans un couple stable, mais bien davantage la qualité des relations intimes. Des relations marquées par les conflits sont toxiques. Selon Waldinger, un mauvais couple peut même être pire qu'un divorce pour la santé.

Cette théorie est confortée par les tout derniers résultats de la psychocardiologie. Ces résultats, certes impitoyables, ont malgré tout un petit air de roman à l'eau de rose. L'antidote de la douleur et de la souffrance est : l'amour. Mais ce n'est pas ce magnifique sentiment qui a de telles vertus. C'est la réponse physique qu'il appelle – et, en tout premier lieu, la sécrétion d'ocytocine. On sait depuis longtemps que cette hormone est libérée par la proximité humaine et physique. L'ocytocine est comme un baume pour le cœur et l'âme. Elle abaisse la tension sanguine, le pouls, elle chasse les sentiments d'anxiété et nous soude aux personnes vers lesquelles nous nous sentons attirés.

On croyait encore récemment tout savoir sur les modalités de libération de l'ocytocine. Les chercheurs de la clinique universitaire d'Ulm ont toutefois enrichi ces connaissances d'un aspect. Ils découvrirent que le cœur avait visiblement ses propres récepteurs sur lesquels l'ocytocine pouvait se fixer. Mieux, même : ils lui permettent d'en produire. Une incroyable sensation.

Et cela pourrait expliquer l'éternel conflit dans lequel tombe sans cesse l'être humain. On a parfois l'impression, lorsqu'il s'agit d'amour, que le cœur et la raison se livrent à un duel, selon la métaphore communément utilisée pour décrire cet état.

En réalité, ce sentiment s'avère avoir un fondement biologique. En effet, le cœur en sort parfois vainqueur tout simplement parce qu'il n'attend pas que la tête traite les informations venues de l'extérieur, et qu'il mène sa propre barque. Lorsque quelqu'un s'adresse à nous amicalement, nous touche, lorsque nous faisons l'amour, le cœur libère ses propres substances messagères, sans tenir compte du cerveau – quasiment en direct, sans faire appel à la raison.

Pour les psychologues et cardiologues, la meilleure médecine pour conserver un cœur sain et serein est les bons contacts sociaux. Des études menées sur le long terme ont mis en évidence que le soutien d'un partenaire ou d'un membre de la famille, ainsi que des contacts réguliers avec des amis, allongent l'espérance de vie. Les personnes auxquelles on ouvre son cœur en sont la meilleure protection. Le cœur a, lui aussi, besoin d'amour. Et l'amour est véritablement un bon médicament, *via* l'ocytocine.

Une autre étude de 2013 a montré que les êtres humains qui se sont liés par amour ont une plus grande espérance de vie que ceux qui ne le sont pas. Le gain est de neuf ans pour les hommes et de sept ans pour les femmes.

Mais l'amour n'a pas un effet globalement positif que sur le cœur. Il agit également sur le système immunitaire. Les charges psychiques peuvent certes activer des processus inflammatoires, mais il semble que cela fonctionne également dans l'autre sens : les facteurs psychiques positifs peuvent faire baisser la concentration de « molécules messagères pro-inflammatoires » dans le sang, c'est-à-dire que le bien-être psychique agit favorablement sur les processus inflammatoires.

Le partenariat

Des relations fiables et positives – pas forcément une liaison amoureuse, ce peut être une relation avec des collègues de travail, d'un club sportif ou d'activités de loisir – peuvent être la source d'une vie satisfaisante au-delà d'un couple. La vie de couple se présente et se ressent autrement, ne serait-ce qu'au niveau de la proximité corporelle et sexuelle. Une communauté nous donne des forces, nous stabilise, nous fait avancer dans la vie et nous laisse une agréable sensation. Nous avons besoin d'un sentiment d'appartenance, que ce soit au sein de l'association des jardiniers du dimanche ou des fans de la Fiat 500. Ce besoin d'appartenance ne connaît ni morale ni limites, et il a toujours existé.

La spiritualité

En 2012, une information suscita, du jour au lendemain, un immense intérêt : des neurologues avaient découvert ledit *God spot*, une petite zone du cerveau qui s'anime soudain lorsqu'on aborde des thèmes sur la spiritualité. Cette nouvelle fit brièvement la une des journaux et des discussions, mais elle fut bientôt rectifiée. Les tests suivants montrèrent que l'intégralité du cerveau était concernée lorsqu'on parlait de Dieu, de la foi ou de choses plus élevées.

Ce qui aurait pu être sublime, dans un *God spot*, c'est qu'il aurait peut-être conforté *la foi dans la foi*. Les esprits s'échauffent autour de la question de la foi. Chacun a son propre point de vue, une chose différente en laquelle il croit. Ne croire en rien est également une forme de croyance.

Quoi qu'il en soit, l'âme aime que nous croyions en quelque chose. Les personnes vivant dans un milieu ayant des convictions spirituelles – peu importe lesquelles – viennent plus facilement à bout des exigences et des menaces du quotidien. Une spiritualité vécue positivement met à disposition d'importantes ressources qui permettent de maîtriser les problèmes psychiques.

Pour le psychologue américain Abraham Maslow, qui fut l'un des premiers experts à se pencher sur les besoins de base de l'âme, la spiritualité en fait absolument partie : « Sans la transcendance, l'être humain est violent, nihiliste, sans espoir et apathique. Nous avons besoin de quelque chose de plus grand que nous pour ressentir du respect[53]. »

Les personnes connaissant des états mystiques sont apparemment beaucoup plus saines psychiquement que la moyenne de la population. Le psychologue clinicien David Larson, du National Institute for Healthcare Research, aux États-Unis, a systématiquement évalué toutes les études de son institut publiées entre 1978 et 1989 quant à la relation entre la foi et la santé psychique, et il en arrive à la conclusion que, dans 84 % des cas, la religiosité a des effets positifs, qu'elle est neutre dans 13 % des cas et a un impact négatif sur la santé dans 3 % des cas.

Le comportement par rapport à sa santé semble être systématiquement plus favorable chez les croyants : ils fument moins, boivent moins d'alcool et prennent plus rarement de la drogue, ils sont davantage soutenus par la communauté et jouissent de meilleurs soins dans des familles intactes – si l'on ne tient pas compte des dérives d'abus de pouvoir.

Il existe même des études qui affirment que les personnes religieuses ont de moindres tendances suicidaires. Les causes pourraient en être le soutien social de la communauté, la participation régulière à des offices religieux et une religiosité et spiritualité intériorisées. Dans mon travail de thérapeute, je reçois un grand nombre de patients qui voient une aide efficace dans une association de croyance, de spiritualité et de thérapie. Une patiente me dit que la prière était une consolation dans les moments difficiles et qu'elle ressentait un sentiment d'acceptation par « sa » puissance supérieure, une sorte de liaison dans sa détresse de ne pas vouloir être seule. Cela eut pour effet de la stabiliser et de lui donner du courage pour la suite du traitement.

La foi

La religion et la spiritualité jouent un rôle prépondérant dans le traitement des troubles d'addiction. C'est ainsi que les Alcooliques Anonymes et la Croix Bleue travaillent, outre sur la reprise de responsabilité de ses propres actes et le concept communautaire de soutien mutuel, également sur l'orientation vers Dieu. La puissance supérieure est là pour proposer consolation et échange. Ceci permet de travailler l'absence de lien et la solitude, le vide intérieur et le traumatisme, par d'autres moyens que des succédanés tels que l'alcool. Les douze étapes du programme des Alcooliques Anonymes, qui aide un grand nombre de personnes, reposent sur une notion transcendantale confessionnelle neutre : la croyance en une puissance supérieure, croyance à laquelle viennent s'ajouter le lien avec un groupe et le fait de pouvoir influer efficacement sur sa vie.

Ce ne doit pas être obligatoirement la croyance en un être supérieur. Il suffit de trouver un sens à sa vie. Les personnes qui mènent une vie heureuse trouvent un accomplissement dans ce qu'elles font et dans la manière dont elles le font. Une vie sans sens est ressentie comme vide et sans valeur, et elle induit souvent une vision négative de soi. On ressent une vie comme satisfaisante lorsque l'on vit pour quelque chose en quoi l'on croit.

L'être humain cherche le plus souvent le sens de ce tout suprême et vit dans la cohérence lorsqu'il a trouvé ce qui est *digne* pour lui d'être cru.

La méditation

Un homme s'assied, ferme les yeux et ne fait rien. Qu'est-ce que cela peut bien lui apporter ? Beaucoup de personnes regardent avec circonspection ceux qui font du yoga, méditent ou encore exécutent d'étranges mouvements au ralenti, pieds nus dans un parc. Et il y a aussi ceux qui chantent fort et en groupe « Om Namah Shivaya ».

On a tous des amis quelque peu militants qui subliment le cours de yoga et parlent avec engouement de ses effets. Tous des cinglés ? Au moins la recherche les prend-elle très au sérieux, ces derniers temps. Quel est donc cet effet qui s'exerce sur les hommes lorsqu'ils méditent ou pointent le derrière vers le ciel dans la posture du « Chien tête en bas » ?

Ce que l'on a découvert est réellement époustouflant : la méditation semble avoir la capacité de remodeler des structures du cerveau qui ont été, par exemple, modifiées par une dépression. Dans plusieurs études, des scientifiques ont mis en évidence une densification significative mesurable de la substance cérébrale dans l'hippocampe – une structure qui peut être endommagée par un niveau élevé de cortisol suite à un stress permanent ou une sévère dépression – après seulement huit semaines de pratique avec des exercices quotidiens de 45 minutes[54].

Mais ce n'est pas tout : la partenaire de l'hippocampe, l'amygdale, s'était également modifiée. Elle médite avec lui et est « figée », si bien qu'elle n'est pas constamment en état d'alerte et ne peut pas envoyer autant de signaux d'anxiété.

Cela est déjà énorme en soi. Mais les pratiques qui requièrent un niveau élevé de présence spirituelle peuvent aider encore plus. Elles peuvent aider à percevoir ses sensations corporelles, ses émotions et ses pensées, afin d'identifier les modèles de réaction rigides. Cela ouvre la voie à des modes de réaction ou de vision nouveaux ou alternatifs.

Un effet supplémentaire du yoga tient au fait qu'il peut être pratiqué seul ou en groupe et permet ainsi d'établir de nouveaux contacts ou de nouvelles relations. Réciter ou chanter en groupe des mantras produit une homophonie quasiment impossible à décrire avec des mots.

Le training mental peut non seulement améliorer la perception de soi, mais également l'autorégulation. Une partie se fait d'elle-même, car le calme et la concentration apaisent automatiquement le système nerveux. L'homme peut également y contribuer en apprenant à mieux se connaître et se percevoir soi-même, ainsi qu'à développer une autre gestion des douleurs, des peurs, des dépressions et des addictions. Nous nous comportons volontiers selon la devise : « Surtout, ne pas rester assis sur son derrière, plutôt entreprendre quelque chose ! » Nous serions mieux inspirés de prendre cette phrase à revers : « N'en fais donc pas tant et reste plutôt assis sur ton derrière ! »

L'hygiène mentale

Le psychiatre allemand Karl Robert Sommer inventa, dès 1901, l'expression « hygiène mentale » et fonda, en 1923, une commission et une association pour la protection et l'acquisition de la santé psychique. Des sociétés pour l'hygiène mentale furent fondées au fil des années en Suisse et dans d'autres pays. Celles-ci se consacraient principalement aux missions pratiques de protection de la santé psychique. L'analyste germano-helvétique Heinrich Meng occupa, en 1945, à Bâle, la première chaire européenne pour l'hygiène mentale.

Il existe moult guides pratiques, études, méthodes, offres des caisses maladie, caisses professionnelles et entreprises qui se préoccupent d'une manière ou d'une autre de la prévention et tentent ainsi de contribuer à la préservation de la santé. Il n'existe, pour ainsi dire, aucune directive pour la prévention en direction de l'âme. Le yoga et le jogging ne sont en soi pas compétents pour l'âme. On pratique des mammographies et des tests de prévention du cancer de l'intestin, et, en

Allemagne, on nous accorde un bonus en cas de pose d'une couronne si l'on va une fois par an chez le dentiste. Mais on ne nous accorde aucun bonus si nous nous préoccupons de notre santé psychique, parce qu'il n'existe aucune prévention organisée pour cela. C'est toujours la même chose, ce n'est qu'une fois le mal déclaré que les caisses se sentent compétentes pour le traitement et la convalescence du patient.

Mon souhait serait, comme pour le dentiste, un entretien thérapeutique tous les trimestres et, si besoin, une place dans les meilleurs délais chez un thérapeute compétent pour un traitement ultérieur. Je suppose que cela aplanirait bien des obstacles et éviterait que le patient ne souffre pendant des années.

Nous utilisons notre âme nuit et jour, et elle mérite non seulement notre attention, mais également nos soins. La plupart des gens ne savent toutefois pas ce qu'ils peuvent eux-mêmes faire pour la conserver en bonne santé. L'hygiène mentale n'est pas uniquement une notion, c'est une attitude que chacun peut développer envers soi. Mes trois mots magiques de l'hygiène mentale sont : perception, attention et plaisir.

La perception

Nous percevons tellement de choses que nous ne nous en rendons pas compte. Cela ne doit pas nous déconcerter, mais clarifier les choses. Nous nous limitons souvent à la perception qui vient de l'extérieur et, le cas échéant, agit d'une manière quelconque à l'intérieur de nous-mêmes. Et ce que nous faisons, en deux temps, trois mouvements, c'est l'évaluer. Des exercices de perception peuvent nous aider à décrire ce que nous voyons à l'extérieur et ressentons à l'intérieur. Et ce, dans un premier temps, sans l'évaluer !

Vous trouverez parfois mes patients assis sur un banc dans un parc. Ils regardent, écoutent, ressentent, perçoivent. Ils s'entraînent à décrire tout ce qu'ils perçoivent. Ils sont concentrés, et, s'ils en sont distraits, ils retournent à la perception. Aucune interprétation, aucune comparaison. On sort des schémas et des modèles, on entre dans la description individuelle des faits perçus. Le but consiste à accepter, dans un premier temps, les choses telles qu'elles sont et à constater que c'est supportable. On peut influer sur son vécu intérieur et tous ses sentiments désagréables. Cela semble plus facile que ce n'est en réalité parce que l'évaluation ne cesse de nous faire des crocs-en-jambe. Essayer aide et permet de faire de nouvelles expériences. Vous constaterez vraisemblablement, après avoir surmonté les premières ambivalences entre « C'est de la foutaise » et « Mais je suis curieux », que votre respiration devient plus régulière et s'apaise, votre corps également. Et si, à la fin, vous êtes encore assis dans le parc et récitez tout le mantra Om Namah Shivaya, il en faudra beaucoup pour vous faire perdre votre calme. Vous êtes le calme personnifié.

Attention et plaisir

L'attention est l'estime envers soi-même, son environnement, les autres personnes et les choses, comme les aliments, par exemple. Les choisir, les cuisiner et les consommer avec considération et lenteur est difficilement faisable au quotidien, mais tout à fait possible comme exercice.

Il existe pour cela un exercice simple : la méditation du pain.

Achetez un pain et coupez-en une demi-tranche. Faites-le dans un endroit tranquille, à la maison ou dans un site quelconque où vous ne serez pas distrait par le bruit. Prenez votre temps et suivez le déroulement suivant :

- Asseyez-vous confortablement et bien droit.
- Prenez le pain dans votre main.
- Fermez les yeux et prenez plusieurs profondes respirations, l'expiration devant être environ deux fois plus longue que l'inspiration.

Faites très doucement tout ce qui suit en veillant à tout ce que vous allez percevoir. Décrivez-le en silence pour vous, sans l'évaluer. Faites une pause, aussi longue que vous voulez, entre toutes les étapes suivantes.

- Tâtez le pain, sentez-le avec vos mains.
- Éprouvez-le avec vos lèvres, vos joues et les endroits que vous voulez.
- Sentez-le.
- Léchez-le.
- Mordez-en un petit morceau et faites-le « tourner » dans votre bouche.
- Mâchez-le lentement et longuement.
- Lorsque cela vous suffit, avalez-le.
- Procédez de même avec les bouchées suivantes jusqu'à ce que vous ayez mangé la tranche entière.
- Gardez les yeux fermés, ressentez ce que vous avez vécu et tentez de le formuler intérieurement pour vous.
- Si vous faites cet exercice à plusieurs, échangez vos expériences.

Il est possible que cela modifie, par la suite, votre perception du pain. Vous pouvez, bien sûr, le faire avec n'importe quel aliment. C'est passionnant avec une barre chocolatée. Certaines sont si sucrées que l'on ne peut réellement que les manger rapidement – mais cela n'a plus rien à voir avec le plaisir.

Il y a d'autres exercices appropriés pour stimuler notre hygiène mentale. Par exemple, ceux que l'on peut mettre en pratique lorsque nos sentiments et nos pensées nous titillent et nous démoralisent.

La technique du stop

Mindfucking

Les pensées lancinantes torturent en boucle notre cerveau. Nous sommes prisonniers des pensées négatives. La spirale du ressassement commence très innocemment, et nous n'en percevons même pas le début. Nous ne la remarquons que quand nous sommes en plein milieu, et nous en avons alors déjà perdu le contexte.

Un patient connaissant cela depuis des années décrivit son *mindfucking* personnel de manière très imagée : « Je suis au bureau, concentré sur mon travail. Je traite des dossiers pénaux. Comme un animal qui me sauterait à la nuque, une pensée jaillit dans ma tête. Elle s'étale comme une coulée de lave qui brûle sur son passage tout ce que j'avais en tête à cet instant : *« Tu n'y arriveras pas. Tu ne finiras jamais tout ça d'ici ce soir. »*

« Tu n'y arriveras pas » aurait suffi en soi pour déclencher le torrent de lave. Par la suite, le processus continue de lui-même.

Il faut que j'y arrive. Si je n'y arrive pas, j'aurai encore plus de travail sur mon bureau demain. Je suis beaucoup trop lent. Les autres travaillent bien plus vite que moi. Tout le monde peut voir que je suis un bon à rien. Si mon supérieur le voit, il va me mettre plus bas que terre. Je me sens mal. Je ne vois même plus correctement, les lettres s'estompent devant mes yeux. Mes mains sont moites. Je ne peux plus faire ce travail. Je suis un minable.

Ce n'est pas là la fin de ce martyre imposé par les pensées. De tels processus de stress psycho-physiologiques et biochimiques progressent à la « vitesse du réflexe ». Tout le système corps-âme se soumet à cette spirale infernale et « abandonne » volontairement le contrôle aux drames à venir. Le sentiment de ne rien pouvoir faire contre cela revient à se sentir livré, impuissant. Pour y mettre fin, il faut imposer une sorte de court-circuit dans les pensées, et un patient devrait apprendre à le créer. Il vaut mieux s'arrêter avant de s'encastrer dans un arbre lorsqu'on dévale une montagne tout schuss. Tout le problème consiste à se rendre compte que l'on se dirige vers une pente psychique escarpée. Il est absolument indispensable d'en avoir la perception avant même que la technique du stop ne s'impose. Il est, en effet, plus facile de s'arrêter sur un terrain plat que dans une pente abrupte. C'est précisément ce que permet la perception. Se rendre compte de l'origine.

Quelques séances plus tard, le patient était à même de faire les choses suivantes :

Le flot du travail n'avait pas changé et les pensées se mirent à jaillir : *Tu n'y arriveras pas. Tu ne finiras jamais tout ça d'ici ce soir.*

STOP!

Le patient se lève, regarde la photographie qu'il a pendue au mur pour se calmer et se détendre. C'est un paysage de jungle au Costa Rica. Il n'associe que des sentiments et des souvenirs positifs à cette photographie et ces vacances. Pendant celles-ci, il a relevé des défis et en est très fier. Il se concentre sur tous ses souvenirs qui défilent comme un film dans lequel il jouerait le rôle principal susceptible de lui valoir un Oscar. Simultanément, il inspire et expire calmement, c'est-à-dire qu'il focalise toute son attention sur ses souvenirs et les associe à son action présente de respirer. Il dirige ensuite ses pensées sur ce qui lui ferait du bien, maintenant. Ce n'est pas toujours la même chose. Il a essayé, dans bien des situations, ce qui aide efficacement. Il se dirige en flânant sciemment vers la kitchenette et prépare son thé favori. Son corps est calme, son esprit rangé, l'amygdale apaisée, l'âme satisfaite, et un bon thé réchauffe son ventre.

Pratiquer. Pratiquer. Pratiquer.

C'est précisément lorsque quelque chose nous accable qu'il est important de s'être formés pour le contrer. Nous essayons, le plus souvent, de modifier la situation ou la personne à l'origine de cette charge psychique, mais nous n'avons toutefois quasiment aucune influence dessus. Nous ne pouvons pas changer quelqu'un, nous ne pouvons modifier une pile de dossiers que dans une certaine mesure. D'aucuns tentent de le faire depuis des années et des décennies. Et certains couples commencent avec la conviction folle : « Bah, je perdrai bien cette habitude. » Là, je ne peux que dire : « *Never ever* ».

Mais cela peut également fonctionner ainsi : téléphoner à sa petite copine, convenir d'un rendez-vous, faire du sport – en fonction de ce qui nous apporte des pensées positives. Au début, l'âme fait souvent un blocage envers les idées créatives et agréables. Nous connaissons tous ce petit démon intérieur.

Je donne à mes patients une « liste d'activités agréables » afin qu'ils puissent s'approprier lentement ce thème et tester tout ce qui leur ferait du bien. Cette liste, extraite de *Lehrbuch der Verhaltenstherapie*[55] (Manuel de thérapie comportementale), de Meinlschmidt, Schneider et Margraf, recense 179 possibilités – il y en a toujours une qui fonctionne.

La conviction positive de sa propre prise d'influence sur soi-même est la clé pour se déstresser. Savoir s'arrêter à temps est une forme d'aide salvatrice pour soi-même : le détournement intuitif et mental et la réévaluation de sa propre vie intérieure. Cela renforce le sentiment de sa propre valeur, est bénéfique pour l'attitude envers soi et les autres. Nous mettons en place une spirale positive qui nous extrait de cet état néfaste. Il ne se passe, en fait, rien d'autre au cours d'une thérapie. Vous êtes devenu votre propre thérapeute.

Épilogue

Beaucoup de personnes se montrent, de nos jours, plus conscientes de leur santé : nous faisons nos courses dans les magasins bio, nous nous faisons détartrer les dents et communiquons sur Instagram sur le succès de nos entraînements. Nous nous préoccupons également de nos biens : nous faisons réviser notre voiture et concluons un contrat d'entretien pour notre machine à café – il n'y a bien que notre âme que nous délaissons ainsi. Elle nous en est pourtant si reconnaissante quand nous la soignons et la bichonnons. Nous devrions conclure des contrats d'entretien pour notre âme.

Certains de mes anciens patients l'ont fait. Ils viennent une à quatre fois par an pour faire le point sur leur âme, pour une mise à jour. Cela les aide à conserver la stabilité acquise. Ils ont intériorisé leur propre responsabilité et conclu un contrat avec eux-mêmes, à savoir celui de ne plus se négliger, eux-mêmes et leur plus important organe.

Récemment, un courriel interne de la développeuse web Madalyn Parker à destination de son patron et de l'ensemble de ses collègues d'une entreprise américaine de logiciels fit la une des journaux. « Salut, les collègues, je reste à la maison aujourd'hui et demain pour me concentrer sur ma santé psychique. J'espère être de retour en pleine forme, la semaine prochaine, à 100 % de mes capacités[56]. »

Cette franchise lui valut d'être copieusement applaudie par son patron et sur les réseaux sociaux. Que ce courriel devienne une information répercutée dans le monde entier par les journaux et les services en ligne montre combien une telle franchise à propos d'un arrêt de travail est exceptionnelle. Les retours avaient tous une tonalité positive – c'est un pas dans la bonne direction. Peut-être cela ne sera-t-il un jour plus exceptionnel que l'on veuille tout naturellement se consacrer à sa santé psychique. Parce que l'être humain témoignera enfin envers son âme l'estime qu'elle mérite. Je souhaite pour vous que ce livre vous permette de franchir le pas dans cette direction.

Remerciements

Je remercie de tout cœur les personnes qui ont participé au processus de création de ce livre avec une grande passion, une curiosité pleine d'énergie et énormément de patience.

Mes remerciements s'adressent tout particulièrement à ma coauteure, Jarka Kubsova. Son formidable engagement, sa tolérance à la frustration et son magnifique style d'écriture m'ont énormément motivée. Elle s'est immergée avec une grande passion dans cette matière, m'a constamment posé des questions et a participé activement au travail psychologique. C'est ainsi que de ce projet est né, je pense, un magnifique livre.

Mon mari, Martin, mes enfants, Lisa et Sina, mon gendre, Silas, et mes petits-enfants, Patrice, Kadiel et Emmanuel, je vous porte tous dans mon cœur et vous avez marqué ce livre par la patience de votre écoute et votre compréhension. Un peu moins Emmanuel, il était alors encore dans le ventre de sa maman. Je vous remercie beaucoup et suis touchée par votre soutien. Même les longues lectures et écritures nocturnes, les fins de semaine gâchées et l'atmosphère de stress ne sont pas parvenues à vous empêcher de m'être proches. Vous êtes de magnifiques personnes.

Ma famille compte, bien sûr, un grand nombre d'autres membres. Je souhaiterais particulièrement évoquer ici mes parents, Inna et Wolf-Dieter. Vous avez également participé à la création de ce livre. Conversations téléphoniques pour me détendre, aller au restaurant pour penser à autre chose. Merci, cela m'a beaucoup soulagée. Et aussi Eka, ma tante avec laquelle je partage tout, que je pouvais appeler quand j'en avais besoin, même tard le soir. C'est ce qu'il y a de bien dans le fait qu'elle vive aux États-Unis.

Merci à toute ma famille, en Allemagne et en Amérique.

Mes amies Anna et Reingard m'ont remise sur pied lorsque je n'étais plus en état de formuler une phrase correcte, et Momi, qui allait se promener avec moi, ce qui, on le sait, exerce une stimulation bilatérale des lobes cérébraux – et m'a apaisée.

Merci à vous tous.

Mes remerciements respectueux à l'agence Landwehr & Cie, à Berlin, et notamment à Florian Glässing. Tout cela était bien excitant, et tu m'as magnifiquement et ouvertement guidée pour réellement toutes les questions à travers tout le processus des premiers pas du projet « livre ». Je remercie les collègues de l'agence pour leur confiance en cette idée et pour l'avoir prise sous leur protection.

Et enfin, mes remerciements au groupe éditorial Random House, et à la maison d'édition qui était, plus que toute autre, appropriée pour ce livre, Mosaik, et à sa responsable du programme, Monika König. Ce fut un honneur pour moi de faire sa connaissance et celle de sa formidable équipe.

Ce ne pouvait être que cet éditeur, parce que les êtres humains sont composés de petites pièces de mosaïque qui donnent forme et couleur à leur vie, qui forment une image globale reconnaissable.

Johannes Engelke, mon lecteur et aussi interlocuteur téléphonique, tard dans la soirée, pour toutes les questions possibles et imaginables. Tout mon respect pour tant d'engagement, d'intérêt, de curiosité, d'encouragement, de soulagement et de soutien, pour que ça puisse traîner en longueur jusqu'à ce que ce soit parfait. Un grand merci pour ta patience.

Merci également à Bettina Seidel, que j'ai rencontrée un an avant la parution de ce livre sur le Salon du livre de Leipzig et qui m'a libérée à l'avance de tout mon trac, ce qui m'a permis d'aborder, détendue, le jour de parution.

Et enfin, en tout dernier, très important ! Merci à tous mes patients qui m'ont accordé leur confiance pour les accompagner un bout de chemin. Vous avez insufflé de la vie à ce livre. Un certain nombre d'entre vous se reconnaîtront dans certains passages, mais uniquement vous, personne d'autre ne le pourra, cela m'était très important.

À propos des auteures

Sabine Wery von Limont est experte en psychocardiologie et en thérapie traumatique. Elle a étudié l'économie et la psychologie et a travaillé en tant que psychothérapeute pour des entreprises et des cliniques renommées, à Hambourg. Aujourd'hui, elle dirige son propre cabinet.

Jarka Kubsova est une auteure indépendante. Elle a étudié l'économie sociale ainsi que la sociologie et elle travailla comme journaliste pour le Financial Times Deutschland où elle fut par la suite rédactrice et reporter ; elle a également collaboré avec le magazine Stern et l'hebdomadaire d'information Die Zeit.

Notes

1. Roth, Gerhard, Strüber, Nicole, *Wie das Gehirn die Seele macht*, Klett-Cotta, 2014.

2. *Op. cit.*

3. *Op. cit.*

4. *Op. cit.*

5. *Op. cit.*

6. Strüber, Nicole, *Die erste Bindung*, Klett Cotta, 2017.

7. Oldham, John, Morris, Lois, *Ihr Persönlichkeitsportrait*, Éditions Dietmar Klotz, 2007.

8. Roth, Gerhard, Strüber, Nicole, *Wie das Gehirn die Seele macht*, Klett-Cotta, 2014.

9. www.sueddeutsche.de/gesundheit/psychologie-sensible-kinderwilder-loewenzahn-fragile-orchidee-1.1040879 (en allemand).

10. www.spektrum.de/lexikon/biologie/beobachtungslernen/7982 (en allemand).

11. Glaesmer, Heide, Brähler, Elmar, *Die Langzeitfolgen des Zweiten Weltkrieges in der deutschen Bevölkerung: Epidemiologische Befunde und deren klinische Bedeutung*, « Psychotherapeuten Journal », 2011.

12. *Op. cit.*

13. www.welt.de/geschichte/zweiter-weltkrieg/article132502055/Millionen-Deutsche-leiden-an-Weltkriegs-Traumata.html (en allemand).

14. www.wissenschaft.de/leben-umwelt/genforschung/-/journal_content/56/12054/2553445/Die-Angst-schlummert-in-den-Genen (en allemand).

15. www.dasgehirn.info/grundlagen/kindliches-gehirn/wie-die-schwangere-so-die-kinder (en allemand).

16. Schwartz, Steven, *Wie Pawlow auf den Hund kam*, Beltz, 1988.

17. *Op. cit.*

18. Grawe, Klaus, *Neuropsychotherapie*, Hogrefe, 2004.

19. *Op. cit.*

20. *Op. cit.*

21. Potreck-Rose, Friederike, Jacob, Gitta, *Selbstzuwendung, Selbstakzeptanz, Selbstvertrauen*, Klett-Cotta, 2016.

22. *Op. cit.*

23. Grawe, Klaus, *Neuropsychotherapie*, Hogrefe, 2004.

24. Roth, Gerhard, *Bildung braucht Persönlichkeit*, Klett-Cotta, 2015.

25. Grawe, Klaus, *Neuropsychotherapie*, Hogrefe, 2004.

26. Höllrigl, Tanja, *Schematherapie und Persönlichkeitsstörungen*, Éditions Diplomica, 2010.

27. Roth, Gerhard, *Bildung braucht Persönlichkeit*, Klett-Cotta, 2015.

28. Grawe, Klaus, *Neuropsychotherapie*, Hogrefe, 2004.

29. Sachse, Rainer, *Klärungsorientierte Psychotherapie von Persönlichkeitsstörungen : Grundlagen und Konzepte*, Hogrefe, 2011.

30. Oldham, John M., Morris, Lois B., *Ihr Persönlichkeits-Portrait : Warum Sie genauso denken, lieben und sich verhalten, wie Sie es tun*, Éditions Dietmar Klotz, 2007.

31. Sachse, Rainer, *Klärungsorientierte Psychotherapie von Persönlichkeitsstörungen : Grundlagen und Konzepte*, Hogrefe, 2011.

32. www.spektrum.de/news/borderline-persoenlichkeitsstoerungemotionaler-ausnahmezustand/1455643 (en allemand).

33. Grawe, Klaus, *Neuropsychotherapie*, Hogrefe, 2004.

34. www.welt.de/reportage/article137261639/Frau-42-erfolgreich-Und-trotzdem-Panikstoerung.html (en allemand).

35. Pitschel-Walz, Bäuml, Kissling, *Psychoedukation bei Depressionen*, Éditions Urban & Fischer, Munich, 2003.

36. Roth, Gerhard, Strüber, Nicole, *Wie das Gehirn die Seele macht*, Klett-Cotta, 2014.

37. *Op. cit.*

38. Brisch, Karl Heinz (Hg.), *Bindung und Sucht*, Klett-Cotta, 2015.

39. www.sciencedaily.com/releases/2017/01/170124140855.htm (en allemand).

40. Roth, Gerhard, Strüber, Nicole, *Wie das Gehirn die Seele macht*, Klett-Cotta, 2014.

41. *Op. cit.*

42. Spielberg, Rüdiger, *Informationsverarbeitungsprozesse bei Patienten mit posttraumatischer Verbitterungsstörung*, Dissertation, 2006.

43. *Op. cit.*

44. Brisch, Karl Heinz (Hg.), *Bindung und Sucht*, Klett-Cotta, 2015.

45. www.huffingtonpost.com/jeanpaul-bedard/something-that-almostwor_b_6343608.html (en anglais).

46. https://de.wikipedia.org/wiki/Rat_Park (en allemand).

47. www.spektrum.de/news/warum-wir-an-die-seele-lauben/1379699 (en allemand).

48. Rüegg, Johann Caspar, *Gehirn, Psyche und Körper : Neurobiologie von Psychosomatik und Psychotherapie*, Schattauer, 2006.

49. Spitzer, Carsten, Meyer, Thomas, Herrmann-Lingen, Christoph, *Komplexe Traumatisierung und körperliche Gesundheit, Assoziation von Kindesmisshandlungen und koronarer Herzkrankheit*, Psychotherapeut, 2016.

50. https://idw-online.de/de/news626545 (en allemand).

51. www.geo.de/magazine/geo-magazin/23964-geo-nr-06-2017- heilsamer-rausch (en allemand).

52. *Ibid.* (en allemand).

53. Stauss, Konrad, *Bonding Psychotherapie. Grundlagen und Methoden*, Kösel, 2006.

54. www.deutschlandfunknova.de/beitrag/neurowissenschaft-wiemeditation-im-hirn-wirkt (en allemand).

55. Gunter Meinlschmidt, Silvia Schneider, Jürgen Margraf, *Lehrbuch der Verhaltenstherapie*, Springer, 2011.

56. www.berliner-zeitung.de/panorama/-mental-health--mitarbeiterinmeldet-sich-krank-und-erhaelt-lob-vom-chef-27955456 (en allemand).

Table des matières

Chapitre II Le principe de consistance
Comment se crée le besoin en équilibre du cerveau

Chapitre III Le cas de maladie
Lorsque l'âme devient un problème

Chapitre IV La psychosomatique
Comment l'âme disparaît du corps

Chapitre V L'équilibre
Comment l'âme trouve du soutien

Composition : Soft Office

Achevé d'imprimer en décembre 2018
sur les presses de la Nouvelle Imprimerie Laballery
58500 Clamecy
Dépôt légal : décembre 2018
N° d'impression : 812072

Imprimé en France

La Nouvelle Imprimerie Laballery est titulaire de la marque Imprim'Vert®